高等学校基础化学实验系列规划教材
“十三五”江苏省高等学校重点教材(2019-2-056)
江苏高校品牌专业建设工程资助项目(PPZY2015B113)
江苏高校一流本科专业

无机及分析化学实验

总主编 费正皓 戴兢陶
主　编 陶为华 王彦卿
副主编 刘德驹 张红梅 顾云兰 顾春红
编　委 (按姓氏笔画排序)
王　羽 王慧文 任芳芳 刘总堂
孙世新 杨　峰 杨晓伟 张洋阳
陈社云 陈选荣 林　敬 屈溁敏
黄兴才 温小菊 薛云珊 戴建军

苏州大学出版社

图书在版编目(CIP)数据

无机及分析化学实验 / 陶为华,王彦卿主编. —苏州:苏州大学出版社,2020.8(2024.7重印)
高等学校基础化学实验系列规划教材
ISBN 978-7-5672-2891-7

Ⅰ.①无… Ⅱ.①陶… ②王… Ⅲ.①无机化学—化学实验—高等学校—教材②分析化学—化学实验—高等学校—教材 Ⅳ.①O61-33②O65-33

中国版本图书馆CIP数据核字(2020)第135067号

无机及分析化学实验

陶为华　王彦卿　主编

责任编辑　徐　来

苏州大学出版社出版发行
(地址:苏州市十梓街1号　邮编:215006)
镇江文苑制版印刷有限责任公司印装
(地址:镇江市黄山南路18号润州花园6-1号　邮编:212000)

开本 787 mm×1 092 mm　1/16　印张 17.75　字数 338千
2020年8月第1版　2024年7月第5次印刷
ISBN 978-7-5672-2891-7　定价:48.00元

若有印装错误,本社负责调换
苏州大学出版社营销部　电话:0512-67481020
苏州大学出版社网址　http://www.sudapress.com
苏州大学出版社邮箱　sdcbs@suda.edu.cn

前言

无机及分析化学实验是大学生进入大学后接受系统实验方法和实验技能训练的开端，学生通过实验学会科学的方法和思维，从而具有分析问题和解决问题的能力。教材是体现教学内容和教学方式的载体，是把教育思想、观念、宗旨等转变为具体教育现实的中介，是全面提高教学效率与质量的关键因素，也是教学和实践环节中重要的一环。本教材不仅继承了传统实验教材的框架和优点，而且更侧重于校企合作，在一些实验项目中介绍了应用背景，同时引入部分新的实验项目，将实验内容和实际应用相结合，以利于学生今后的就业和科研工作。

本教材是校企合作教材，由高等院校的教师和企业中一线工程师共同编写。本教材以高等教育培养目标为出发点，建立校企合作的运行机制，对应用型专业校企合作进行实践，探索开发应用型专业校企合作教材。本教材主要分为：基础知识、基本操作、基本仪器的使用、无机化学实验、分析化学实验和综合实验等一些实验内容，是教师和工程师合作的优秀教学之本，是教学改革成果的结晶，也是实现培养目标的重要工具；同时校企合作教材编写过程本身就是产教结合的过程，每一步都离不开企业技术人员的实质性参与，从而保证了教材理论与实际紧密结合，反映了企业生产岗位最新技术和准确应用。校企合作开发教材，促进了校企合作关系进一步深入，同时也提高了教师业务素质，加强了“双师型”教师队伍的建设。

本书是无机及分析化学实验教研室老师与企业的技术人员共同编写的教学成果。本书由盐城师范学院、盐城工业职业技术学院、南京大学盐城环保技术与工程研究院等院校和企业联合编写，参加编写的人员有：陶为华、王彦卿、刘德驹、戴建军、张红梅、顾云兰、杨峰、顾春红、张洋阳、王慧文、刘总堂、陈社云、陈选荣、孙世新、王羽、薛云珊、杨晓伟、黄兴才、任芳芳、林敬、温小菊、屈溁敏。

由于编者的学识和水平有限，书中错误和疏漏在所难免，敬请同行专家和使用本教材的师生批评指正。本教材的出版得到了江苏省应用化学品牌专业资助。

目录

绪 论

一、化学实验的重要意义

化学是一门中心学科。能源、信息、材料是当今社会发展的三大主题，它们无一不与化学有关；人们的衣、食、住、行无一不与化学有关；工业、农业、国防和科学技术等同样无一不与化学有关。

化学离不开实验。化学实验的重要性主要表现在三个方面：第一，化学实验是化学理论产生的基础，化学的理论和规律是从实验中总结出来的；第二，化学实验是检验化学理论正确与否的唯一标准；第三，化学学科发展的最终目的是发展生产力，而化学实验正是化学学科与生产力发展的基本点。据估计，21 世纪化学化工产品在国际市场上将成为仅次于电子产品的第二大类产品。

化学实验技术不断革新，水平空前，成果惊人。进入 21 世纪，化合物的总量已达到 4 000 多万种，目前化合物的合成已达到分子设计的水平。实验测量的技术精度空前提高，空间分辨率可达 0.1 nm(10^{-10} m)，时间分辨率可达飞秒(10^{-15} s)，测定物质的浓度只需要 10^{-13} g·mL^{-1}。今天的化学家不仅研究地球重力场作用下发生的化学过程，而且已开始研究在太空失重和强辐射、高真空情况下的化学反应过程，研究物质在磁场、电场、光能、热能、声能作用下的化学反应以及在高温、高压、高纯、高真空、无氧无水等条件下的化学反应过程。因此，可以毫不夸张地说，化学实验推动了化学学科乃至相关学科的飞速发展，给人类带来了崭新的物质文明和精神文明。

二、无机及分析化学实验课程的任务及重要作用

(1) 化学是一门实验科学，实验课的任务不仅是使学生验证、巩固和加深化学基础理论知识，更重要的是培养和提高学生的实验操作能力、综合分析和解决问题的能力。无机及分析化学实验以实验为手段来研究无机化学、分析化学中的重要理论，典型元素及其化合物的变化，以及物质的组成和含量等。

(2) 无机及分析化学实验是为大学一年级学生开设的专业课程，是对学生进行科学实验基本训练，提高学生专业水平和科研能力的重要课程。

(3) 该课程是创新教育和素质教育的重要环节，对提高学生的科学素养，培养学生的创新能力具有重要的作用。

三、无机及分析化学实验课程的教学目的

实验教学是实施全面化学教育的有效形式。——戴安邦

实验教学不仅传授化学知识，更重要的是能培养学生的能力(实践能力，表达能力，观察能力，数据处理能力，分析、归纳、综合能力等)和优良的素质，使其掌握基本的操作技能、实验技术，养成严谨、实事求是的科学态度，树立勇于开拓的创新意识。

四、实验课程的学习方法

明确了学习目的，不仅要有正确的学习态度，而且要有科学的学习方法。实验课程的学习大致可分为三个步骤：

1. 实验前预习

(1) 认真预习相关的实验内容，明确实验目的，透彻理解实验的基本原理，了解所用仪器的构造、使用方法及实验操作过程中应注意的问题。

(2) 写出实验预习报告(包括实验题目、实验目的、实验原理、实验所用仪器与试剂、主要实验步骤和记录原始实验数据的表格)。查阅有关手册，获得与实验有关的常数。

2. 实验课堂操作

每次实验除了应带"实验预习报告本"外，还应带上实验笔记本、笔和计算器等。在理解实验原理、仪器的使用方法、实验操作注意事项的基础上，方可进行实验。

(1) 在实验操作过程中，应严格按照实验操作规程进行实验，认真操作，细心观察实验现象，尤其不应放过一些反常的现象。

(2) 发现问题要认真分析，找出原因，及时纠正，力争自己解决；遇到疑难问题自己解决不了，可请教师指点。

(3) 实验过程中要保持肃静，严格遵守实验室规则。

(4) 实验中应及时、如实地在预习报告的实验数据表格中记录实验现象和数据。实验结束后，数据须经指导教师检查并签字。

(5) 实验后应将使用的仪器清洗干净并整理好，放回原处，经教师允许后方可离开实验室。

3. 课后写实验报告

(1) 实验完毕，要对实验现象进行解释并做出结论，或对实验数据进行处理和计算，对实验中出现的问题进行讨论，独立完成实验报告。

(2) 实验报告应条理分明，字迹端正，整齐清洁，简明扼要。若实验现象、解释、结论、数据、计算、格式等不符合要求，或内容不完整、书写马虎，应重写实验报告。

(3) 在下次实验前将实验报告交给课代表，课代表按学号顺序整理好，在下次实验时交给指导教师。

第一章 基础知识

第1节 实验室规则和安全知识

(1) 实验前要认真预习，明确实验目的和要求，弄懂实验原理，了解实验方法，熟悉实验步骤，完成实验预习报告。

(2) 严格遵守实验室各项规章制度。

(3) 实验前要认真清点仪器和药品，如有损坏或缺少，应立即报告指导教师，按规定手续补领。实验时如有仪器损坏，应立即主动报告指导教师，进行登记，按规定进行赔偿，再领取新仪器，不得擅自拿别人的仪器。

(4) 实验室要保持肃静，不得大声喧哗。实验应在规定的位置上进行。

(5) 实验时认真观察，如实记录实验现象。使用仪器时，应严格按照操作规程进行操作。药品应按规定量取用；无规定量的，应本着节约的原则，尽量少用。

(6) 爱护公物，节约药品、水、电、煤气。

(7) 保持实验室整洁、卫生和安全。实验后应将仪器洗刷干净，将药品放回原处，摆放整齐，用洗净的湿抹布擦净实验台。实验过程中的废纸、火柴梗等固体废物要放入废物桶内，不要丢在水池中或地面上，以免堵塞水池或弄脏地面。规定回收的废液要倒入废液缸(或试剂瓶)内，以便统一处理，严禁将实验仪器、化学药品擅自带出实验室。

(8) 实验结束后，由班级同学轮流值日，打扫地面和整理实验室，并将垃圾送入垃圾箱、废液送入废液处理池。检查水、煤气龙头以及门窗是否关好，电源是否切断，在得到指导教师许可后方可离开实验室。

(9) 尊重教师的指导。

第2节 化学实验室安全守则

在化学实验室工作，首先在思想上必须高度重视安全问题，以防任何事故的发生。要做到这一点，在实验前必须充分了解实验中应该注意的事项和可能出现的问题，在实验过程中要认真操作、集中注意力，另外还应遵守如下规则：

(1) 学生进入实验室前，必须接受安全、环保教育和培训。

(2) 熟悉实验室环境，了解与安全有关的设施(水、电的总开关，消防器材、急救箱等)的位置和安全使用方法。

(3) 容易产生有毒气体或挥发性、刺激性毒物的实验应在通风橱内进行操作。

(4) 一切易燃、易爆物质的操作应在远离火源的地方进行，用后把瓶塞塞紧，放在阴凉处，并尽可能在通风橱内进行操作。

(5) 金属钾、钠应保存在煤油或石蜡油中，白磷或黄磷应保存在水中，取用时必须用镊子，绝不能用手拿。

(6) 使用强腐蚀性试剂(如浓硫酸、浓硝酸、浓碱、液溴、浓双氧水、氢氟酸等)时，切勿溅到衣服或皮肤上、眼睛里，取用时要戴胶皮手套和防护眼罩(镜)。

(7) 使用有毒试剂时，应严防其进入口中或伤口，一旦进入，应立即用大量水漱口或冲洗伤口。

(8) 用试管加热液体时，试管口不准对着自己或他人；不能俯视正在加热的液体，以免溅出的液体烫伤眼、脸；闻气体的气味时，鼻子不能直接对着瓶(或管)口，而应用手把少量的气体扇向自己的鼻孔。

(9) 绝不允许将各种化学药品随意混合，以防发生意外；对于自行设计的实验，需和教师讨论后方可进行实验。

(10) 不准用湿手操作电器设备，以防触电。

(11) 加热时要有人看管，加热后的器皿应放在石棉网上冷却，不能与湿物接触，以防炸裂。

(12) 实验室内严禁饮食、吸烟、游戏打闹、大声喧哗。实验完毕应将双手洗净。

(13) 实验后的废物要放入废物桶内，不要丢入水池中，以免堵塞。

(14) 剧毒、贵重药品应存放在保险柜中，使用时严加控制，多余的应回收。

(15) 每次实验完毕，应将玻璃仪器洗净，放入柜内并按原位摆放整齐，台面、地面、水池应打扫干净，药品应按序排好，缺少的药品试剂应补齐，以便下组同学使用。检查水、电、门、窗是否关好。

化学实验室安全守则是人们长期从事化学实验工作的经验总结，是保持良好的工作环境和工作秩序，防止意外事故发生，保证实验安全顺利完成的前提，人人都应严格遵守。

第3节 消防知识

消防，应以防为主。万一不慎起火，只要掌握灭火的方法，就能迅速把火扑灭。在失火以后，应立即采取如下措施：

1. 防止火势蔓延

(1) 切断热源，停止加热。

(2) 切断电源，拉开电闸。

(3) 把一切可燃物质（特别是有机物质及易燃、易爆物质）移到远处。

2. 灭火

物质燃烧需要空气和一定的温度，所以通过降温或者将燃烧的物质与空气隔绝，就能达到灭火的目的。

实验室常备的灭火器材有沙箱、灭火器（如泡沫、二氧化碳、干粉灭火器）等，有时也用湿抹布或水灭火，应根据燃烧物质的性质选用。

第4节 实验室一般伤害的救护

(1) 割伤：先挑出伤口内的异物，然后在伤口处抹上红药水或紫药水，最后用消毒纱布包扎。也可贴上“创可贴”，能立即止血，且易愈合。

(2) 烫伤：在伤口处抹烫伤油膏或万花油，不要把烫出的水泡挑破。

(3) 受酸腐伤：先用大量水冲洗，再用饱和碳酸氢钠溶液或稀氨水冲洗，最后再用水冲洗。

(4) 受碱腐伤：先用大量水冲洗，再用醋酸溶液（$20\ g \cdot L^{-1}$）或硼酸溶液冲洗，最后再用水冲洗。

(5) 酸和碱不小心溅入眼中：必须用大量水冲洗，持续 15 min，随后立即到医务室检查。

(6) 吸入溴蒸气、氯气、氯化氢气体：可吸入少量酒精或乙醚混合蒸气。

每个实验室都应备有药箱和必要的药品，以备急用。如果伤势较重，应立即去医院就医。

第5节 实验报告格式举例

大一学生的实验报告基本可分为三种类型：基本操作实验报告、测定实验报告、制备实验报告。每种类型的实验报告均要写出实验目的、实验内容(或测定原理、实验原理)、注意事项、问题和讨论等几个要点。写实验报告是无机及分析化学实验的基本训练,可使学生在实验数据处理、作图、误差分析、问题归纳等方面得到训练和提高,为今后写科学研究论文打下基础。实验报告的书写要求字迹清楚,作图和数据处理规范。

实验报告格式举例:

无机及分析化学实验报告

__________学院______班______组　姓名__________　学号__________

实验日期__________　天气__________　室温__________　气压__________

课程名称__________　实验名称__________　实验地点__________

例 1　基本操作实验报告

实验　仪器认领、洗涤和干燥

实验目的

实验内容(基本操作)

注意事项

问题和讨论

例 2　测定实验报告

实验　滴定分析基本操作练习

实验目的

测定原理(简述)

实验步骤

数据记录和结果处理

注意事项

问题和讨论

例 3　制备实验报告

实验　粗食盐的提纯

实验目的

实验原理(简述)

简单流程

实验过程主要现象

实验结果:产品外观、产量、产率

注意事项

问题和讨论

教学参考书

[1] 郎建平，卞国庆，贾定先. 无机化学实验[M]. 3 版. 南京：南京大学出版社，2018.

[2] 王升富，周立群. 无机及化学分析实验[M]. 北京：科学出版社，2009.

[3] 唐向阳，余莉萍，朱莉娜，等. 基础化学实验教程[M]. 4 版. 北京：科学出版社，2015.

[4] 北京师范大学无机化学教研室，东北师范大学无机化学教研室，华中师范大学无机化学教研室，等. 无机化学实验[M]. 3 版. 北京：高等教育出版社，2001.

[5] 李厚金，石建新，邹小勇. 基础化学实验[M]. 2 版. 北京：科学出版社，2015.

[6] 南京大学大学化学实验教学组. 大学化学实验[M]. 北京：高等教育出版社，1999.

[7] 北京大学化学系分析化学教学组. 基础分析化学实验[M]. 2 版. 北京：北京大学出版社，1998.

[8] 郭永，丁秉钧. 现代分析化学实验[M]. 北京：中国科学技术出版社，2003.

第二章 基本操作

第1节 常用仪器的认领

化学实验中常用仪器如表2-1所示。

表2-1 化学实验中常用仪器

名称	形状	材质与规格	用途及性能	使用注意事项
烧杯		玻璃或软质(塑料)材质;以容积(mL)表示	反应容器,可以容纳较大量的反应物,也可用于配制一定浓度的溶液	硬质烧杯可以加热至高温,软质烧杯注意勿使温度变化过于剧烈。加热时须避免直接加热,应将其放在石棉网上,使其受热均匀
量筒		玻璃材质;以所能量度的最大容积(mL)表示	量取液体体积(不十分准确)	不能作反应容器,不能加热或烘烤,不能在其中配制溶液。操作时,要沿壁加入或倒出溶液
坩埚		常见的有瓷质坩埚,也有铁、银、刚玉、石英等材质的坩埚;常见容积为30 mL	灼烧固体时使用,耐高温	灼烧时放在泥三角上,直接用火加热。灼烧后坩埚应避免骤冷骤热或溅水。坩埚只能用坩埚钳夹取,不能直接放在桌面上
坩埚钳		铁质或铜合金材质,表面常镀镍、铬等	夹取坩埚或坩埚盖	夹取热坩埚时,应先将夹子尖端预热,以免坩埚骤冷破裂。不要沾上酸碱等腐蚀性液体。为保证坩埚钳头部清洁,应使尖部向上置于桌上

续表

名称	形 状	材质与规格	用途及性能	使用注意事项
试管		一般在试管口标注管口直径(mm)×管长(mm)	用作简单化学反应容器，便于操作、观察	可直接用火加热，加热前应先充分预热再集中加热，但不能骤冷。加热时用试管夹夹持，管口不能对着人，而且要不停地移动试管，使其受热均匀。盛放的液体体积不能超过试管容积的 1/3
木质试管夹		木质	用于加热试管时或反应时夹持试管	防止加热时被明火烧坏
试管架		木质、塑料或金属材质	根据试管的规格承放试管	在实验台上平放
离心试管		离心试管比普通试管管壁厚，下端收缩封闭	分离溶液和沉淀	可用水浴加热，避免放置破损
角匙		牛角、塑料、金属合金或瓷材质	取用固体药品	取用一种药品后，必须洗净或用小块滤纸擦干净，方可取用另一种药品。依据不同的药品选择不同材质的角匙，避免腐蚀
试管刷		柄为铁质；根据玻璃器皿的形状选择相应规格	洗刷玻璃仪器	洗刷玻璃器皿时，顶端不能碰坏玻璃器皿
蒸发皿		瓷质；以口径(cm)或容积(mL)表示；通常分为有柄和无柄两种	蒸发液体	热的蒸发皿应避免骤冷骤热或溅水。蒸发溶液时可放在石棉网上加热，也可以直接加热。所盛溶液体积不能超过其容积的 2/3

续表

名称	形 状	材质与规格	用途及性能	使用注意事项
表面皿		玻璃材质；以口径(cm)表示	用作烧杯等容器的盖子	不能加热。用作烧杯盖子时，表面皿的直径要比烧杯直径稍大些
试剂瓶		玻璃或聚乙烯材质；有无色和棕色，细口和广口，磨口和非磨口之分	细口瓶用于存放液体试剂或溶液；广口瓶用于装固体试剂；棕色瓶用于盛装见光易分解的试剂；碱液可装入聚乙烯瓶中	不能加热，不能在瓶内配制操作过程中放出大量热量的溶液。磨口要保持匹配。盛放碱液的瓶子应使用橡皮塞，以避免日久打不开
酒精灯		由灯壶、灯芯和灯帽组成	用作加热装置	点燃酒精灯应使用火柴，不可用已燃的酒精灯去点燃。往酒精灯内添加酒精，应把火焰熄灭，用漏斗添加，以不超过总容量的2/3为宜。熄灭酒精灯必须用灯帽盖灭火焰
石棉网		由铁线、石棉制成；以面积标注大小	加热玻璃仪器时垫在玻璃仪器底部，使其受热均匀	不能随意丢弃，也不能浸水弄湿，以免损坏石棉
铁架台		铁质；以高度(cm)表示	固定反应装置	不能用铁台、铁圈、铁夹等敲打其他硬物，以免折断。用铁夹固定反应容器时不能夹得太紧，以免夹破仪器
铁圈		铁质；以直径(cm)表示	可作泥三角的支撑架	
十字夹		以大小表示	连接固定反应装置	
烧瓶夹		铁质，与烧瓶接口处用橡胶制成	固定烧瓶	

续表

名称	形　状	材质与规格	用途及性能	使用注意事项
泥三角		泥质；以链长(cm)表示	用作坩埚或小的蒸发皿加热时的承受器	避免猛烈敲击使泥质脱落。灼热的泥三角不要滴上冷水。选择泥三角时，要使搁在上面的坩埚所露出的上部不超过本身高度的三分之一
抽滤瓶		玻璃材质；以容积(mL)表示	快速过滤大量固体时使用	与布氏漏斗配套使用。过滤前，先抽气，再进行过滤。过滤洗涤后，先由安全瓶放气，后关闭抽气泵
布氏漏斗		瓷质；以直径(cm)表示	实现固体和液体的分离	使用时需裁剪合适的滤纸使用
滴瓶		以体积(mL)标注其大小	一般搭配对应的滴管使用，用来盛放少量液体试剂	滴瓶通常带磨口，最好不要用来盛放碱液
滴管		一端带橡皮头、一端拉细的玻璃管	不定量取少量的液体时使用，可与滴瓶搭配使用	与滴瓶配套的滴管使用后需放回滴瓶，非配套滴管不能在实验台上平放
漏斗		玻璃材质；以口径(cm)表示；分长颈和短颈漏斗两种	可用于过滤，或者引导液体流入小口容器中	不能用火加热。使用时放在漏斗架上，漏斗末端尖嘴必须紧靠盛接液的容器内壁
干燥器		厚玻璃材质，分白色和棕色两类。以口径(cm)表示；真空干燥器可用于抽气减压	盛装需要保持干燥的试剂、仪器	干燥剂不要放得太满。干燥器的磨口处应均匀涂抹凡士林。灼烧过的物品应稍冷后再放入干燥器，温度不能过高。打开盖子时应将盖向一侧推开，搬动时注意用手固定盖子。干燥器中的干燥剂要及时更换
研钵		有瓷质、厚玻璃和玛瑙等材质；以口径(cm)表示	研磨固体或细料	只能研磨，不能敲打，不能烘烤

续表

名称	形　状	材质与规格	用途及性能	使用注意事项
点滴板		瓷质；分白色和黑色两类，也可分大小两类	点滴实验或容量分析实验时用于指示	
分液漏斗		玻璃材质；以容积(mL)表示，通常有 50 mL 和 250 mL 两种；形状有球形、梨形和管形	萃取实验时用于分离两种互不相溶的液体，也可以做滴加操作	不能盛热溶液。磨口塞必须密合，并且要避免打碎、遗失和互相搞混。萃取时，振荡初期应放气数次，以免漏斗内压力过大
启普发生器		玻璃材质，带活塞	一种气体发生器，用于固体颗粒和液体反应制取气体	不能加热。当块状固体溶解或变成粉末时，不能使用启普发生器
洗瓶		塑料材质；以容积(mL)表示	用蒸馏水洗涤沉淀和容器时使用	不能装自来水，不能加热
干燥管		有直形、弯形和普通、磨口之分，磨口的还按塞子大小分不同规格	防止对反应有副作用的气体进入反应体系	干燥剂置于球形部分，不宜过多
称量瓶		玻璃材质；以外径(mm)×高度(mm)表示	要求准确称取一定量的非腐蚀性固体样品时使用	不能用火加热。称量瓶盖与瓶相互配套，不能互换
移液管		玻璃材质；以容积(mL)表示	要求准确量取一定体积液体时使用	不能加热和烘干。将吸取的液体放出时，若管尖端未刻“吹”字，则剩余的液体不得吹出

续表

名称	形　状	材质与规格	用途及性能	使用注意事项
吸量管		玻璃材质；以容积(mL)表示	要求准确量取一定体积液体时使用	不能加热和烘干。将吸取的液体放出时，若管尖端未刻“吹”字，则剩余的液体不得吹出
滴定管		玻璃材质；以最大容积(mL)表示；通常分酸式(玻璃活塞)和碱式(橡皮管配球珠)两种，酸式又有无色和棕色两种；目前也有聚四氟乙烯活塞的滴定管(不分酸碱式)	滴定时使用，用以获得准确体积的液体	酸式滴定管的玻璃活塞应避免打碎、遗失和互相混用。使用滴定管前要洗净和润洗，放液前应注意尖端不可有气泡，滴定时控制滴速，读数时注意准确读数和估读数
容量瓶		玻璃材质，分无色和棕色两类；一定温度下以容积(mL)表示	配制标准溶液或稀释溶液时使用	不能盛热溶液或加热及烘烤。磨口塞必须密合并且要避免打碎、遗失和互相搞混。不可在容量瓶中进行溶解和反应操作，容量瓶不可作为长期存放溶液的仪器
锥形瓶		玻璃材质，有硬质和软质两种；以容积(mL)表示	反应容器，摇荡方便，口径较小，可用作滴定容器	硬质锥形瓶可以加热至高温，软质锥形瓶注意勿使温度变化过于剧烈。加热时放在石棉网上，使受热均匀，不可直接加热
碘量瓶		玻璃材质；以容积(mL)表示	常用于碘量法滴定过程	塞子及瓶口边缘磨口勿擦伤，以免产生漏隙。滴定时打开塞子，用蒸馏水将瓶口及塞子上的碘液洗入瓶内。非标准磨口的碘量瓶塞子不可混用

第2节 仪器的洗涤和干燥

一、常用仪器的洗涤

实验仪器洁净是实验中的一项基本要求。为了保证实验结果的准确性,实验仪器必须洗涤干净。一般来说,附着在仪器上的污物可分为可溶性物质、不溶性物质、油污及有机物等。应根据相关实验要求、污物的性质和污染程度来选择适宜的洗涤方法。仪器洁净的标准是容器壁附有一层均匀水膜而不挂水珠。

常用的洗涤方法有:

1. 水洗

水洗通常包括冲洗和刷洗。对于可溶性污物可选择用水冲洗,这主要是利用水把可溶性污物溶解而除去。为加速溶解,还需进行振荡。先用自来水冲洗仪器外部,然后向仪器中注入少量(不超过容量的 1/3)的水,可选用适当大小的毛刷刷洗,利用毛刷对器壁的摩擦去除污物,然后来回柔力刷洗,如此反复几次,将水倒掉,最后用少量蒸馏水冲洗 2～3 遍。需要强调的是,手握毛刷把的位置要适当(特别是在刷试管时),以刷子顶端刚好接触试管底部为宜,防止毛刷铁丝捅破试管。

2. 用肥皂液或合成洗涤剂洗

对于不溶性及用水刷洗不掉的污物,特别是仪器被油脂等有机物污染或实验准确度要求较高时,需要用毛刷蘸取肥皂液或合成洗涤剂来刷洗。然后用自来水冲洗,最后用蒸馏水冲洗 2～3 遍。

3. 用洗液洗

对于用肥皂液或合成洗涤剂也刷洗不掉的污物,或对仪器清洁程度要求较高以及因仪器口小、管细而不便用毛刷刷洗(如移液管、容量瓶、滴定管等)时,就要用少量铬酸洗液洗。操作方法是:往仪器中倒入(或吸入)少量洗液,然后使仪器倾斜并慢慢转动,使仪器内部全部被洗液润湿,再转动仪器,使洗液在内壁流动,转动几圈后,将洗液倒回原瓶。对于污染严重的仪器可用洗液浸泡一段时间。倒出洗液后用自来水将仪器冲洗干净,最后用少量蒸馏水冲洗 2～3 遍。

用铬酸洗液洗涤仪器时应注意以下几点:

(1) 用洗液前,先用水冲洗仪器,并将仪器内的水尽量倒净,不能用毛刷刷洗。

(2) 洗液用后倒回原瓶,可重复使用。洗液应密闭存放,以防浓硫酸吸水。洗液经多次使用,如已呈绿色,则已失效,不能再用。

(3) 洗液有强腐蚀性,会灼伤皮肤和破坏衣服,使用时要特别小心!如不慎溅到衣服或皮肤上,应立即用大量水冲洗。

(4) 洗液中的Cr(Ⅵ)有毒,因此,用过的废液以及清洗残留在仪器壁上的洗液时第一、二遍洗涤水都不能直接倒入下水道,以防腐蚀管道和污染水环境。应将其回收或倒入废液缸,最后集中处理。简便的处理方法是在回收的废洗液中加入硫酸亚铁,使Cr(Ⅵ)变成无毒的Cr(Ⅲ)后再排放。

由于洗液成本较高而且有毒性和强腐蚀性,因此,能用其他方法洗涤干净的仪器就不要用铬酸洗液洗。

近年来有人试用王水代替铬酸洗液来洗涤玻璃仪器,效果很好,但王水不稳定,不宜存放,且刺激性气味较大。

4. 其他洗涤方法

根据仪器器壁上附着物化学性质不同"对症下药",选择适当的药品处理。例如,仪器器壁上的二氧化锰、氧化铁等可用草酸溶液或浓盐酸洗涤;附着的硫黄可用煮沸的石灰水清洗;难溶的银盐可用硫代硫酸钠溶液洗;附在器壁上的铜或银可用硝酸洗涤;装过碘溶液或装过奈氏试剂的瓶子常有碘附在瓶壁上,用碘化钾溶液或硫代硫酸钠溶液洗涤的效果都非常好。总之,使用试剂洗涤是一种化学处理方法,应充分利用已有的化学知识来处理实际问题。

玻璃仪器洗净的标准是仪器清洁透明,水沿器壁流下,形成水膜而不挂水珠。洗净的仪器,不要用布或软纸擦干,以免器壁沾上少量纤维而污染仪器。最后用蒸馏水冲洗仪器2～3遍时,要遵循"少量多次"的原则,节约用水。

二、常用仪器的干燥

实验用的仪器除要求洗净外,有些实验还要求仪器必须干燥,如用于精密称量中的承载器皿、用于盛放准确浓度溶液的仪器及用于高温加热的仪器。视情况不同,可采用以下方法干燥仪器:

1. 晾干法

不急用且要求一般干燥的仪器可采用晾干法。将仪器洗净后倒出积水,挂在晾板(图2-1)上倒置于干燥无尘处(试管倒置在试管架上),任其自然干燥。

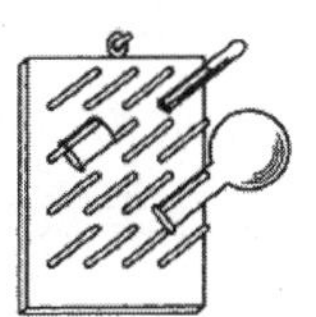

图2-1　晾板

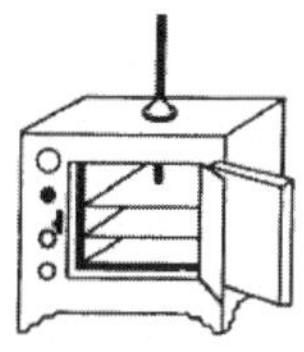

图2-2　烘箱

2. 烘干法

需要干燥较多仪器时可用烘箱(图2-2)进行烘干。烘箱内温度一般控制在110 ℃～120 ℃,烘干1 h。应注意以下几点:

(1) 带有刻度的计量仪器不能用加热的方法进行干燥。

(2) 烘干前要倒去积存的水。

(3) 对厚壁仪器和实心玻璃塞烘干时升温要慢。

(4) 带有玻璃塞的仪器要拔出塞一同干燥,但木塞和橡胶塞不能放入烘箱烘干,应在干燥器中干燥。

3. 吹干法

需要马上使用而又要求干燥的仪器可用冷-热风机或气流烘干器(图 2-3)吹干。

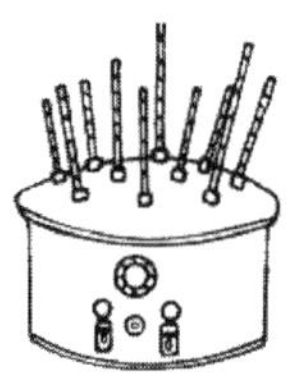

图 2-3 气流烘干器

4. 烤干法

急等使用的试管、烧杯和蒸发皿等可以烤干。加热前先将仪器外壁擦干,然后用小火烤。烤干试管时,可用试管夹夹持试管直接在火焰上加热,试管口要始终保持略向下倾斜,并不断移动试管,使其受热均匀;烤干烧杯、蒸发皿时,将其置于石棉网上,用小火加热。

5. 快干法

此法一般只在实验中临时使用。将仪器洗净后倒置稍控干,然后注入少量能与水互溶且易挥发的有机溶剂(如丙酮或无水乙醇等),倾斜并转动仪器,使仪器内壁全部浸湿后倒出溶剂(将溶剂回收),其余留在仪器中的混合试液很快挥发从而使仪器干燥。如果用电吹风向仪器中吹风,则干燥得更快。此法尤其适用于不能烤干、烘干的计量仪器。

第 3 节　试剂及其取用

一、化学试剂的分类

化学试剂广泛应用于各行各业,其突出特点是门类广、品种多。在化学实验中,化学试剂是必需品。国际上对化学试剂的分类尚无统一标准,不同领域的需求也不尽相同。化学试剂是用以研究其他物质的组成、性状及其质量优劣的纯度较高的化学物质。化学试剂的纯度级别及其类别和性质一般在标签的左上方用符号注明,规格则在标签的右端,并用不同颜色的标签加以区别。

按学科和用途,化学试剂一般分为通用试剂、分析试剂、生化试剂、电子工业试剂四大类,见表 2-2。

表 2-2　化学试剂的分类及适用范围

试剂名称		适用范围
通用试剂		用于科学研究、分析测试、合成反应、材料制备等
分析试剂	基准试剂	用于标定溶液
	指示剂	用于指示终点,如 pH 指示剂等
	色谱纯试剂	用于气相色谱、液相色谱、薄层色谱、柱色谱等
	氘代试剂	用于核磁共振分析

续表

试剂名称	适用范围
生化试剂	用于生命科学研究，如酶试剂、蛋白质、生物碱、氨基酸等
电子工业试剂	用于电子工业，如 MOS 试剂、高纯试剂、光学试剂等

化学试剂也可以根据纯度分类。我国化学试剂的纯度标准有国家标准(GB)、化工部标准(HG)及企业标准(QB)。目前部级标准已归纳为行业标准(ZB)。按照药品中杂质含量的多少，我国生产的化学试剂分为五个等级，如表 2-3 所示。

表 2-3　化学试剂的级别及适用范围

级别	中文名称	英文名称	缩写	标签颜色	特点及适用范围
一级	优级纯	Guaranteed Reagent	G. R.	绿色	纯度很高，用于精密分析、科学研究
二级	分析纯	Analytical Reagent	A. R.	红色	纯度稍低于优级纯，用于一般定量分析、科学研究
三级	化学纯	Chemical Pure	C. P.	蓝色	纯度稍低于分析纯，用于一般定性分析、化学实验
四级	实验试剂	Laboratory Reagent	L. R.	棕色或黄色	纯度较低，但比工业品高，用于要求不高的普通实验
生物试剂	生物试剂	Biological Reagent	B. R.	棕黄或其他颜色	用于生物化学实验

实践中，应根据实验的要求选用不同级别的试剂。在一般无机化学实验中，化学纯(C. P.)试剂就基本能符合要求，但有些实验中则要用分析纯(A. R.)试剂。

二、试剂的取用

1. 化学试剂取用规则

(1) 固体试剂取用规则。

① 要用干燥、洁净的角匙取试剂。部分角匙的两端有大小不同的两个匙，分别用于取大量固体或少量固体。应专匙专用。用过的角匙必须洗净擦干后方可再用。

② 取用药品前要看清标签。取用时，先打开瓶盖和瓶塞，将瓶盖倒放在实验台上，瓶塞置于瓶盖内。不能用手接触化学试剂。应本着节约的原则，用多少取多少，多取的药品不能倒回原瓶。药品取完后，一定要将瓶塞塞紧、瓶盖盖严，绝不允许将瓶塞张冠李戴。

③ 称量固体试剂时应将其放在干燥的纸或表面皿上。强氧化性或易潮解的固体试剂应放在玻璃容器内称量。

④ 往试管(特别是湿的试管)中加入固体试剂时，可用角匙或将取出的药品放在

对折的纸片上，伸进试管的 2/3 处。将块状固体放入试管时应使试管倾斜，沿管壁慢慢滑下。如固体颗粒较大，应放在干燥洁净的研钵中研碎。研钵中的固体量不应超过研钵容量的 1/3。

⑤ 取用有毒药品应在教师指导下进行。

(2) 液体试剂取用规则。

① 从细口瓶中取液体试剂时，一般用倾注法。先将瓶塞取下，倒放在实验台面上，手握住试剂瓶上有标签的一面，逐渐倾斜瓶子，让液体试剂沿着器壁或沿着洁净的玻璃棒流入接收器中。倾出所需量后，将试剂瓶口在容器上或玻璃棒上靠一下，再逐渐竖起瓶子，以防遗留在瓶口的试液流到瓶的外壁。

② 从滴瓶中取用液体试剂时，要用滴瓶中的滴管，滴管绝不能伸入接收容器中，以免触及器壁玷污药品。装有药品的滴管不得横置或将滴管口向上斜放，以免液体流入滴管的乳胶头中。

③ 定量取用液体时，要用量筒或移液管(吸量管)取，根据用量选用一定规格的量筒或移液管(吸量管)。

三、试剂瓶

化学试剂在分装时，一般把固体试剂装在广口瓶中，把液体试剂或配好的溶液装在细口瓶或带滴管的滴瓶中，而把见光易分解的试剂(如硝酸银、碘化钾等)盛放在棕色瓶中。每一试剂瓶上都贴有标签，上面写有试剂名称、规格或浓度(溶液)以及日期。在标签外面涂上一层蜡或蒙上一层透明胶纸来保护它。

试剂瓶塞打开的方法：

1. 固体试剂瓶软木塞打开方法

手持试剂瓶，先将瓶斜放在实验台上，然后用锥子斜着插入软木塞将其取出。

2. 液体试剂瓶塑料塞打开方法

用热水浸过的布裹上塞子的头部，然后用力向一个方向拧，一旦松动即容易拧开。

3. 液体试剂瓶玻璃塞打开方法

在水平方向用力转动塞子或左右交替横向用力摇动塞子，如仍打不开，则可紧握瓶的上部，用木柄或木锤从侧面轻轻敲打塞子，也可在桌面棱角处轻轻叩敲(绝不能手握瓶下部或用铁锤敲打)。

四、一般溶液的配制及保存方法

配制及保存溶液时应遵循下列原则：

(1) 经常并大量使用的溶液，先配制浓度约大 10 倍的储备液，使用时取储备液稀释 10 倍即可。

(2) 对于易水解的物质，在配制溶液时还要考虑先用相应的酸溶解易水解的物质，再加水稀释。

(3) 易侵蚀或腐蚀玻璃的溶液不能盛放在玻璃瓶内，如含氟的盐类、苛性碱等应保存在聚乙烯塑料瓶中。

(4) 易挥发、易分解的试剂及溶液应存放在棕色瓶中。

(5) 配制溶液时，要合理选择试剂的级别，不允许超规格使用试剂，以免造成浪费。

(6) 配好的溶液盛装在试剂瓶中，应贴好标签，注明名称、溶液浓度及配制日期。

教学参考书

[1] 李巧玲. 无机化学与分析化学实验[M]. 2 版. 北京：化学工业出版社，2015.

[2] 郎建平，卞国庆，贾定先. 无机化学实验[M]. 3 版. 南京：南京大学出版社，2018.

[3] 唐向阳，余莉萍，朱莉娜，等. 基础化学实验教程[M]. 4 版. 北京：科学出版社，2015.

[4] 北京师范大学无机化学教研室，东北师范大学无机化学教研室，华中师范大学无机化学教研室，等. 无机化学实验[M]. 3 版. 北京：高等教育出版社，2001.

[5] 安黛宗. 大学化学实验[M]. 武汉：中国地质大学出版社，2007.

第 4 节　固体溶解、过滤、分离与洗涤

一、固体溶解

应根据物质的溶解度大小，加适量溶剂溶解，可搅拌或加热促进溶解，大块颗粒应先研碎。用溶剂溶解试样时，加入溶剂时应先把烧杯适当倾斜，然后把量筒嘴靠近烧杯壁，让溶剂慢慢顺着杯壁流入；或通过玻璃棒使溶剂沿玻璃棒慢慢流入，以防杯内溶液溅出而损失。溶剂加入后，用玻璃棒搅拌，使试样溶解。对溶解时会产生气体的试样，则应先用少量水将其润湿成糊状，用表面皿将烧杯盖好，然后用滴管将溶剂自杯嘴逐滴加入，以防生成的气体将粉状的试样带出。对于需要加热溶解的试样，加热时要盖上表面皿，防止溶液剧烈沸腾和迸溅。加热后要用蒸馏水冲洗表面皿和烧杯内壁，冲洗时也应使水顺杯壁流下。

在实验的整个过程中，盛放试样的烧杯要用表面皿盖上，以防脏物落入。放在烧杯中的玻璃棒不要随意取出，以免溶液损失。

二、固-液分离方法

常用的固-液分离方法有倾析法、过滤法、离心分离法等。

(1) 倾析法。

若晶体或沉淀的颗粒较大，静置后能沉降至容器的底部，则可用倾析法分离并洗涤沉淀。将沉淀上部的清液倾倒入另一容器中，然后加入少量洗涤液，充分搅拌，静置后倾去上层清液，重复操作 2～3 遍，即可洗涤沉淀。相关操作见图 2-4、图 2-5。

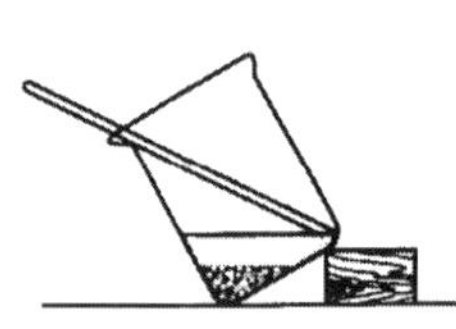

图 2-4　倾斜静置

图 2-5　转移溶液(倾析法)

(2) 过滤法。

过滤是利用滤纸将溶液与固相分开。过滤后的溶液称为滤液。经常采用常压过滤、减压过滤(也称吸滤或抽滤)、热过滤三种过滤方法。

① 常压过滤(图 2-6)：选用合适的漏斗和滤纸，过滤时注意“一贴、二低、三靠”，滤纸的边角撕去一角。

② 减压过滤(图 2-7)：布氏漏斗颈端的斜口要对着抽滤瓶的支管口。先开水泵，接橡皮管，用倾析法转入结晶液。结束时，先拔去橡皮管，后关水泵。取下布氏漏斗，用玻璃棒撬起滤纸边，取下滤纸和沉淀。瓶内溶液从瓶口倒出(侧口向上)，不能从侧口倒出，以免污染滤液。

③ 热过滤(图 2-8)：如果溶液中的溶质在冷却后易析出结晶，而实验要求溶质留在溶液中，则要采用热过滤的方法。如果过滤能很快完成，过滤过程中温度变化不大，则采用趁热过滤而不用热过滤装置。如果过滤所需时间较长，过滤过程中温度变化较大，则采用热过滤装置。

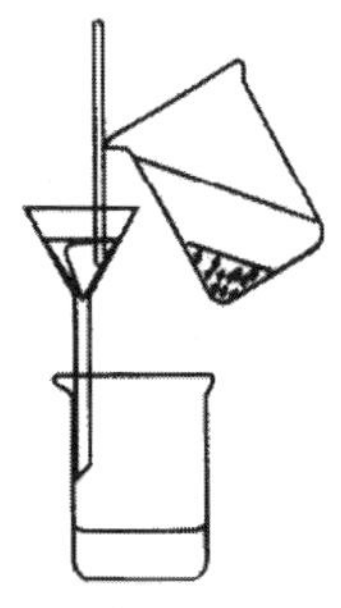

图 2-6　常压过滤

1. 水泵；2. 抽滤瓶；3. 布氏漏斗；
4. 安全瓶；5. 自来水龙头

图 2-7　减压过滤

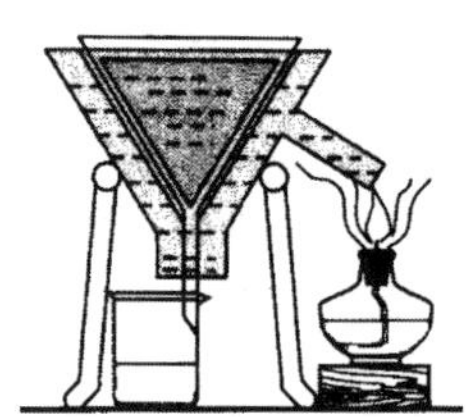

图 2-8　热过滤

（3）离心分离法。

溶液和沉淀的量都很少时，可采用离心分离法。使用电动离心机时应注意：离心管放入离心机的套管内时，位置要对称，质量要均衡，否则易损坏离心机的轴。如果只有一支离心管中的沉淀需要分离，则可在另一支离心管中装入等质量的水，放入对位的套管中以保持平衡。缓慢旋转电动离心机的旋钮，让离心机的转速由小变大。数分钟后，关闭离心机的旋钮，使其自动停止。

离心操作完毕后，从套管中取出离心管，再取一小滴管，先捏紧乳胶头，排出空气，然后插入试管中，插入的深度以尖端不接触沉淀为限，慢慢松开乳胶头，吸出溶液，留下沉淀。离心分离方法简单、方便，实验中经常采用。

三、滤纸

化学实验中常用的滤纸有定量滤纸和定性滤纸之分。两者的差别在于灼烧后的灰分质量不同。定量滤纸的灰分很低，如一张ϕ 125 mm 的定量滤纸，质量约1 g，灼烧后的灰分量低于 0.1 mg，已小于分析天平的感量，在重量分析中可忽略不计，故又称无灰滤纸；而定性滤纸灼烧后有相当多的灰分，不适用于重量分析。按过滤速度和分离性能的不同，又可将滤纸分为快速、中速和慢速三类。定量滤纸和定性滤纸的技术指标如表 2-4 和表 2-5 所示。应根据沉淀的性质和沉淀的量合理地选用滤纸。

表 2-4　定量滤纸

项　目	规　格		
	快速 201	中速 202	慢速 203
面质量/($g \cdot m^{-2}$)	80±4.0	80±4.0	80±4.0
分离性能(沉淀物)	氢氧化铁	碳酸锌	硫酸钡
过滤速度/s	≤30	≤60	≤120
湿耐破度(水柱)/mm	≥120	≥140	≥160
灰分/%	≤0.01	≤0.01	≤0.01
标志(盒外纸条)	白色	蓝色	红色
圆形纸直径/mm	55,70,90,110,125,180,230,270		

表 2-5 定性滤纸

项 目	规 格		
	快速 101	中速 102	慢速 103
面质量/(g·m^{-2})	80±4.0	80±4.0	80±4.0
分离性能(沉淀物)	氢氧化铁	碳酸锌	硫酸钡
过滤速度/s	≤30	≤60	≤120
灰分/%	≤0.15	≤0.15	≤0.15
不溶性氯化物/%	≤0.02	≤0.02	≤0.02
含铁量(质量分数)/%	≤0.003	≤0.003	≤0.003
标志(盒外纸条)	白色	蓝色	红色
圆形纸直径/mm	55,70,90,110,125,150,180,230,270		
方形纸尺寸/mm	600×600,300×300		

除滤纸外,还可使用一定孔径的金属网或高分子材料制成的网膜进行过滤。这些材料和滤纸一样,用于过滤时,都要和适当的滤器(如布氏漏斗或玻璃漏斗等)配合使用。

教学参考书

[1] 南京大学大学化学实验教学组. 大学化学实验[M]. 北京:高等教育出版社,1999.

[2] 李巧玲. 无机化学与分析化学实验[M]. 2 版. 北京:化学工业出版社,2015.

[3] 郎建平,卞国庆,贾定先. 无机化学实验[M]. 3 版. 南京:南京大学出版社,2018.

[4] 唐向阳,余莉萍,朱莉娜,等. 基础化学实验教程[M]. 4 版. 北京:科学出版社,2015.

[5] 北京师范大学无机化学教研室,东北师范大学无机化学教研室,华中师范大学无机化学教研室,等. 无机化学实验[M]. 3 版. 北京:高等教育出版社,2001.

[6] 王传虎. 无机及分析化学实验[M]. 合肥:中国科学技术大学出版社,2008.

[7] 陈昌国,曹渊. 实验化学导论:技术与方法[M]. 重庆:重庆大学出版社,2010.

第5节 结晶和重结晶

一、蒸发与结晶

为了使溶质从溶液中析出晶体，常采用加热的方法使水分不断蒸发，溶液不断浓缩而析出晶体。蒸发通常在蒸发皿中进行，因为它的表面积较大，有利于加速蒸发。但加入蒸发皿中液体的量不得超过其容积的2/3，以防液体溅出。如果液体量较多，蒸发皿一次盛不下，可随水分的不断蒸发而继续添加液体。注意不要使蒸发皿骤冷，以免炸裂。根据物质对热的稳定性，可用电炉、酒精灯直接加热或用水浴间接加热。若物质的溶解度较小，或高温时溶解度大而室温时溶解度小，降温后容易析出晶体，则不必蒸发至液面出现晶膜就可以冷却。

二、重结晶技术

用适当的溶剂把含有杂质的晶体物质溶解，配制成接近沸腾的浓热溶液，趁热滤去不溶性杂质，使滤液冷却析出结晶，滤集晶体并做干燥处理的联合操作过程称为重结晶或再结晶，有时也简称结晶。当结晶一次所得物质的纯度不合要求时，可以重新加入尽可能少的溶剂溶解晶体，经蒸发后再进行结晶。重结晶是纯化晶态物质普遍适用的常用方法之一。

1. 溶剂的选择

从文献查出的溶解度数据或从被提纯物结构导出的关于溶解性能的推论都只能作为选择溶剂的参考，溶剂的最后选定还要依靠试验，包括单一溶剂的选择和混合溶剂的选择。

2. 溶样

溶样又称热溶或配制热溶液。将样品置于圆底烧瓶或锥形瓶中，加入比需要量略少的溶剂，投入几粒沸石，开启冷凝水，开始加热并观察样品溶解情况。沸腾后用滴管自冷凝管顶端分几次补加溶剂，直至样品全溶。此时若溶液澄清透明，无不溶性杂质，即可撤去热源，室温放置，使晶体析出；若有不溶性杂质，则补加适量溶剂，继续加热至沸后趁热过滤；若溶液中含有有色杂质或树脂状物质，则需补加适量溶剂，进行脱色操作。

3. 脱色

向溶液中加入吸附剂并适当煮沸，使其吸附脱掉样品中杂质的过程叫脱色。常用的脱色剂是活性炭，其用量视杂质多少而定，一般为粗样品质量的1%～5%。如果一次脱色不彻底，可再进行第二次脱色，但不宜过多使用，以免样品过多损耗。脱色剂应在样品溶液稍冷后加入。不允许将脱色剂加入正在沸腾的溶液中，否则将会引起暴沸甚至引起燃烧。

脱色剂加入后可煮沸数分钟，同时将烧瓶连同铁架台一起轻轻摇动。在烧杯中用水作溶剂时可用玻璃棒搅拌，以使脱色剂迅速散开。煮沸时间过长则脱色效果反而不好，因为在脱色剂表面存在着溶质、溶剂和杂质的吸附竞争，溶剂虽然在竞争中处于不利地位，但其数量巨大，过久的煮沸会使较多的溶剂分子被吸附从而使脱色剂对杂质的吸附能力下降。

4. 趁热过滤

通过趁热过滤，可以除去不溶性杂质、脱色剂及吸附于脱色剂上的其他杂质。

5. 冷却结晶

将趁热过滤后的溶液冷却，溶质因溶解度减小即部分析出。此步骤的关键是控制冷却速度，使溶质真正成为晶体析出并长到适当大小，而不是以油状物或沉淀的形式析出。一般来说，若将滤液迅速冷却并剧烈搅拌，则所析出的晶体很细，总表面积大，因而表面上吸附或黏附的母液总量也很多。若将滤液静置并缓慢降温，则得到的晶体较大。但晶体也不是越大越好，因为过大的晶体中包夹母液的可能性也大。通常控制冷却速度使晶体在几十分钟至十几个小时内析出，而不是在数分钟或数周内析出，析出的晶粒大小在 1.5 mm 左右为宜。为此，可将热滤液在室温下静置缓缓冷却，或静置于热水浴中随同热水一起缓缓冷却。杂质的存在会影响化合物晶核形成和晶体的生长，所以有时溶液虽然已达过饱和状态，仍不析出结晶，这时可用玻璃棒摩擦器壁或投入晶种(同种溶质的晶体)，帮助形成晶核。若没有晶种，也可以用玻璃棒蘸一点滤液，让溶剂挥发得到少量结晶，然后将该玻璃棒伸入溶液中搅拌，该晶体即可作晶种使晶体析出。在冰箱中放置较长时间，也可使晶体析出。

有时从溶液中析出的不是晶体而是油状物，这种油状物长期静置或足够冷却也可以固化，但含有较多的杂质，产品纯度不高。处理的方法是：① 增加溶剂，使溶液适当稀释，但这样会使晶体收率降低；② 缓慢冷却，及时加入晶种；③ 将析出油状物的溶液加热重新溶解，然后让其缓慢冷却，当刚有油状物析出时便剧烈搅拌，使油状物在均匀分散状况下固化；④ 最好改换其他溶剂。

6. 滤集晶体

要把晶体从母液中分离出来，一般采用布氏漏斗或砂芯漏斗进行抽滤。抽滤前，用少量溶剂润湿滤纸，并将其吸紧，将容器内的晶体连同母液倒入布氏漏斗中，用少量滤液洗出黏附在容器壁上的晶体。用不锈钢铲或玻璃塞把结晶压紧，使母液尽量抽尽，然后打开安全瓶上的活塞(或拔掉抽滤瓶上的橡皮管)，关闭水泵。

为了除去晶体表面的母液，可用少量新鲜溶剂洗涤。洗涤时应首先打开安全瓶上的活塞，解除真空，再加入洗涤溶剂，用刮刀或玻璃棒将晶体小心地调松(注意不要将滤纸弄破或松动)，使全部晶体浸润，然后再抽干。一般洗涤1～2次即可。如果所用溶剂的沸点较高，挥发性太小，不易干燥，则可选用合适的低沸点溶剂将原来的溶剂洗去，以利于干燥。

将抽滤后的溶液适当浓缩后冷却，还可以再得到一部分晶体，但纯度较低，一般不可以与前面所得到的晶体合并，必须做进一步的纯化处理后才可作为纯品使用。

7. 晶体的干燥

抽滤收集的产品必须充分干燥，以除去吸附在晶体表面的少量溶剂。应根据所用溶剂和晶体的性质来选择干燥的方法。不吸潮的产品可放在表面皿上，盖上一层滤纸在室温下放置数天，让溶剂自然挥发(空气晾干)，也可用红外灯烘干。对于量较大或吸潮、易分解的产品，可放在真空恒温干燥箱中干燥。如要干燥少量的标准样品或送分析测试样品，最好用真空干燥箱在适当温度下减压干燥2～4 h。干燥后的样品应立即贮存于干燥器中。

8. 测定熔点

准确测定干燥后晶体的熔点，以决定是否需要再做进一步的重结晶。

以上是重结晶完整的一般性操作步骤，一次具体的重结晶实验究竟需要多少步，可根据实际情况决定。如果已经指定了溶剂，则选择溶剂一步可省去。如果制成的热溶液没有颜色，也没有树脂状杂质，则脱色一步可省去。如果同时又无不溶性杂质，则趁热过滤一步可省去。如果确知一次重结晶可以达到要求的纯度，则测定熔点可省去。

教学参考书

[1] 殷学锋. 新编大学化学实验[M]. 北京：高等教育出版社，2002.

[2] 王秋长，赵鸿喜，张守民，等. 基础化学实验[M]. 北京：科学出版社，2003.

[3] 徐伟亮. 基础化学实验[M]. 北京：科学出版社，2005.

第6节 沉淀的烘干、灼烧及恒重

烘干沉淀是为了除去沉淀中的水分和挥发性物质，使沉淀形式转化为组成固定的称量形式。灼烧沉淀除具有上述作用外，有时还可以使沉淀形式在较高温度下分解成组成固定的称量形式。烘干或灼烧的温度和时间随沉淀不同而异。灼烧温度一般在800 ℃以上，常用瓷坩埚盛放沉淀。若需用氢氟酸处理沉淀，则应用铂坩埚。

一、瓷坩埚的准备

瓷坩埚洗净并烘干后，将坩埚盖盖上，但应留有空隙。将瓷坩埚放入高温电炉或马弗炉内缓慢升温，直至与将要放入的灼烧沉淀的温度一致。恒温 30 min，打开炉门稍冷后，用微热过的坩埚钳将其取出放在石棉网上，冷却到用手背靠近坩埚只有微热感觉时，将坩埚移入干燥器中。用手握住干燥器，不时地将盖微微推开，以放出热空气，然后再盖好干燥器，冷却 30 min 后，取出称量。再将坩埚按上述同样方法灼烧，冷却称量，直至质量恒定。也可将坩埚放在泥三角上，下面放置酒精灯或煤气灯逐步升温灼烧。空坩埚一般灼烧 10～15 min。

注意：应防止温度突升或突降而使坩埚破裂，每次在干燥器中冷却的时间应尽可能相同。在天平上称量的时间应尽可能短，否则不易达到恒定质量。坩埚钳嘴要保持清洁，用后将弯嘴向上放在台面上，不允许将嘴向下放置。

二、沉淀的包卷与烘干

用玻璃棒将滤纸三层部分挑起，用洁净的手指取出带有沉淀的滤纸。先将滤纸折成半圆形，再沿右端相距约为半径 1/3 处，把滤纸自右向左折起，并沿着与直径平行的直线把滤纸上边向下折起来，最后自右向左将滤纸卷成小包。

将包卷的沉淀放入已恒定质量的空坩埚中，滤纸层数较多的一面向上，以利于滤纸的灰化。将坩埚斜放在泥三角上，坩埚盖半掩坩埚口，用煤气灯小火在坩埚盖下方加热，利用热空气对流将滤纸和沉淀烘干。干燥过程中，加热不可太急，否则坩埚遇水容易破裂，同时沉淀中的水分也会因猛烈汽化而将沉淀冲出。包好的沉淀也可在恒温箱中干燥。

三、沉淀的灼烧与恒重

沉淀干燥后，将火焰移至坩埚底部，小火加热，使滤纸慢慢炭化。注意不要使滤纸着火燃烧，更不可使火焰进入坩埚内部，以免燃烧使沉淀微粒飞散损失。若滤纸着火，应迅速移去火焰，并盖上坩埚盖，使火焰自动熄灭(切勿用嘴吹熄，以防沉淀散失)，然后继续炭化，直至不再冒烟。滤纸全部炭化后，可加大火焰，并不时使用坩埚钳旋转，至炭黑完全灰化。

滤纸灰化后将坩埚竖直，加大火焰灼烧一定时间，逐渐减小火焰，最后熄灭。让坩埚在空气中稍冷，至用手背靠近坩埚有微热感觉时，移入干燥器，冷却 30 min，称量。再重复灼烧、冷却、称量，直至恒重。若用马弗炉灼烧沉淀，则在滤纸灰化后才能放入炉内灼烧，需用特制的长柄坩埚钳将坩埚放入炉内，并加盖，以防污物落入。恒温加热一定时间后先将电源关闭，然后打开炉门，再将坩埚移至炉口稍冷，取出后放在石棉网上，在空气中冷至微热时移入干燥器中，冷却至室温，称量，直至恒重。

总之，灼烧使固体在高温下脱水或除去其中易挥发物质而得到稳定固体。灼烧时应采用坩埚、蒸发皿等耐热容器盛放试样，用酒精喷灯、煤气灯或电炉等进行加热。灼烧前首先应了解被灼烧物质的熔沸点、分解温度等性质，若物质熔沸点低或易燃，则不宜进行灼烧；还需了解试样中含有什么杂质，若杂质与试样在灼烧时产生剧烈反应，则不能进行灼烧。灼烧操作常用于重量分析。

教学参考书

[1] 南京大学大学化学实验教学组. 大学化学实验[M]. 北京：高等教育出版社，1999.

[2] 武汉大学. 分析化学实验[M]. 4 版. 北京：高等教育出版社，2001.

第 7 节 试纸的使用

在无机及分析化学实验中常用试纸来定性检验一些溶液的酸碱性或某些物质(气体)是否存在，操作简单，使用方便。试纸的种类很多，常用的有石蕊试纸、刚果红试纸、酚酞试纸、pH 试纸、醋酸铅试纸和碘化钾-淀粉试纸等。

一、石蕊试纸

石蕊试纸是常用的试纸之一，用于检验溶液的酸碱性，分为红色石蕊试纸和蓝色石蕊试纸两种。红色石蕊试纸用于检验碱性溶液或气体，遇碱时变蓝；蓝色石蕊试纸用于检验酸性溶液或气体，遇酸时变红。严格来说，在室温及 101.325 kPa 下，pH＞8.3 时红色石蕊试纸才会变蓝，pH＜4.5 时蓝色石蕊试纸才会变红，而当 4.5＜pH＜8.3 时红色和蓝色石蕊试纸都不会变色，所以在测试接近中性的溶液时会不太准确。

制备方法：用热的酒精处理市售石蕊以除去夹杂的红色素，倾去浸液，1 份残渣与 6 份水浸煮并不断摇荡，滤去不溶物。将滤液分成两份，一份加稀磷酸或稀硫酸至变红，另一份加稀氢氧化钠溶液至变蓝，然后将滤纸分别浸入这两种溶液中，取出后在避光且没有酸、碱蒸气的房中晾干，剪成纸条即可。

使用方法：先将石蕊试纸剪成小块，放在干燥洁净的表面皿上，再用蘸有待测液的玻璃棒点试纸的中部，然后于半分钟内观察试纸颜色的变化，切不可将试纸浸入溶液中试验。检查挥发性物质的酸碱性时，先将试纸用去离子水润湿，再用镊子夹持试纸，将其悬空放在气体出口处，观察试纸颜色的变化。

二、刚果红试纸

刚果红试纸是由刚果红溶液浸泡制成的，变色范围为 pH＝3.5～5.2，碱态为红色，酸态为蓝色，遇无机酸变蓝(遇甲酸、一氯乙酸及草酸等有机酸也变蓝)。

制备方法：将 0.5 g 刚果红溶于 1 L 水中，加 5 滴乙酸，将滤纸在温热溶液中浸渍后取出晾干。

使用方法：与石蕊试纸的使用方法相同。

三、酚酞试纸

酚酞试纸遇碱性溶液变红，用水润湿后遇碱性气体(如氨气)变红，常用于检验 pH>8.3 的稀碱溶液或氨气等。

制备方法：将 1 g 酚酞溶于 100 mL 95%的酒精后，边振荡边加入 100 mL 水制成溶液，将滤纸浸入其中，浸透后在洁净、干燥的空气中晾干。

使用方法：与石蕊试纸的使用方法相同。

四、pH 试纸

pH 试纸用来检验溶液的 pH，包括广泛 pH 试纸和精密 pH 试纸两类，前者的变色范围为 pH=1～14，用于粗略检验溶液的 pH；后者在溶液 pH 变化较小时就有颜色变化，因而可以较精确地估计溶液的 pH。根据 pH 试纸的变色范围可分为多种，如变色范围为 pH=2.7～4.7、pH=3.8～5.4、pH=5.4～7.0、pH=6.9～8.4、pH=8.2～10.0、pH=9.5～13.0 等。可根据待测溶液的酸碱性选用某一变色范围的试纸。

制备方法：广泛 pH 试纸是将滤纸浸泡在通用指示剂溶液中，然后取出晾干，截成小条而制成。

使用方法：与石蕊试纸的使用方法基本相同，差别在于 pH 试纸变色后要与标准色板对照，才能知道其 pH 或 pH 范围。

五、醋酸铅试纸

醋酸铅试纸用来定性检验反应是否有硫化氢气体生成，即检验溶液中是否有 S^{2-} 存在。

制备方法：将滤纸浸入 3% $Pb(Ac)_2$ 溶液中，浸渍后取出，在无 H_2S 处晾干，裁剪成条。

使用方法：将试纸用去离子水润湿，加酸于待测液中，将试纸横置于试管口，如溶液中有 S^{2-}，则生成的 H_2S 气体遇湿润的 $Pb(Ac)_2$ 试纸后生成黑色 PbS 沉淀，而使试纸呈黑褐色并有金属光泽；但溶液中 S^{2-} 浓度较小时则不易检出。相关反应如下：

$$Pb(Ac)_2 + H_2S = PbS(\text{黑色})\downarrow + 2HAc$$

六、碘化钾-淀粉试纸

碘化钾-淀粉试纸用来定性检验氧化性气体，如 Cl_2、Br_2 等。氧化性气体遇湿润的试纸，试纸上的I^-被氧化成I_2，I_2立即与试纸上的淀粉作用而使试纸变蓝。相关反应如下：

$$2I^- + Cl_2(Br_2) = I_2 + 2Cl^-(2Br^-)$$

如气体氧化性很强且浓度较大，还可进一步将I_2氧化成无色的IO_3^-，使蓝色褪去。相关反应如下：

$$I_2 + 5Cl_2 + 6H_2O = 2HIO_3 + 10HCl$$

制备方法：称取 1 g 淀粉溶于 200 g 水中，加热煮沸 3 min，待溶液冷却至 30 ℃～40 ℃时，加入 1 g 碘化钾，搅拌均匀，就制成了碘化钾-淀粉溶液，将滤纸浸入，取出晾干，裁成纸条即可。

使用方法：先将试纸用去离子水润湿，将其横在试管口的上方，如有氧化性气体(Cl_2、Br_2)，则氧化性气体将I^-氧化成I_2，I_2立即与试纸上的淀粉作用，试纸变为蓝色。

使用试纸时要注意节约，把试纸剪成小条，用时不要多取，用多少取多少。取用后，应立即将装试纸的容器盖严，以免试纸被污染而变质。用过的试纸要放在废液缸(桶)内，不要丢在水槽内，以免堵塞下水道。

教学参考书

[1] 北京师范大学无机化学教研室，东北师范大学无机化学教研室，华中师范大学无机化学教研室，等. 无机化学实验[M]. 3 版. 北京：高等教育出版社，2001.

[2] 南京大学《无机及分析化学实验》编写组. 无机及分析化学实验[M]. 4 版. 北京：高等教育出版社，2006.

第 8 节　加热与冷却

一、常见的加热装置及使用方法

(一) 加热灯具

无机及分析化学实验中常用的加热灯具有酒精灯、酒精喷灯和煤气灯等。

1. 酒精灯

(1) 构造：由灯帽、灯芯、灯壶及防风罩构成。酒精灯加热温度通常在 400 ℃～500 ℃。酒精灯一般由玻璃制成，不用时必须将灯帽盖上，以免酒精挥发。

(2) 使用方法：

① 检查灯芯。灯芯不齐或烧焦时，应用剪刀将其修平整或把烧焦处剪掉。灯芯

通常由多股棉纱线拧在一起，插进灯芯瓷套管中。灯芯不宜太短，也不宜过长，一般浸入酒精后还要在瓶底剩余 4～5 cm。

② 添加酒精。新灯或旧灯灯壶内酒精少于其容积的 1/2 时需添加酒精。往酒精灯内添加酒精，应把火焰熄灭，用漏斗添加，加入量为灯壶容积的 1/2～2/3。

③ 点燃。新灯芯要用酒精浸泡后才能点燃。取下灯帽，平放在实验台或铁架台后侧，不要让其滚动，擦燃火柴，从侧面移向灯芯点燃酒精灯。切不可用燃着的酒精灯对火，否则灯内的酒精易洒出，引起燃烧而发生火灾。点燃后正常火焰为淡蓝色，灯焰由外焰(氧化焰)、内焰(还原焰)和焰心三部分构成，氧化焰部分温度最高，焰心部分温度最低。

④ 熄灭。熄灭酒精灯的火焰时，切勿用嘴去吹，只要将灯帽盖上即可使火焰熄灭，然后再提起灯帽一次，让酒精蒸气尽量挥发，让空气进入，防止再次点燃时引爆或冷却后造成负压而不易打开灯帽；待灯口稍冷再盖上灯帽，这样可以防止灯口破裂。

酒精灯的防风罩在必要时使用。使用防风罩能使酒精灯的火焰平稳，并适当提高酒精灯的火焰温度。

2. 酒精喷灯

酒精喷灯是实验室中常用的高温热源之一，其温度可达 1 000 ℃～1 200 ℃。酒精喷灯按形状可分为挂式酒精喷灯和座式酒精喷灯两种。

(1) 挂式酒精喷灯。

① 构造：由灯座、预热碗、灯管、通风孔、挡风片、灯壶、软管等部分组成，见图 2-9。

图 2-9 挂式酒精喷灯

② 使用方法：

a. 首先检查各部件是否正常，用漏斗往灯壶内加入酒精，酒精量不超过灯壶容积的 2/3，注意关好灯体一侧的阀门，然后悬挂在一旁。

b. 预热：预热碗中加满酒精(不能溢出)，用火柴点燃，酒精将燃完时，打开灯体一侧的阀门，使酒精流入灯管。

c. 调节：灯管预热后，进入灯管的酒精开始汽化，并与来自通风孔的空气相混合，用火柴在灯管口点燃。火焰大小可以通过阀门和挡风片调节。酒精喷灯的火焰也明显分为外焰(氧化焰)、内焰(还原焰)和焰心三个锥形区域。焰心部分温度最低；还原焰温度较高，火焰呈淡蓝色；外部氧化焰温度最高，火焰呈淡紫色。若预热不充分，则有可能在点燃时产生“火雨”(应予以防止)，此时可以向预热碗中再次添加酒精，重复上述操作，直至挂式酒精喷灯的喷嘴开始向上喷射火焰。

d. 熄灭：关闭灯体一侧的阀门，火焰就会慢慢熄灭。若长时间不用，要把灯壶内的酒精倒出。

(2) 座式酒精喷灯。

① 构造：主要由酒精入口、酒精壶、预热碗、预热管、燃烧管、空气调节器等组成，见图 2-10。

② 使用方法：

a. 旋开旋塞，向酒精壶内注入酒精至壶容量的 2/5～2/3，拧紧旋塞防止漏气。新灯或长时间未使用的喷灯，点燃前需将灯体倒转 2～3 次，使灯芯浸透酒精。

图 2-10　座式酒精喷灯

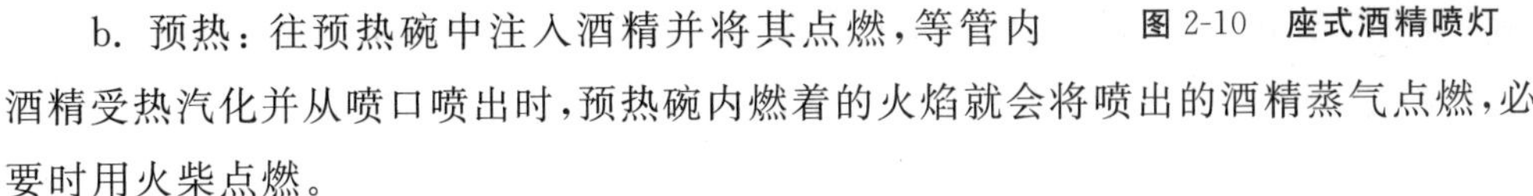

b. 预热：往预热碗中注入酒精并将其点燃，等管内酒精受热汽化并从喷口喷出时，预热碗内燃着的火焰就会将喷出的酒精蒸气点燃，必要时用火柴点燃。

c. 调节：移动空气调节器，使火焰按需求稳定。

d. 熄灭：停止使用时，可用石棉网或木板覆盖燃烧管口，同时调节空气调节器，加大空气量，即可将灯熄灭。必要时稍拧松旋塞减压(但不能拿掉，以防着火)，火即熄灭。酒精喷灯使用完毕，应将剩余酒精倒出。

3. 煤气灯

煤气灯是以煤气或天然气为燃料气的一种实验室常用加热灯具，加热温度可达 1 000 ℃左右，一般在 800 ℃～900 ℃(所用煤气的组成不同，加热温度也有差异)。煤气由导气管输送到实验台上，用橡胶管将煤气龙头与煤气灯相连。煤气无色无味、易燃易爆且有毒，不用时一定要关紧阀门，绝不可使其逸入室内，防止中毒。

(1) 构造：煤气灯样式虽多，但构造原理基本相同，通常由灯管和灯座组成(图 2-11)。灯座由铁铸成，灯管一般为铜管，二者以螺旋连接。灯管的下端有几个圆孔，为空气入口，旋转灯管可使其完全关闭或不同程度地开启，以此调节空气的进入量，从而调节火焰温度。灯座的侧面有煤气入口，可接上橡胶管将煤气导入灯内；另一侧有一螺旋针(阀)，用以调节煤气进入量(顺时针关闭)。

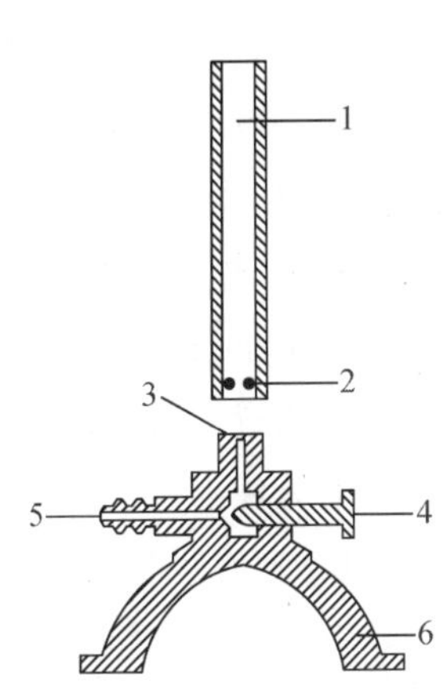

1. 灯管；2. 空气入口；3. 煤气出口；4. 螺旋针；5. 煤气入口；6. 灯座

图 2-11　煤气灯的构造

(2) 使用方法：

① 点燃：向下旋转灯管，关闭空气入口。先擦燃火柴，将火柴从下斜方向移近灯管口，然后打开煤气阀门，将煤气灯点燃。

② 调节：调节煤气阀门或螺旋针，使火焰高度适宜，这时煤气燃烧不完全，火焰呈黄色，温度不高。向上旋转灯管调节空气进入量，使煤气逐渐完全燃烧，火焰由黄变蓝，直至分为三层，称为正常火焰(图 2-12)。内层(焰心)：煤气与空气的混合气并未完全燃烧，颜色灰黑，温度较低，约 300 ℃。中层(还原焰)：煤气燃烧不完全，分解为含碳的产物。这部分火焰具有还原性，所以称为“还原焰”。还原焰呈淡蓝色，温度约 700 ℃。外层(氧化焰)：煤气完全燃烧，过剩的空气使火焰具有氧化性，故称“氧化焰”。氧化焰呈淡紫色，温度约 1 000 ℃。在淡蓝色火焰上方与淡紫色火焰交界处为最高温度区，约 1 500 ℃。通常用氧化焰来加热，根据需要可以调节火焰的大小。

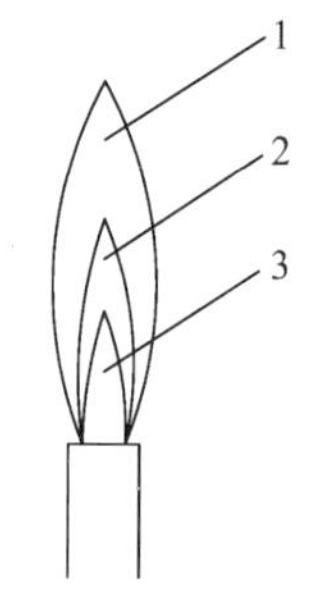

1. 氧化焰；2. 还原焰；3. 焰心

图 2-12 正常火焰

空气或煤气的进入量不合适时，会产生不正常火焰(图 2-13)。当空气和煤气进入量都很大时，火焰脱离灯管而临空燃烧，发出“呼呼”的响声，称为“临空火焰”。引燃用的火柴熄灭时，火焰也随之熄灭。当空气进入量很大而煤气进入量很小时，煤气会在灯管内燃烧而不是在管口燃烧，这时能听到“嘶嘶”的声音，看到一根细长的火焰，称为“侵入火焰”。侵入火焰会使灯管烧得很烫，应注意，以免烫手。当空气进入量很小而煤气进入量很大时，煤气燃烧不完全，火焰呈黄色，不分层，温度不高，称为“黄色火焰”。如用此火焰加热，会熏黑反应器底部。当遇到不正常火焰时，应关闭煤气开关，待灯管冷却后重新调节点燃。

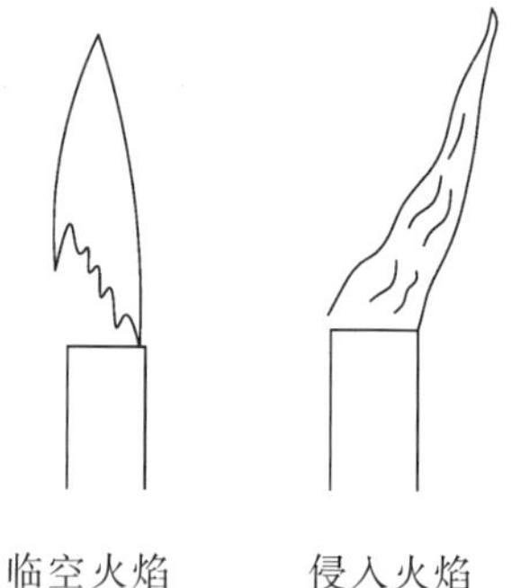

临空火焰　　侵入火焰

图 2-13 不正常火焰

③ 熄灭：先关闭煤气管道阀，然后关闭灯座上的煤气入口。

(二) 电加热装置

实验室还常用电炉、电加热套、电热鼓风干燥箱、高温电炉(又称马弗炉)等多种电加热装置。与煤气灯相比，电加热装置具有不产生有毒物质、蒸馏易燃物时不易发生火灾等优点。

1. 电炉和电加热套

电炉和电加热套可通过外接变压器来调节加热温度。使用电炉时，需在加热容器与电炉间垫一块石棉网，使加热均匀。炉盘的凹槽要保持清洁，应及时清除烧焦物，以保证炉丝传热良好，从而延长其使用寿命。电加热套由无碱玻璃纤维和金属加热丝编制的半球形加热内套和控制电路组成，多用于玻璃容器的精确控温加热，具有升温快、温度高、操作简便、经久耐用的特点。

2. 电热鼓风干燥箱

电热鼓风干燥箱又称烘箱，它采用电加热方式进行鼓风循环干燥，通过循环风机吹出热风，保证箱内温度平衡，主要用来干燥样品，也可以提供实验所需的温度环境。实验室中常用的电热鼓风干燥箱可控温度范围为 50 ℃～300 ℃，在此范围内可任意选定温度，并利用箱内的自动控制系统使温度恒定。工作室内设有两层网状隔板以方便被干燥物的放置。

烘箱使用注意事项：

(1) 使用前应检查电气绝缘性能，并注意是否有断路、短路及漏电现象。

(2) 接通电源后即可设定所需温度。

(3) 工作时，箱门不宜经常打开，以免影响恒温场。

(4) 被烘仪器应洗净、沥干后再放入，且使口朝下。

(5) 箱内严禁放入易燃、易爆、易挥发以及有腐蚀性或有毒物品。

(6) 停止使用时，应切断电源以保证安全。

3. 马弗炉

马弗炉依据外观形状可分为箱式炉、管式炉和坩埚炉；按保温材料可分为普通耐火砖马弗炉和陶瓷纤维马弗炉两种；按加热元件可分为电炉丝马弗炉、硅碳棒马弗炉和硅钼棒马弗炉；按控制器可分为指针表式马弗炉、普通数字显示表式马弗炉、程序控制表式马弗炉；按额定温度可分为 1 000 ℃以下、1 000 ℃、1 100 ℃、1 200 ℃、1 300 ℃马弗炉等。实验室中常用马弗炉的温度控制器测温范围在 0～1 100 ℃之间，主要供灼烧沉淀、坩埚及其他高温实验用。

马弗炉使用注意事项：

(1) 马弗炉第一次使用或长期停用后再次使用时，在使用前必须进行烘炉干燥，即在 20 ℃～200 ℃打开炉门烘 2～3 h，200 ℃～600 ℃关门烘 2～3 h。

(2) 马弗炉需平放在室内平整的地面或搁架上，温控器应避免振动，放置位置与电炉不宜太近，防止因过热而造成内部元件不能正常工作。

(3) 工作环境要求无易燃易爆物品和腐蚀性气体，禁止向炉膛内直接灌注各种液体及熔解金属，保持炉膛内清洁。

(4) 欲进行灼烧的物质(包括金属及矿物)必须置于完好的坩埚或瓷皿中，用长坩埚钳送入或取出，尽量放在炉膛中间位置，切勿触及热电偶，防止将其折断。

(5) 关闭温度控制器开关，旋转温度控制器的旋钮使指针指向所需温度，打开温度控制器开关，此时温度指示仪表上的绿灯亮，表示马弗炉处于升温状态。当温度升到预定温度时红灯亮，表示马弗炉处于定温状态。

(6) 在加热过程中，切勿打开炉门，使用时炉膛温度不得超过最高炉温。实验过程中，使用人不得离开，应随时注意温度的变化，如发现异常情况，应立即断电，并由专业维修人员检修。

(7) 实验完毕后，关掉电源，待温度降至 200 ℃时才能打开炉门；在炉膛内取样品时，应先微开炉门，待样品稍冷后再小心夹取样品，防止烫伤；取出样品待冷至 60 ℃时，放入干燥器内冷却至室温。

二、加热方法

(一) 直接加热

1. 固体加热

(1) 加热试管中的固体：先将固体平铺于试管底部，然后来回加热试管，最后固定在固体物质的部位加强热。加热试管中的固体时，试管口应稍微向下倾斜(熔点低的固体除外，如氯酸钾)，以免凝结在试管口上的水珠倒流到灼热的管底而使试管破裂。试管可用试管夹夹持起来加热，有时也可用铁夹固定起来加热(图 2-14)。

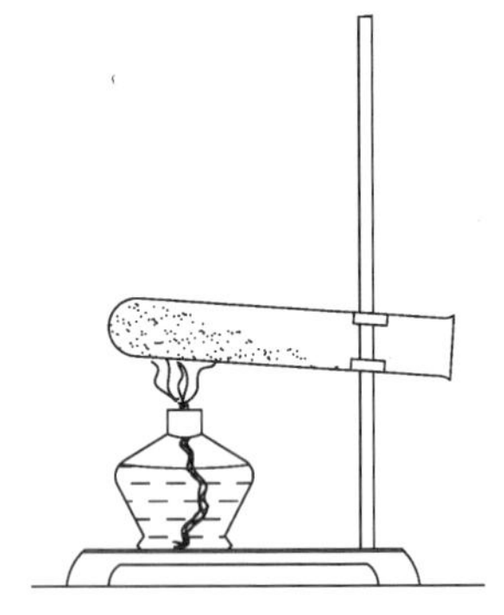

图 2-14　试管中固体的加热

(2) 加热较多的固体时，可把固体放在蒸发皿中进行加热，但应注意充分搅拌，使固体受热均匀。

(3) 固体物质的灼烧：需要在高温下加热固体物质时，可以把固体放在坩埚中，坩埚置于泥三角上(图 2-15)，直接用煤气灯或电炉加热，或置于马弗炉中按要求温度进行加热。如需移动，则必须用坩埚钳夹取。坩埚钳用后应平放在桌面或石棉网上，尖端朝上，保证坩埚钳尖端洁净。

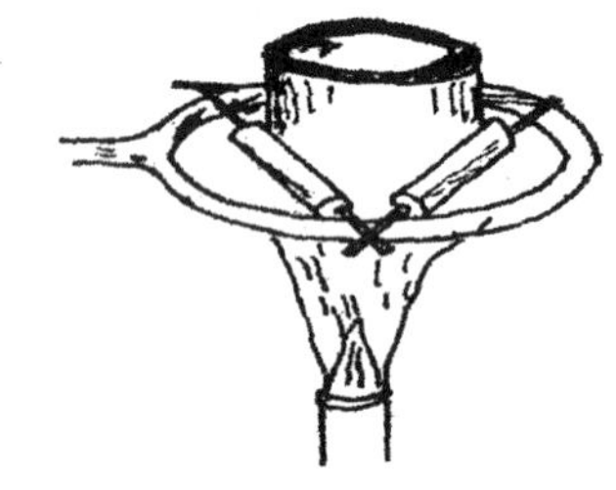

图 2-15　固体物质的灼烧

注意：烧杯、试管、锥形瓶、瓷蒸发皿等器皿能承受一定的温度，但不能骤热或骤冷，因此，加热前必须将器皿外壁的水擦干，加热后不能立即与潮湿的物体接触，以免由于骤热或骤冷而破裂。

2. 液体加热

试管中的液体一般可直接在火焰上加热(图 2-16)。加热液体时，应控制液体的量不超过试管容积的 1/3，用试管夹夹持试管的中上部加热，试管应稍微倾斜，管口向上，管口不要对着别人或自己，以免暴沸溅出的溶液把人烫伤。加热时先加热液体的中上部，再慢慢往下移动加热底部，同时不停移动或振荡试管，以使液体各部分受热均匀。不要集中加热某一部分，否则会使液体局部过热骤然产生

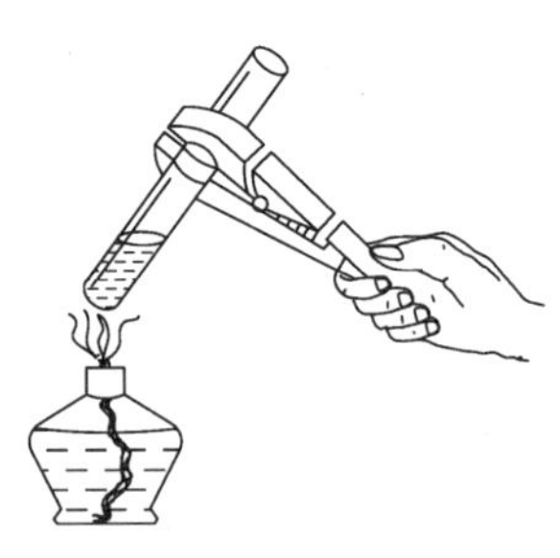

图 2-16　试管中液体的加热

蒸汽而将液体冲出管外，或因受热不均导致试管炸裂。

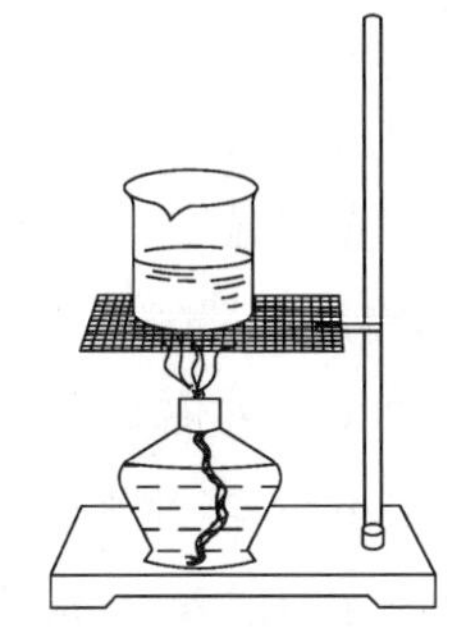
图 2-17 烧杯中液体的加热

蒸发液体或加热液体量较大时可选用烧杯、烧瓶、蒸发皿或锥形瓶。在烧杯、烧瓶、锥形瓶等玻璃仪器中加热液体时，玻璃仪器必须放在石棉网上(图 2-17)，否则玻璃仪器容易因受热不均匀而破裂。使用烧杯和蒸发皿加热时，为了防止暴沸，在加热过程中要适当加以搅拌。加热时，烧杯中的盛液量不应超过其容积的 1/2，蒸发皿中的盛液量不应超过其容积的 2/3。

(二) 用热浴间接加热

如果要在一定温度范围内进行较长时间的加热，则可使用水浴、蒸汽浴或沙浴等。

1. 水浴

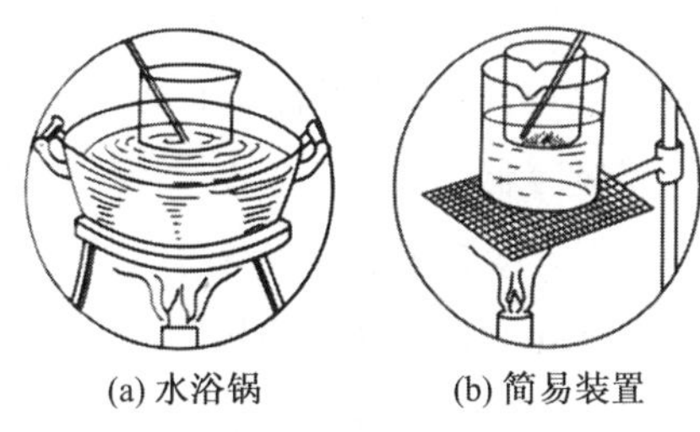
(a) 水浴锅　(b) 简易装置

图 2-18 水浴

当被加热的物质要求受热均匀，且温度不超过 100 ℃时，可用水浴或蒸汽浴。水浴一般用铜制的水浴锅[图 2-18(a)]，水浴锅上面可以放置大小不同的铜圈，以承受各种器皿。水浴也可以用简易装置[图 2-18(b)]。

水浴有恒温水浴和不定温水浴两种。实验室中常用数显恒温水浴锅，电热丝安装在槽底的金属管盘内，槽身中间有一块多孔隔板，槽的盖板上有两个孔或四个孔，每个孔上均有几个可以移动的直径不同的同心圈盖子，可以根据要加热仪器的大小选择使用。

数显恒温水浴锅使用操作规程及注意事项：

(1) 把水注入锅内至隔板以上，不要超过总容量的 2/3，插上电源，打开开关，数显屏显示数字。

(2) 设定温度：按【SET】键可设定温度或查看温度设定点。先按【SET】键，然后按【△】键使设定值增加或按【▽】键使设定值减小，长按【▽】或【△】键时数据会快速变动。设定所需值后，再次按【SET】键，仪表回到正常工作状态，温度设定完成。

(3) 工作过程中应注意水量，水量少时应及时补充，避免加热管干烧，导致加热管烧毁甚至爆裂或焊锡熔化，从而造成漏水、漏电等。

(4) 当不慎将水浴锅内的水烧干时，应立即停止加热，待水浴锅冷却后，再加水继续使用。

(5) 工作结束后，关闭开关，拔下插头，切断电源。长时间不用时应将槽内的水放出，防止锈蚀而损坏仪器。

2. 油浴

油浴适用于100 ℃～250 ℃的加热。油浴锅一般由生铁铸成，有时也用大烧杯代替。反应物温度一般低于油浴液温度20 ℃左右。用甘油、硅油、石蜡等代替水浴中的水，将加热器皿置于其中，即为甘油浴(140 ℃～150 ℃)、硅油浴(250 ℃左右)、石蜡浴(200 ℃左右)。油浴传热均匀，容易控制温度。除硅油浴外，用其他油浴加热时要特别小心，当油受热冒烟时，表明已接近油的着火点，应立即停止加热，以免自燃着火。一旦油浴着火，应立即拆除热源，用石棉布盖灭火焰，切勿用水浇灭。实验完毕后应把容器提出油浴液面，并仍用铁夹夹住，放置在油浴上面，待附着在容器外壁上的油流完后，用纸和干布把容器外壁擦净。油浴锅中的油量要适量，不可过多，以免受热膨胀溢出(油浴锅外不能沾油)。

3. 沙浴

80 ℃以上、400 ℃以下加热可使用沙浴。将清洁而又干燥的细沙平铺在铁盘上，盛有液体的容器下部埋在热沙中，在铁盘下加热，液体就能间接受热。因为沙子的导热能力较差，故沙浴温度不均匀。若要测量温度，可把温度计插入沙中，水银球应紧靠反应容器。

三、冷却方法

在化学实验中，有些反应(如重氮化反应)、物质的分离与提纯要在低温条件下进行，这就需要选择合适的冷却方法。

(1) 自然冷却：将加热物质及容器在空气中放置一段时间，即可自然冷却至室温。

(2) 流水冷却：将容器倾斜，在摇动下直接用流动的自来水冷却。

(3) 冷风冷却：当实验需要快速冷却时，可用吹风机或鼓风机吹冷风冷却。

(4) 冰水冷却：将需冷却的物品直接放在冰水中，可冷却至0 ℃～5 ℃，比单纯用冰块冷却效能更大。

(5) 冰盐冷却：需冷却到冰点以下温度的溶液可用此方法。冰盐浴由容器和冷却剂(冰盐或水盐混合物)组成，可冷至0 ℃以下。例如，常用的食盐与碎冰的混合物(33∶100)，其温度可降至－20 ℃，实际操作中温度为－18 ℃～－5 ℃。制冰盐冷却剂时，应把盐研细，将冰用刨冰机刨成粗砂糖状，而且冰和盐要混合均匀。干冰与适当的有机溶剂混合时温度更低。例如，干冰与乙醇的混合物可使温度降至－72 ℃，干冰与丙酮的混合物可使温度降至－78 ℃，干冰与乙醚的混合物可使温度降至－100 ℃。利用低沸点的液态气体可获得更低的温度。例如，液氮可使温度降至－195.8 ℃，液氦可使温度降至－268.9 ℃。

教学参考书

[1] 北京大学化学系分析化学教学组. 基础分析化学实验[M]. 2 版. 北京：北京大学出版社，1998.

[2] 南京大学大学化学实验教学组. 大学化学实验[M]. 北京：高等教育出版社，1999.

第 9 节 气体的制备、收集、净化与干燥

一、气体的制备

在实验室制备气体，可以根据所使用反应原料的状态及反应条件选择不同的方法和反应装置。按反应原料的状态及反应条件，可将反应分为四大类：第一类为固体或固体混合物加热的反应，此类反应一般采用如图 2-19 所示装置，如氧气、氨、氮气等的制备；第二类为块状的固体或大颗粒状固体与液体之间的反应，且反应不需要加热，可采用启普发生器装置，如图 2-20 所示，如氢气、二氧化碳、硫化氢等气体的制备；第三类为固体与液体之间需加热的反应，或颗粒细小的固体与液体间不需加热的反应，采用如图 2-21 所示装置，如制备一氧化碳、二氧化硫、氯气、氯化氢等；第四类为液体与液体之间的反应，此类反应常需加热，也可采用图 2-21 所示装置。

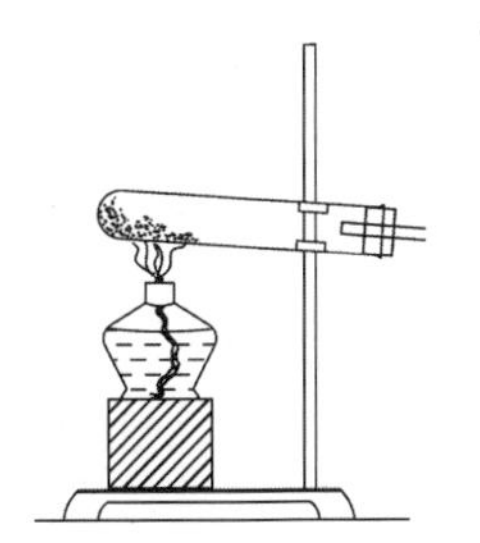

图 2-19 固体加热制气装置

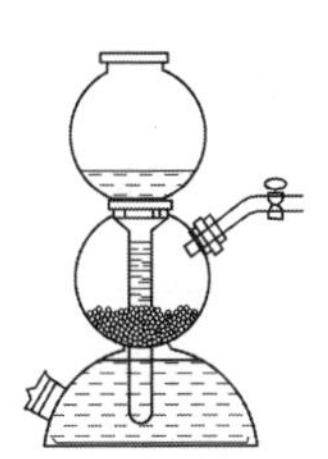

图 2-20 启普发生器

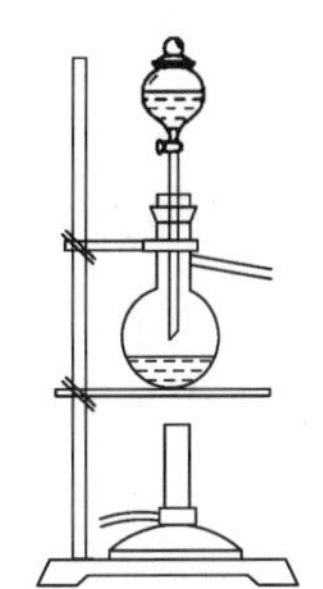

图 2-21 分液漏斗与烧瓶组成的制气装置

1. 固体加热制气装置

固体加热制气装置一般由硬质试管、带导管的单孔橡胶塞、铁架台、酒精灯或煤气灯组成。使用该装置时试管口应稍向下倾斜，以免可能凝结在管口的水倒流到灼烧处使试管炸裂。加热反应时，先用小火均匀预热试管，然后再在有固体物质的部位加热，同时注意导管不宜伸进试管过长，带导气管的橡皮塞要塞紧以免装置漏气。装

配好气体发生装置后，必须检查装置的气密性，方法为：将导管的一端浸入水中，用手紧握试管，若能看到导气管口有气泡冒出，把手移开，片刻后试管因冷却，水沿导管上升，形成一小段水柱，就说明反应装置不漏气。

2. 启普发生器

（1）构造：启普发生器由葫芦状容器、球形漏斗、旋塞导管组成（图 2-22）。葫芦状容器由球体和半球体构成。半球体下部有一液体出口，用于倾倒反应后的废液，反应时用磨口玻璃塞或橡皮塞塞紧。球体上侧有一气体出口，与配有玻璃旋塞的导气管相连，可利用玻璃旋塞来控制气体流量。

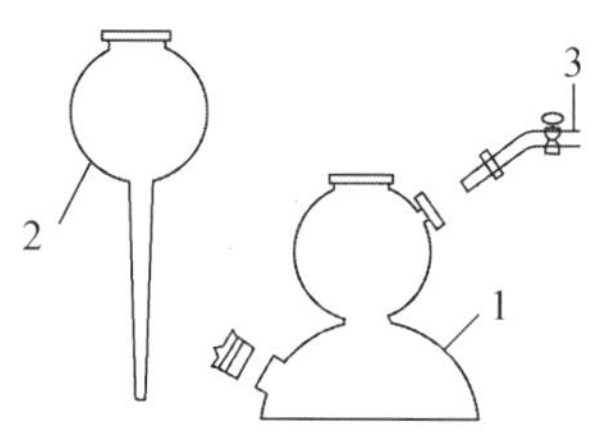

1. 葫芦状容器；2. 球形漏斗；3. 旋塞导管

图 2-22 启普发生器分部图

（2）使用方法：

① 装配：将球形漏斗颈、半球体部分的玻璃塞及导气管玻璃旋塞的磨口处均匀涂抹一薄层凡士林，插好球形漏斗和旋塞，旋转，使之装配严密，以防漏气。

② 检查气密性：开启导气管上的旋塞，从球形漏斗口注水至充满半球体时，先检查半球体上的玻璃塞是否漏水，若漏水，则需取出擦干，重新涂凡士林，塞紧后再检查；若不漏水，关闭导气管上的旋塞，继续加水，待水从漏斗颈上升到漏斗球体内时停止加水，在水面处做一记号，静置片刻，观察水面是否下降，若水面不下降，则说明装置气密性良好，反之则说明装置漏气。从废液出口处倒掉水，再塞紧玻璃塞，备用。

③ 加试剂：加固体前，先拔去连接导气管的橡皮塞，在发生器中间球体的底部放一些玻璃棉（或橡皮垫圈），以防固体颗粒掉入半球体中，然后小心地加入固体试剂（图 2-23），加入量不宜超过球体容积的 1/3，否则固液反应剧烈，液体很容易被气体从导管冲出。塞紧橡皮塞，打开旋塞，从球形漏斗加入液体，待加入的液体恰好与固体试剂接触时，关闭旋塞，再继续加入液体至液体进入球形漏斗 1/4～1/3 处。加入的液体也不宜过多，以免产生的气体量太多而把液体从球形漏斗中压上去。

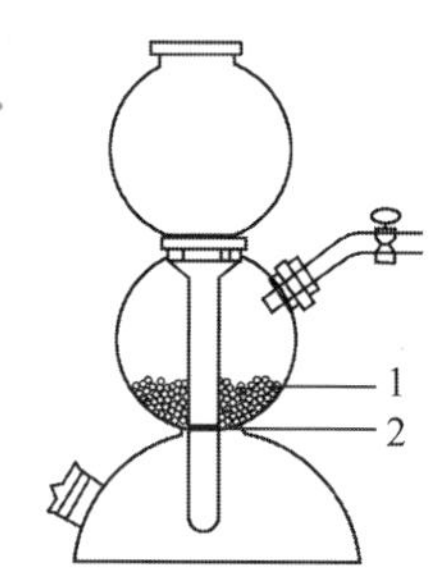

1. 固体药品；2. 玻璃棉（或橡皮垫圈）

图 2-23 启普发生器中试剂添加

④ 气体制备：使用时，打开旋塞，液体试剂从漏斗下降进入半球体，然后通过狭缝进入中间球体后与固体试剂接触而产生气体，气体的流速可用旋塞调节。停止使用时，关闭旋塞，反应产生的气体使球体内压力增大，就会把液体压至下半球，再沿漏斗颈上升到球形漏斗中，使固体与液体分离而停止反应。需要制备气体时，只要再打

开旋塞即可，使用非常方便，还可通过调节旋塞来控制气体的流速。为安全起见，可在球形漏斗口加安全漏斗，防止气体压力过大时容器炸裂。

⑤ 添加或更换试剂：当发生器中液体试剂变得较稀时，反应缓慢，生成的气体量不足，此时应更换液体试剂。先关闭旋塞，用橡皮塞将球形漏斗上口塞紧，然后把发生器仰放在废液缸上，废液出口朝上，拔出废液出口塞子，倾斜发生器使废液出口对准废液缸，慢慢松开球形漏斗的橡皮塞，让废液缓缓流出，再塞紧废液出口塞子，向球形漏斗中重新加入液体。需要更换或添加固体时，先关闭导气管上的旋塞，让液体压入球形漏斗中使其与固体分离，用橡皮塞将球形漏斗上口塞紧，再取下连接导气管的橡皮塞，即可更换或添加固体。

⑥ 结束工作：实验结束后，将废液倒入废液缸或回收，剩余固体倒出洗净回收。仪器洗涤干净后，在球形漏斗与葫芦状容器连接处以及在废液出口和玻璃塞之间夹一纸条，以免时间过久，磨口黏结在一起而打不开。

(3) 启普发生器使用注意事项：

① 启普发生器不能加热。

② 使用前要检查装置气密性，排尽空气后再收集气体。

③ 添加液体的量以反应时刚好浸没固体为宜。

④ 所用固体必须是块状或颗粒较大的固体。

⑤ 移动启普发生器时，要握住葫芦状容器的腰部，切勿单手握住球形漏斗，以免葫芦状容器脱落打碎，造成伤害事故。

(4) 启普发生器的代用装置：当制备少量气体或无启普发生器时，可用如图 2-24 所示的装置代替。

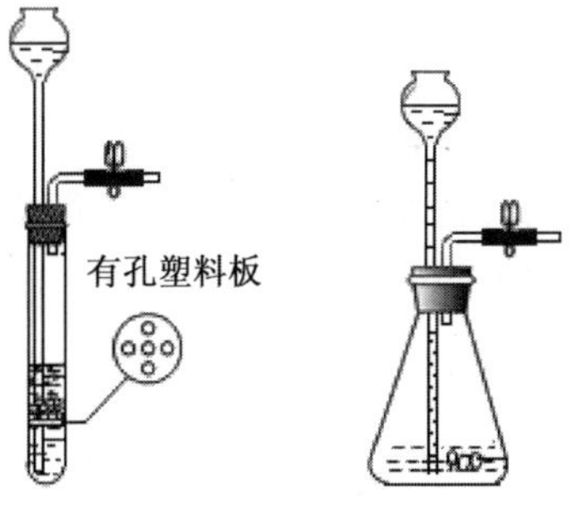

图 2-24 启普发生器的代用装置

3. 分液漏斗与烧瓶组成的制气装置

使用时打开分液漏斗的活塞，使液体滴在固体试剂上，发生反应而产生气体。如反应缓慢，可适当加热。

二、气体的收集

收集气体时，应根据气体的性质选择合适的方法。收集气体常用的方法有排水集气法和排气集气法，排气集气法又可分为向上排空气法和向下排空气法。

(1) 排水集气法(图 2-25)：适用于收集难溶于水或不易溶于水且与水不反应的气体，如氢气、氮气、一氧化碳等。此法收集的气体较为纯净。收集前应将集气瓶装满水，不

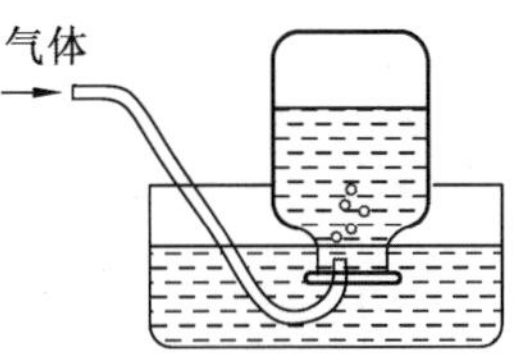

图 2-25 排水集气法

留气泡；收集气体时，当有大气泡从集气瓶口边缘冒出时，表明气体已集满；停止收集时，应先将导管拔出，才能移开灯具。

(2) 排气集气法(图 2-26)：向上排空气法适用于收集相同状况下密度大于空气且不与空气中的成分反应的气体，如二氧化硫、氯气等。向下排空气法适用于收集相同状况下密度小于空气且不与空气中任何成分反应的气体，如氨气、氢气等。排气集气法收集的气体较为干燥，但纯度不够高，需要验满。收集气体时集气导管应伸至集气瓶底。密度与空气接近或在空气中易氧化的气体不宜用排气集气法收集。

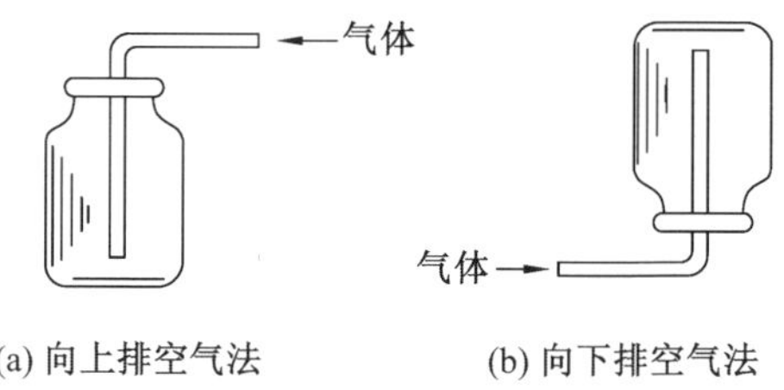

(a) 向上排空气法　(b) 向下排空气法

图 2-26　排气集气法

三、气体的净化与干燥

实验室制备的气体常常带有水蒸气、酸雾等杂质，为了得到纯净、干燥的气体，必须对产生的气体进行净化和干燥处理。通常将气体分别通过装有某些液体或固体试剂的洗气瓶(图 2-27)、干燥塔(图 2-28)、U 形管(图 2-29)或干燥管(图 2-30)等仪器，通过化学反应或者吸收、吸附等物理和化学过程将其去除，达到气体净化和干燥的目的。液体试剂装在洗气瓶内，而固体试剂一般装在干燥塔、U 形管或干燥管内。酸雾一般可用水除去，用浓硫酸和无水氯化钙可除去水汽。实验室制备的气体，除了含水蒸气和酸雾外，还可能含有其他气体，要根据杂质的性质，采用不同的洗涤液和干燥剂进行处理，一般是先除杂质与酸雾，再将气体干燥。

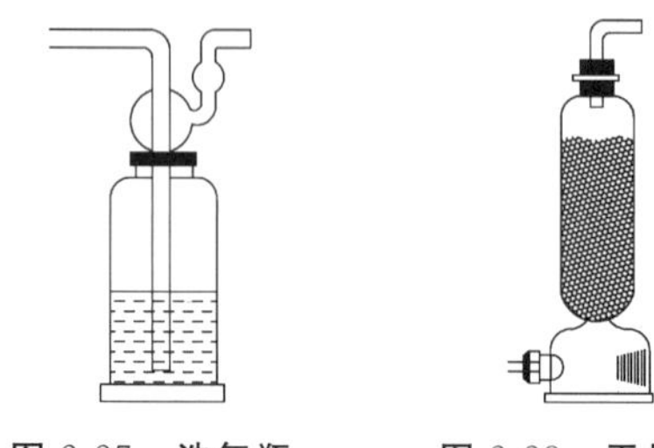

图 2-27　洗气瓶　　图 2-28　干燥塔

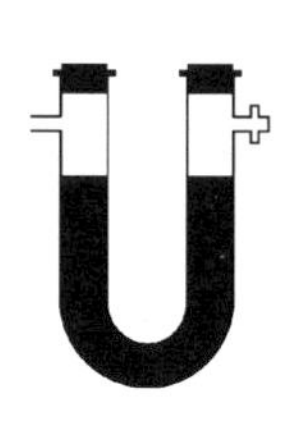

图 2-29　U 形管

图 2-30　干燥管

教学参考书

[1] 南京大学大学化学实验教学组. 大学化学实验[M]. 北京：高等教育出版社，1999.

[2] 郎建平，卞国庆，贾定先. 无机化学实验[M]. 3 版. 南京：南京大学出版社，2018.

[3] 北京师范大学无机化学教研室，东北师范大学无机化学教研室，华中师范大学无机化学教研室，等. 无机化学实验[M]. 3 版. 北京：高等教育出版社，2001.

第 10 节 基本度量仪器的使用方法

一、温度计

物体热量的测量基本是通过测量温度来实现的。温度是表征物体冷热程度的物理量，是表达宏观物质状态的基本物理量之一。温度反映了构成物质的分子或原子平均动能的大小。在化学实验中，许多实验都涉及温度的测量问题。

1. 温标

温标是一个用于衡量温度的标准尺度，常用的温标有热力学温标和摄氏温标。热力学温标是国际单位制七个基本物理量之一，又称开尔文温标，单位是开尔文(K)。热力学温标确定的温度称为热力学温度(T)。水的三相点的热力学温度为 273.16 K。

摄氏温标在日常生活中使用广泛，符号为 t，单位为 ℃。大气压为 101.325 kPa 时，纯水的冰点为 0 ℃。热力学温标和摄氏温标有以下关系式：

$$T = 273.15 + t$$

2. 水银温度计

(1) 水银温度计的种类。

水银温度计是一种实验室常见的温度计。它具有结构简易、精确度高、成本低廉、易于使用等优点。水银温度计的适用范围一般为 −39 ℃～357 ℃，水银温度计的分度值通常有 2 ℃、1 ℃、0.5 ℃、0.2 ℃、0.1 ℃等，可以根据实验要求选用合适量程和分度值的温度计。

(2) 水银温度计的校正。

理论上，使用水银温度计时，应将整个温度计包含水银的部分完全置于被测体系中(“全浸式”)，使两者完全达到热平衡。但实际使用时很难做到，因此在较为精密的测量中需要进行温度计校正。

① 露茎校正。全浸式水银温度计在使用时如果有水银柱暴露在被测体系之外的部分，则读数准确性将受到影响。首先，水银柱露出部分的温度与浸入部分的温度不同，受被测体系和环境的温差影响；其次，水银柱露出部分长度不同，所受到的影响也不同。对水银柱露出部分引起的误差进行校正即露茎校正。如图 2-31 所示，使用另一支温度计紧贴用于测量的温度计，将其水银球置于测量的温度计露茎高度的中部，校正公式如下：

$$\Delta t_{露茎}=kh(t_{测}-t_{辅})$$

式中，$k=0.000\ 16$，h 为露茎的长度，$t_{测}$ 为测量温度计的读数，$t_{辅}$ 为辅助温度计的读数。测量系统校正后温度为

$$t=t_{测}+\Delta t_{露茎}$$

② 零点校正。构成水银温度计的玻璃是一种过冷体，是热力学不稳定物质。水银温度计下部的玻璃受热后冷却，经常需要几天或更长时间才会恢复到原来的体积。所以，在精确测量时必须校正零点。校正方法是把它与标准温度计进行比较，或者可用纯物质的相变点标定校正。校正后温度为

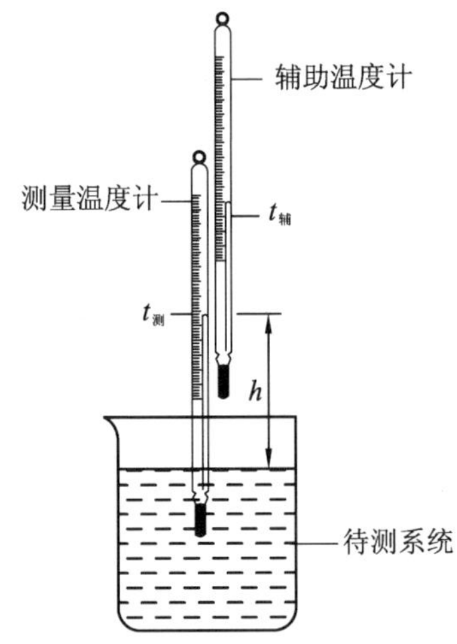

图 2-31　露茎校正示意图

$$t=t_{观}+t_{示}$$

式中，$t_{观}$ 为温度计读数，$t_{示}$ 为示值校正值。

3. 贝克曼(Beckmann)温度计

(1) 特点。

① 它的最小刻度为 0.01 ℃，用放大镜可以读准到 0.002 ℃，测量精度较高；还有一种其最小刻度为 0.002 ℃，可以估读到0.000 4 ℃。

② 一般量程为 5 ℃，最小刻度为 0.002 ℃的贝克曼温度计的量程为 1 ℃。

③ 其结构(图 2-32)与普通温度计不同，在毛细管上端加装了一个水银贮槽，用来调节水银球中的水银量。因此虽然其量程只有 5 ℃，却可以在不同范围内使用。使用范围一般为－6 ℃～120 ℃。

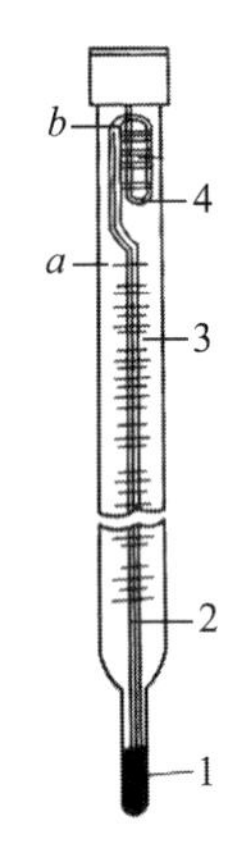

1. 水银球；2. 毛细管；3. 温度标尺；4. 水银贮槽

图 2-32　贝克曼温度计

(2) 使用方法。

首先根据实验要求确定选用某一种类型的贝克曼温度计，然后进行以下操作：

① 测定贝克曼温度计的 R 值。

贝克曼温度计最上部刻度处 a 到毛细管末端处 b 的温度值称为 R 值。将贝克曼温度计与一支普通温度计(最小刻度为 0.1 ℃)同时插入盛水或其他液体的烧杯中加热，贝克曼温度计的水银柱就会上升，由普通温度计读出的从 a 到 b 段相当的温度值即为 R 值。一般取几次测量值的平均值。

② 水银球中水银量的调节。

在使用贝克曼温度计时，首先应将它插入一杯与待测体系温度相同的水中。达到热平衡以后，如果毛细管内水银面在所要求的合适刻度附近，说明水银球中的水银量合适，不必进行调节；否则，就应调节水银球中的水银量。若水银球内水银过多，毛细管水银量超过 b 点，就应用左手握贝克曼温度计中部，将温度计倒置，右手轻击左手手腕，使水银贮槽内水银与 b 点处水银相连接，再将温度计轻轻倒转放置在温度为 t' 的水中，平衡后用左手握住温度计的顶部，迅速取出，离开水面和实验台，立即用右手轻击左手手腕，使水银贮槽内水银在 b 点处断开。此步骤要特别小心，切勿使温度计与硬物碰撞，以免损坏温度计。温度 t' 的选择可以按照下式计算：

$$t'=t+R+(5-x)$$

式中，t 为实验温度(℃)，x 为 t 时贝克曼温度计的设定读数。

水银球中的水银量过少时，左手握住贝克曼温度计中部，将温度计倒置，右手轻击左手手腕，水银就会在毛细槽中向下流动，待水银贮槽内水银与 b 点处水银相连接后，再按上述方法调节。

调节后，将贝克曼温度计放在实验温度 t 的水中，观察温度计水银柱是否在所要求的刻度 x 附近，如相差太大，再重新调节。

(3) 注意事项。

① 贝克曼温度计由薄玻璃制成，使用时应注意一般只能放置在三处：安装在使用仪器上，放在温度计盒内，握在手中。

② 调节时，应当注意避免骤冷或骤热，避免重击。

③ 已经调节好的温度计，不要使毛细管中的水银再与水银贮槽中的水银相连接。

④ 使用夹子固定温度计时必须垫有橡胶垫，不能用铁夹直接夹温度计。

二、密度计

密度计被广泛应用于测量液体的密度。通常在测量密度大于水的液体时所用的密度计叫作比重计，测量密度小于水的液体时所用的密度计叫作比轻计。

1. 密度计的构造和原理

通常密度计的构造如图 2-33 所示。密度计由密封的玻璃管制成，上面部分 AB 段的外径是一样的，刻度线标在该段；BC 段是内径比 AB 段大的玻璃泡；CD 段的玻璃管较为细长；DE 段的玻璃泡内封装有密度很大的小球丸(如铅丸)或水银等。

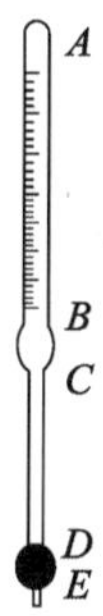

A
B
C
D
E

图 2-33　密度计

阿基米德原理和物体在液面上的漂浮条件是密度计测量液体

密度的原理。假设密度计的质量为 m,待测液体的密度为 ρ,当密度计浮在液面上时,可知其受到的浮力等于它所受的重力,即

$$F_{浮}=mg$$

根据阿基米德原理,密度计所受的浮力等于它排开液体所受的重力,有

$$F_{浮}=\rho g V_{排}$$

由上面两式可得

$$\rho g V_{排}=mg$$

即

$$\rho=\frac{m}{V_{排}}$$

可以看出,被测液体的密度和密度计排开液体的体积成反比。液体的密度越大,密度计排开液体的体积就越小,若根据关系式 $\rho=\frac{m}{V_{排}}$ 计算,在密度计 AB 段标上刻度线和对应的数值,就可以测出液体的密度。

密度计 AB 段截面均匀是为了便于标注刻度;DE 段的玻璃泡内装有密度较大的铅丸或水银,是为了使密度计的重心下移,尽量使密度计在使用时保持稳定;BC 段玻璃泡的作用是让密度计浮在液面上的浮力的作用点尽量上移;CD 段玻璃管的作用是增大重心和浮力的作用点的距离。当用密度计测量时,在重力和浮力的作用下,密度计能不摇摆而竖直站立在液体中即可。

2. 密度计的刻度线间距

密度计的刻度线间距并不均匀。假设密度计本身重为 G,浸入水中,水面在 AB 段的中间某处"0","0"以下部分体积为 V_0,均匀玻璃管截面积为 S_0。当密度计放入水中达到稳定平衡时,由物体浮在水面上的条件可得下列关系:

$$G=\rho_{水} g V_0 \tag{2-1}$$

当密度计浸入待测液体中时,设液面与玻璃管相平时距"0"处距离为 h,待测液体密度为 $\rho_{液}$,则

$$G=\rho_{液} g(V_0+S_0 h) \tag{2-2}$$

同时,它的刻度值 n 是液体密度与水的密度的比值,因而

$$n=\frac{\rho_{液}}{\rho_{水}},\ \rho_{液}=n\cdot\rho_{水} \tag{2-3}$$

由式(2-1)、式(2-2)、式(2-3)得

$$h=\frac{V_0}{S_0}\left(\frac{1}{n}-1\right) \tag{2-4}$$

当待测液体密度小于水的密度时,刻度值 n 小于 1,$h>0$,液面在"0"之上。

当待测液体密度大于水的密度时，刻度值 n 大于 1，$h<0$，液面在“0”之下。

当待测液体密度等于水的密度时，刻度值 n 等于 1，$h=0$，液面在“0”位置。

从式(2-4)可看出，h 与 n 成非线性关系，相同的密度差（刻度差 Δn）与对应的高度差（Δh）不等，因而密度计的刻度是不均匀的。

3. 比重计和比轻计

实验室使用的密度计分为比重计和比轻计，为什么不制造一支既能测量密度大于水的液体又能测量密度小于水的液体的密度计呢？

如果要制作这样一种密度计，为了读数准确，当待测液体的密度较小时，则图 2-33中的 AB 段必须做得很长；当待测液体的密度较大时，密度计容易倾斜，达不到准确测量的目的，若要密度计竖直站立，必须把 CD 段做得很长，这样的一支密度计整体上比较长，使用起来很不方便，何况盛液体的容器本身具有确定的深度，一般的量筒和透明盛液筒很难达到要求。所以实验室使用的密度计分为比重计和比轻计两种。比重计的“1.0”刻度线在 AB 段的最上面，越向下刻度值越大；而比轻计的“1.0”刻度线在 AB 段的最下面，越向上刻度值越小。

设一支实用的密度计的质量为 m，AB 段的截面积为 S，代入式(2-2)后，即可得到该密度计的 h-ρ 函数关系，根据这个函数关系可以作出它的 h-ρ 图像。

如图 2-34、图 2-35 所示分别是实际应用的一支比重计和一支比轻计的 h-ρ 图像，横轴上的数值分别表示不同待测液体的密度值，纵轴上的数值分别表示密度计浸在液体中的深度 h。通过图 2-34、图 2-35 可看出密度计有刻度的部分是比较长的，这就是比重计和比轻计必须单独制造的原因。

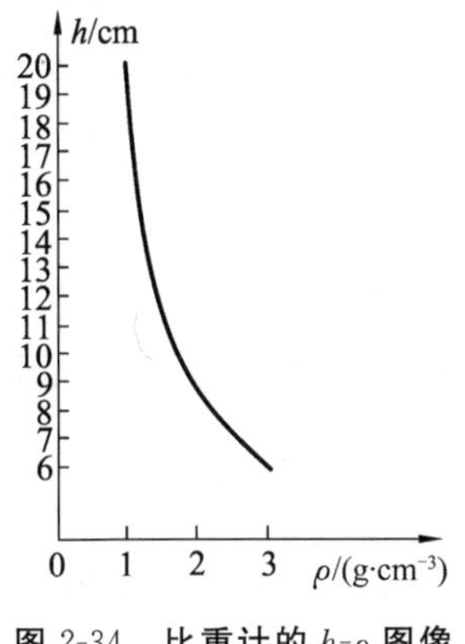

图 2-34　比重计的 h-ρ 图像

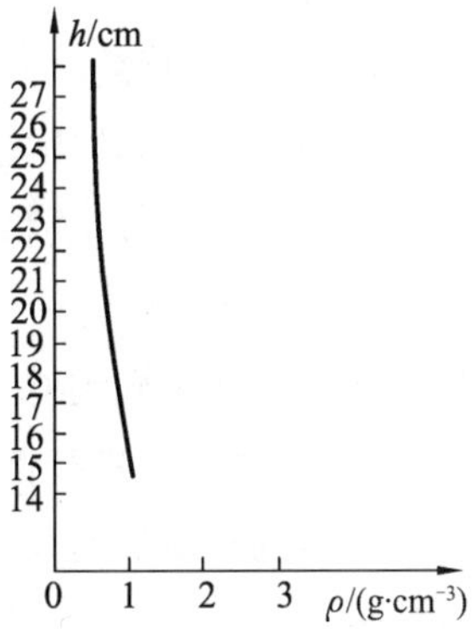

图 2-35　比轻计的 h-ρ 图像

三、气压计

水银气压计是实验室常用的测量气压的仪器之一。水银气压计分为动槽式水银气压计和定槽式水银气压计。

1. 动槽式水银气压计的原理

动槽式水银气压计的主体结构是一根一端封闭的玻璃管，内部装满水银，开口的一端垂直浸入水银槽中，玻璃管内的水银受到的重力作用和水银槽中的水银受到的大气压力达到平衡时，水银柱的高度即表示当前环境的大气压力。

2. 动槽式水银气压计的组成

动槽式水银气压计（又名福丁式水银气压计）由内管、外套管与水银槽三部分组成（图 2-36），在水银槽的上部有一根象牙针，针尖位置即为刻度标尺的零点。因此每次观测时必须将槽内水银面调至象牙针尖的位置上。

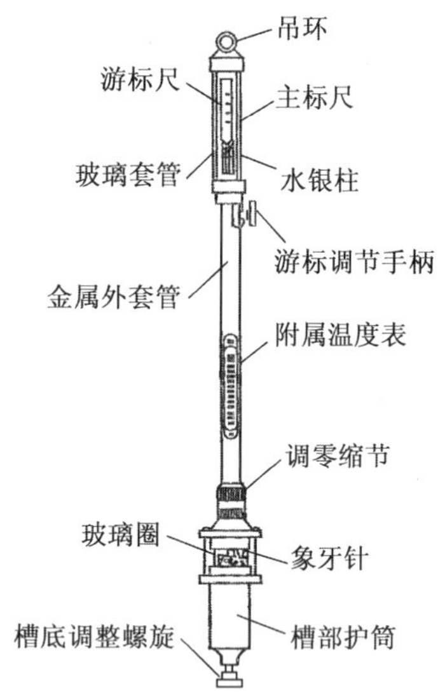

图 2-36 动槽式水银气压计

在使用动槽式水银气压计时应注意气压计的使用参数，如示值范围、测量范围、最小分度值、游标准确度、使用温度等。

3. 动槽式水银气压计的安装

动槽式水银气压计应安装在温度稳定、光线充足的气压室内，或者可安装在特制的保护箱内。气压计应垂直、牢固地悬挂在墙壁等坚固的支撑物上，切勿安装在热源和门窗等环境不稳定之处，以及阳光直接照射的地方。

动槽式水银气压计安装前，应将挂板或保护箱牢固地固定在准备悬挂气压计的地方。小心地取出气压计，槽部向上，稍稍拧紧槽底调整螺旋约 2 圈，慢慢地将水银气压计倒转过来，使气压计直立。然后先将槽的下端插入挂板的固定环里，再把表顶吊环套入挂钩中，使气压计自然垂直后，慢慢旋紧固定环上的 3 个螺丝（注意保持气压计的自然垂直状态），将气压计固定。最后旋转槽底调整螺旋，使槽内水银面下降到象牙针尖稍下的位置。安装后要稳定 3 h，然后才能观测使用。

4. 动槽式水银气压计的观测

观测附属温度表，读数精确到 0.1 ℃。当环境温度不在温度表的量程范围内时，应另挂一支量程合适的温度表进行读数。

调整水银槽内水银面，使液面与象牙针尖恰好相接。旋动槽底调整螺旋，使水银面缓慢升高，直到象牙针尖与水银面恰好相接（要求水银面上既无小涡，也无空隙）。

调整游标尺与读数。先使游标尺略高于水银柱顶，并使视线与游标尺环的下缘在同一水平线上，慢慢下降游标尺，直到游标尺环的下缘与水银柱凸液面刚好相切。此时，通过游标尺下缘零线所对标尺的刻度即可读出整数。再从游标尺刻度线上找出一根与主尺上某一刻度相吻合的刻度线，则游标尺上这根刻度线的数字就是小数读数。

读数复验后，降下水银面。旋转槽底调整螺旋，使水银面离开象牙针尖些许，约2～3 mm。

5. 动槽式水银气压计使用注意事项和维护

(1) 动槽式水银气压计属于精密气压测定装置，内含高蒸馏水银，需要妥善保管。

(2) 动槽式水银气压计出厂前为倒置状态，使用时需要倒转180°。

(3) 动槽式水银气压计必须垂直悬挂，应定期用铅垂线进行位置校正。

(4) 动槽式水银气压计槽内水银面产生氧化物时，应及时清除。

(5) 当有水银泄漏或测定不准时，应报老师进行处理。

(6) 应经常保持水银气压计的清洁。

四、量筒

1. 量筒的规格

量筒是一种用来量取液体体积的玻璃仪器，规格一般以所能量取的最大容量来表示，常用的有10 mL、25 mL、50 mL、100 mL、250 mL、500 mL、1 000 mL等多种规格。

2. 量筒的选择方法

量筒刻度都是以毫升作为单位。10 mL量筒每小格表示0.1 mL，而50 mL量筒有每小格表示0.5 mL和1 mL的两种规格。量筒越大，管径越粗，其精确度越低，读数误差也就越大。实验中应根据所量取溶液的体积，尽可能选用可以一次量取的最小规格的量筒。

3. 量取液体的方法

量取液体时，左手拿住量筒，略微倾斜，右手拿试剂瓶，标签对向手心。试剂瓶口紧挨着量筒口，将液体缓缓倒入。当量筒内液体的量比所需要的量稍少(约相差1～1.5 mL)时，应将量筒水平正放在桌面上，改用胶头滴管逐滴加入至所需要的量。

4. 量筒的读数

量筒的“0”刻度即为其底部。倒入液体后，一般不要马上读数，应让附着在内壁上的液体流下来后再进行读数。读数时，视线应与凹液面底部或凸液面上部相切，平视是正确的读数方法。如图2-37所示，仰视和俯视是两种错误读数法，仰视时读数小于实际值，而俯视时读数大于实际值。如果量取有色或不透明液体，视线要以凹液面上部为准。

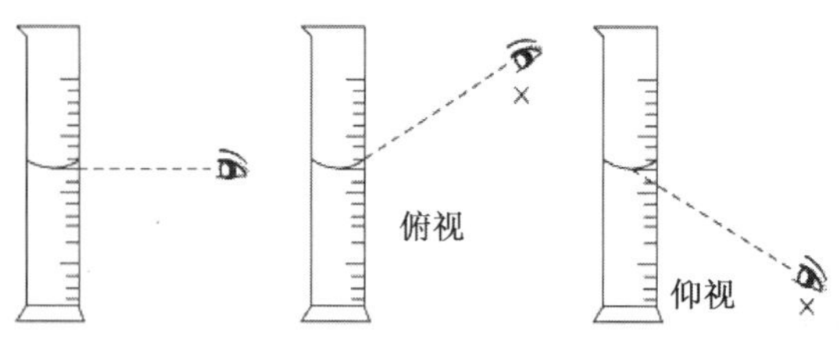

图 2-37 量筒的读数

5. 量筒使用注意事项

量筒是非加热容器,因此不能量取过热的液体,更不能在量筒中配制溶液或进行化学反应。

量筒一般用于定性实验和粗略的定量实验,精确的定量取用液体操作应该使用更为精确的计量仪器。

10 mL 量筒一般无须读取估读值,因为量筒是粗量器,估读值再准确没有意义,只需读取到 0.1 mL。规格大于 10 mL 的量筒一般需要读取估读值。因此,无论多大规格的量筒,一般读数都应保留到 0.1 mL。

五、移液管和吸量管

移液管和吸量管(图 2-38)是量出式仪器,用来量取它所放出溶液的体积。移液管是一根中间有一膨大部分的细长玻璃管,其下端为尖嘴状,上端管颈处刻有一条标线,是所移取的准确体积的标志。常用的移液管有 5 mL、10 mL、25 mL 和 50 mL 等规格。吸量管是具有分刻度的直玻璃管,下端为尖嘴状,主体粗细均匀。常用的吸量管有1 mL、2 mL、5 mL 和 10 mL 等规格。

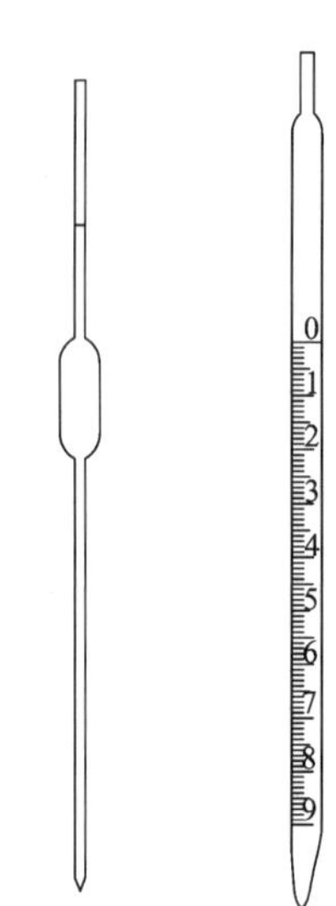

图 2-38 移液管和吸量管

移取溶液操作:

(1) 使用前:使用移液管(或吸量管)前应先观察管壁上的标记、准确度等级、标线位置等。使用前,应先用铬酸洗液润洗,以除去管内壁的油污;然后用自来水涮洗残留的洗液,再用蒸馏水润洗 2~3 次。洗净的移液管(或吸量管)内壁应不挂水珠。移取溶液前,先用滤纸条将移液管(或吸量管)末端内外的水吸干,然后用待移取液润洗管壁 2~3 次,确保所移取溶液的浓度不受影响。润洗时,用洗耳球吸入该管容量 1/3 左右的溶液,用右手的食指按住管口,取出管子,放平横持,并转动管身,使润洗液接触到标线以上部位,以充分润洗内壁,然后将润洗液从管的下口放出。润洗液应当作废液处理。

(2) 吸液:用右手的拇指和中指捏住管颈上方,并将管的下部插入待移取溶液中

1～2 cm。左手持洗耳球，将球中空气压出，再将球的尖端紧接在管上口，缓缓松开洗耳球，利用大气压差使溶液吸入管内，此时观察管内液面上升情况(图 2-39)。吸取溶液至标线以上，立即用右手的食指按住管口，保持管中液面高度不再变动。注意在吸取溶液时，容器内的液面会逐渐下降，此时应根据容器内液面的高度调整管的高度，防止吸空。

(3) 调节液面：将移液管(或吸量管)上提，使尖端离开液面并靠在盛放溶液容器的内壁，管身保持直立，然后稍微放松食指，不要完全松开，微微转动移液管(或吸量管)，使管内溶液慢慢流回容器，视线始终要与管内液面保持水平相切，直至溶液的凹液面最低点与标线相切时，立即用食指压紧管口，使液体不再放出，将尖端的液滴轻轻靠壁去掉。

(4) 放出溶液：将装有吸取液的移液管(或吸量管)移入接收容器中，管下端紧靠接收容器内壁，并且将接收容器倾斜 30°左右，保持移液管(或吸量管)直立(图 2-39)。松开食指，让溶液沿瓶壁慢慢流下。待全部溶液流完后，等待约 15 s，转动管身并拿出移开。如果管身未标明“吹”字，则残留在管尖末端内的溶液不可吹出，移液管(或吸量管)所标定的量出容积中并未包括这部分残留溶液 。

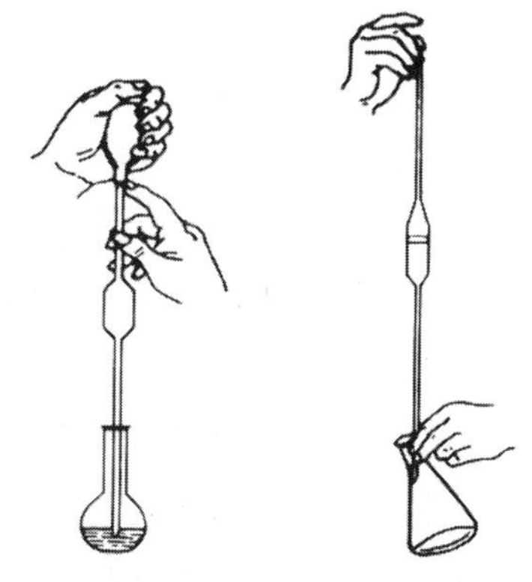

图 2-39　移取溶液操作

吸量管和移液管在使用后应用蒸馏水洗净并放在移液管架上，自然晾干，不可以放于烘箱内或红外灯下加热。

六、滴定管

1. 滴定管的构造及规格

滴定管是滴定时用于准确测量标准溶液体积的量器，由标有准确刻度的细长玻璃管和玻璃管下端的放液开关组成。常见分析用的滴定管的容积为 50 mL，其最小刻度为 0.1 mL，可估读到 0.01 mL。另外，还有容积为 25 mL、10 mL、5 mL、2 mL 和 1 mL 的滴定管。

2. 滴定管的种类

(1) 酸式滴定管[图 2-40(a)]：酸式滴定管的下端配有玻璃活塞开关。该活塞与滴定管固定搭配，不能任意更换。通常酸性和中性溶液均可用酸式滴定管进行滴定，但是碱性溶液会使玻塞与玻孔黏合，损坏活塞开关，因此碱性溶液不可以装入酸式滴定管。

(2) 碱式滴定管[图 2-40(b)]：碱式滴定管的玻璃管下部连接一节约 5 cm 的乳

胶管，管内放置一个玻璃珠用于控制溶液的放出，乳胶管下部连接一小段尖嘴玻璃管。由于乳胶管的弹性和变形会造成滴定管内液面的变动，因此碱式滴定管的准确度不如酸式滴定管。碱式滴定管一般用于碱性标准溶液的滴定，但具有氧化性的溶液或易与乳胶发生反应的溶液（如高锰酸钾、硝酸银等溶液）不能使用碱式滴定管进行滴定。

(3) 通用滴定管：通用滴定管的结构与酸式滴定管相似，区别在于该滴定管下方是聚四氟乙烯活塞，一般无须在使用前涂抹凡士林。通用滴定管不但酸碱溶液通用，而且聚四氟乙烯旋塞有很强的抗腐蚀性，可装入强氧化性溶液进行滴定，且便于防护。

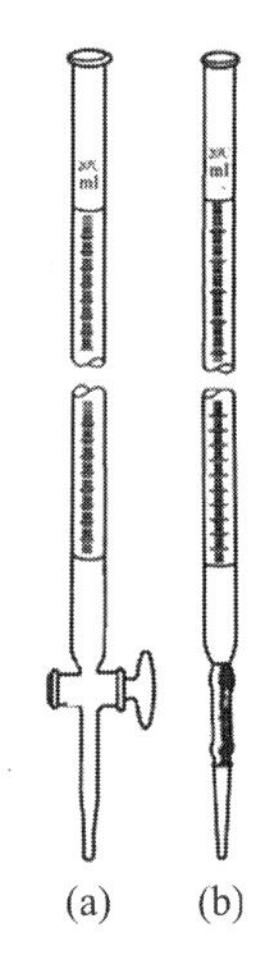

(a)　(b)

图 2-40　滴定管

3. 使用前的准备

在洗涤滴定管之前，一定要检查滴定管活塞状况并且验漏。酸式滴定管先取出活塞，在活塞两侧抹一层薄薄的凡士林，然后将活塞插入，顶紧，旋转几下使凡士林分布均匀，再用橡皮圈使活塞固定。凡士林不宜涂抹过多，防止造成活塞孔堵塞。酸式滴定管（或通用滴定管）的验漏操作：先关闭活塞，在滴定管内装满水，并将之垂直固定在滴定管架上，放置 1～2 min，然后用滤纸条轻轻擦拭管口附近和活塞两端，观察是否有水渗出；将活塞旋转 180°后按同样操作检查。若两次水均无渗出即可洗净使用。通用滴定管若漏液，需涂抹凡士林。碱式滴定管需检查橡皮管长度以及是否老化破裂，玻璃珠大小是否合适，装水后检查有无渗漏。验漏完毕后，须将滴定管分别用自来水和蒸馏水各清洗 2～3 次，内壁应不挂水珠。

4. 装液操作

装入标准溶液前，应先将细口瓶中标准溶液摇匀，使凝结在瓶内的水珠混入溶液，并用少量标准溶液荡洗滴定管内壁三次（每次 5～10 mL），防止装入标准溶液被水稀释。具体操作要求是：先关好活塞，倒入溶液，两手平端滴定管，右手拿住滴定管上端，左手拿住活塞上部，边转动边向管口倾斜，使润洗液流遍全管。润洗后，打开活塞，使润洗液从下口流出。

装液时，标准溶液应由细口瓶直接装入，不能借用任何其他容器，如烧杯等，防止标准溶液的浓度发生变化。标准溶液的装入量应超过滴定管的零刻度。注意此时滴定管尖端会有气泡，必须排除，否则将造成误差。用酸式滴定管（或通用滴定管）时可打开活塞，稍微倾斜管身，使溶液急速流下冲走气泡；用碱式滴定管时可以将橡皮管弯曲向上，然后捏开玻璃珠，气泡即可被溶液排除。

5. 读数操作

滴定前，读出初读数并记录，然后方可进行滴定。读数应遵照以下原则：在调零或放出溶液后，需在1～2 min后才能读数。读数时应保持滴定管的自然垂直状态，一般用右手大拇指和食指捏住液面上部少许，使视线与液面平齐。对于无色或浅色溶液，读数时视线应与凹液面底部的最低点在同一水平面上。对于有色溶液，读数时视线应与液面两侧最高点相切。通常对于常用的50 mL滴定管，应读到小数点后两位数值，其中小数点前和小数点后一位为准确数值，小数点后第二位为估读数值。对于初学者，可以借助读数卡进行读数。

6. 滴定操作

滴定操作一般在锥形瓶中进行，有时也可在烧杯中进行。使用酸式滴定管(或通用滴定管)时，先将滴定管固定在滴定管夹上，下端距离锥形瓶口0.5～1 cm左右。活塞旋转柄向右，左手拇指在管前，食指及中指在管后，三指从左往右平行地轻轻拿住活塞柄，无名指及小指向手心弯曲，食指及中指由下向上顶住活塞柄一端，拇指在上面配合动作。在转动时，中指及食指不要伸直，应该微微弯曲，轻轻向左扣住，这样既容易操作，又可防止把活塞顶出。右手握住锥形瓶上口，边滴边摇动，向同一方向做圆周旋转。滴定时不可以放液太快，初始放液速度以每秒3～4滴为宜，不能使液柱流下，然后根据溶液颜色变化适当放慢滴速。当在接近滴定终点时，要一滴或者半滴逐滴加入，并用洗瓶吹入少量蒸馏水冲洗锥形瓶内壁。滴定至终点后，须等待1～2 min，使附着在内壁的标准溶液流下来后方可读数。

使用碱式滴定管时，左手拇指在前，食指在后，捏住玻璃珠所在部位，并捏挤橡皮管，使玻璃珠与管之间形成一条缝隙，溶液即可流出。放液原则与酸式滴定管相同。

每次滴定时，最好从刻度“0”处或者下方附近开始，这样可以固定在某一段体积范围内度量滴定时所消耗的溶液体积，使每次测定结果能抵消滴定管的刻度误差。

7. 滴定结束工作

滴定结束后，将滴定管中剩余溶液倒入指定容器中，不可倒回原储液瓶，并用水冲洗干净，然后用蒸馏水装满滴定管，垂直夹在滴定管架上，下嘴口距离铁架台底座约2 cm，并用滴定管帽盖住管口。

七、容量瓶

容量瓶是一种细颈梨形的平底瓶，为配制准确的一定物质的量浓度的溶液用的精确仪器。其上端磨口，有配套的磨口塞。瓶颈上有标线，表示在所指温度下(一般为20 ℃)液体充满至标线时的容积，这种容量瓶一般是“量入”容量瓶。也有刻两条标线的“量出”容量瓶，上面一条标线表示量出的容积。容量瓶常和移液管配合使用。容量瓶有多种规格，小的有5 mL、25 mL、50 mL、100 mL，大的有250 mL、500 mL、1 000 mL、2 000 mL等。它主要用于直接法配制标准溶液、准确稀释溶液以及制备样品溶液。

使用前应检查瓶塞处的密封性能。操作方法：向容量瓶内装入自来水至标线附近，盖紧瓶塞，左手食指顶住瓶塞，右手五指托住容量瓶底，将其倒立（瓶口朝下），观察容量瓶口是否漏水。若不漏水，将瓶竖直并将瓶塞旋转 180°后再次倒立，检查是否漏水。若两次操作后，容量瓶瓶塞处无水漏出，即表明容量瓶密封性良好。经检查不漏水的容量瓶才能洗净使用。容量瓶和塞子要配套使用，除标准磨口塞或塑料塞外不可调换。瓶身与塞子可用尼龙绳系在一起，绳子长度约 2 cm 左右。

配制一定物质的量浓度溶液的操作过程如图 2-41 所示。用少量溶剂将精确称量的固体溶质在烧杯中搅拌溶解，然后把溶液转移到容量瓶中。转移时用玻璃棒一端靠在容量瓶颈内壁上，注意玻璃棒其他部位不要接触容量瓶口，防止液体流到容量瓶外壁上。将烧杯内溶液沿玻璃棒上端缓缓倒入容量瓶中。为保证溶液能全部转移到容量瓶中，要用溶剂多次洗涤烧杯内壁和玻璃棒，并把洗涤溶液全部按上述操作转移到容量瓶里，注意控制洗涤液体积，不能超过标线。

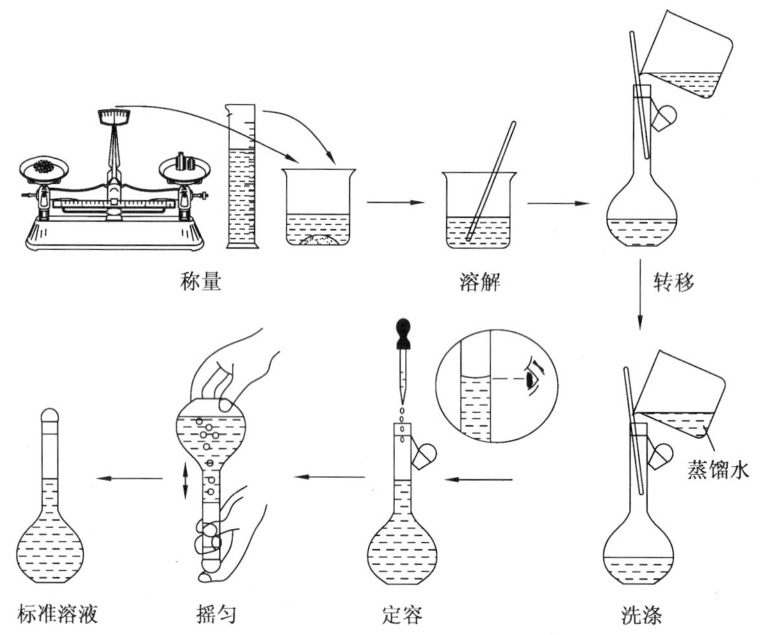

图 2-41　配制一定物质的量浓度溶液的操作过程

当溶液盛至容量体积 2/3 时，应将容量瓶内溶液进行初步混匀（不能倒转容量瓶）。此时应右手握住瓶颈下部轻轻晃动容量瓶片刻，然后向容量瓶内继续加入液体至液面离标线 1 cm 左右，改用滴管或洗瓶小心逐滴滴加，最后使瓶内液体的凹液面与标线正好相切。若加水超过标线，则需重新配制。

盖紧瓶塞，左手食指紧扣住瓶塞，右手托住瓶底，倒转整个瓶身，左手固定，右手摇动，使瓶内的液体混合均匀，边倒转边摇动，重复多次（8～10 次左右）。静置一段时间后如果发现液面低于标线，不要向瓶内加水，这是因为容量瓶内有少量溶液在瓶颈处和磨口处湿润损耗，并不影响所配制溶液的浓度。最后将配好的溶液转移到试剂瓶中。

容量瓶的容积是特定的，所以一种型号的容量瓶只能配制一种体积的溶液。在配制溶液前，要先确定需要配制的溶液的体积，然后再选用符合规格的容量瓶。配制过程中，用于洗涤烧杯的溶剂总量不能超过容量瓶的标线。

容量瓶是非加热容器，不能进行加热。如果溶质在溶解过程中放热或吸热，要待溶液温度达到室温后再进行转移，因为容量瓶通常是在 20 ℃下标定的，若将温度较高或较低的溶液注入容量瓶，一则容量瓶会热胀冷缩，二则溶液体积会随着温度变化而变化，导致所配制的溶液浓度不准确。

容量瓶只能用于配制溶液，不能储存溶液，因此配制好的溶液应转移到相应的试剂瓶中。

容量瓶用完应及时洗涤干净，塞上瓶塞，并在塞子与瓶口之间夹一条纸条，防止瓶塞与瓶口粘连。

教学参考书

[1] 唐向阳，余莉萍，朱莉娜，等. 基础化学实验教程[M]. 4 版. 北京：科学出版社，2015.

[2] 北京师范大学无机化学教研室，东北师范大学无机化学教研室，华中师范大学无机化学教研室，等. 无机化学实验[M]. 3 版. 北京：高等教育出版社，2001.

[3] 郎建平，卞国庆，贾定先. 无机化学实验[M]. 3 版. 南京：南京大学出版社，2018.

第 11 节　萃　取

萃取是有机化学实验中用来提取或纯化有机化合物的常用操作之一。应用萃取可以从固体或液体混合物中提取所需要的物质，也可以用来洗去混合物中的少量杂质。通常前者称为萃取，后者称为洗涤。按萃取两相的不同，萃取可分为液-液萃取、液-固萃取、气-液萃取。

一、从液体中萃取

1. 原理

萃取是以分配定律为基础，利用物质在两种不互溶（或微溶）的溶剂中溶解度或分配比的不同而达到分离和提纯目的的一种操作。一定温度、一定压力下，一种物质在两种互不相溶的溶剂 A、B 中的分配浓度之比是一个常数，即分配系数 K：

$$\frac{c_A}{c_B}=K$$

式中，c_A和 c_B分别为每毫升溶剂中所含溶质的质量(g)。应用分配定律可以计算出每次萃取后被萃取物质在原溶液中的残余量。设 V_A为原溶液的体积(mL)；m_0为萃取前溶质的总量(g)；$m_1, m_2, \cdots, m_n$分别为萃取一次、二次……n 次后溶质的剩余量(g)；V_B为每次萃取溶剂的体积(mL)。

第一次萃取后：$\dfrac{m_1/V_A}{(m_0-m_1)/V_B}=K$，所以 $m_1=m_0\left(\dfrac{KV_A}{KV_A+V_B}\right)$

第二次萃取后：$\dfrac{m_2/V_A}{(m_1-m_2)/V_B}=K$，所以 $m_2=m_1\left(\dfrac{KV_A}{KV_A+V_B}\right)$

经过 n 次萃取后：$m_n=m_0\left(\dfrac{KV_A}{KV_A+V_B}\right)^n$

由此可见，相同用量的溶剂分 n 次萃取后溶质的残留量比一次萃取少很多，即少量多次萃取效率较高。但并非萃取次数越多越好，结合时间、成本等诸多方面因素考虑，一般以萃取三次为宜。由于有机溶剂或多或少溶于水，所以第一次萃取时溶剂的量要比以后几次多一些。有时可利用盐析效应，即将水溶液用某种盐饱和，使有机溶剂在水中的溶解度大大下降，达到迅速分层，减少有机溶剂在水中的损失的目的。

除了利用分配比不同来萃取外，另一类萃取剂的萃取原理是利用它能和被萃取物质发生化学反应而进行萃取，这类操作经常应用在有机合成反应中，以除去杂质或分离出有机物。常用的萃取剂有 5%氢氧化钠溶液、5%或 10%碳酸钠溶液、5%或 10%碳酸氢钠溶液、稀盐酸、稀硫酸和浓硫酸等。碱性萃取剂可用于从有机相中分离出有机酸或从有机化合物中除去酸性杂质(使酸性杂质生成钠盐溶解于水中)。酸性萃取剂可用于从混合物中萃取有机碱性物质或除去碱性杂质。浓硫酸则可用于从饱和烃中除去不饱和烃，从卤代烷中除去醚或醇等。

2. 萃取剂的选择

选择萃取剂的一般要求为：① 与原溶剂不相混溶，两相间应保持一定的密度差，以利于两相的分层；② 对被萃取物质的溶解度较大；③ 纯度高，并具有良好的化学稳定性；④ 沸点低，便于回收；⑤ 毒性小；⑥ 价格低。萃取方法用得多的是从水溶液中萃取有机物，所以在实际操作中用得比较多的溶剂有乙醚、乙酸乙酯、二氯甲烷、氯仿、四氯化碳、苯、石油醚等。

3. 操作规程

实验室中常用的萃取仪器是分液漏斗，分液漏斗的容积应为被萃取液体体积的 2

倍左右。萃取的操作规程如下：

（1）检漏。使用前必须检查分液漏斗的顶塞和旋塞（活塞）是否紧密配套。旋塞如有漏水现象，应及时处理，方法为：取下旋塞，用纸或干布擦净旋塞及旋塞孔道的内壁，然后在旋塞两边各抹上一圈凡士林，注意不要抹在旋塞的孔中，然后插上旋塞，旋转至透明即可。

（2）装料。先把分液漏斗放在铁架台的铁圈上，关闭旋塞，取下顶塞，从漏斗的上口将被萃取液体倒入分液漏斗中，然后再加入萃取剂，盖紧顶塞，如图 2-42 所示。

（3）振荡放气。取下分液漏斗，以右手手掌（或食指根部）顶住漏斗顶塞并用大拇指、食指、中指紧握住漏斗上口颈部，而漏斗的旋塞部分放在左手的虎口内并用大拇指和食指握住旋塞柄，中指垫在塞座旁边，无名指和小指在塞座另一边与中指一起夹住漏斗，如图 2-43 所示。振荡时，将漏斗的出料口稍向上倾斜，开始时要轻轻振荡。振荡后，使漏斗仍保持倾斜状态，打开旋塞，放出蒸气或产生的气体使内外压力平衡，否则容易发生冲料现象。如此重复 2～3 次，至放气时只有很小压力后再剧烈振摇1～3 min，然后再将分液漏斗放在铁圈上。

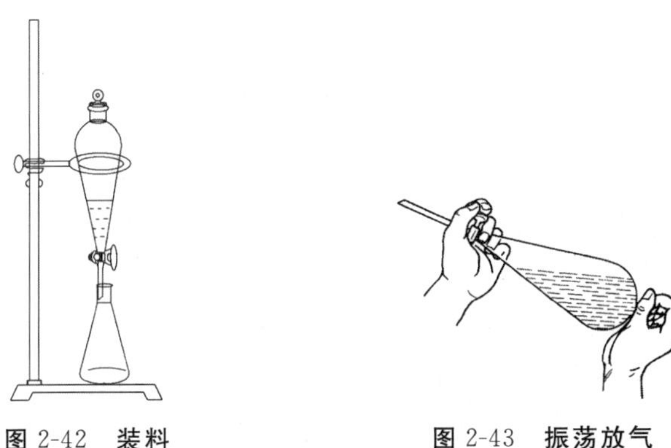

图 2-42　装料　　　　图 2-43　振荡放气

（4）静置分层。让漏斗中液体静置，使乳浊液分层。静置时间越长越有利于两相的彻底分离。此时，实验者应注意仔细观察两相的分界线，有的很明显，有的则不易分辨。一定要确认两相的界面后，才能进行下面的操作，否则还需要静置一段时间。

（5）分离放料。分液漏斗中的液体分成清晰的两层后即可进行分离放料。先把颈上的顶塞打开，将分液漏斗的下端靠在接收器皿内壁。实验者的视线应盯住两相的界面，缓缓打开旋塞，让液体流下。当液体中的界面接近旋塞时，关闭旋塞，静置片刻，这时下层液体往往会增多一点。再把下层液体仔细地放出，然后把剩下的上层液体从上口倒入另一容器中。如在两相间有少量絮状物，则应把它分到水层中去。

二、从固体混合物中萃取

从固体混合物中萃取所需的物质常用以下几种方式：

(1) 浸泡萃取。将固体混合物研细后放在容器里，用溶剂长期静止浸泡萃取，或用外力振荡萃取，然后过滤，从萃取液中分离出萃取物。但这是一种效率不高的方法。

(2) 过滤萃取。若被提取的物质特别容易溶解，可以把研细的固体混合物放在有滤纸的玻璃漏斗中，用溶剂洗涤。如果萃取物质的溶解度很小，用洗涤方法则要消耗大量溶剂和很长的时间，这时可用索氏提取器萃取。

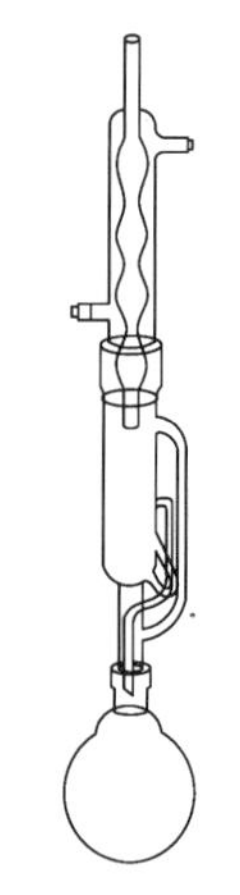
图 2-44 索氏提取器

(3) 索氏(Soxhlet)提取器萃取。用索氏提取器来萃取是一种效率较高的萃取方法，如图 2-44 所示。将滤纸做成与提取器大小相适应的套袋，将合适的固体混合物放置在套袋内，盖上滤纸，装入提取器中。然后用合适的热浴加热烧瓶，溶剂的蒸气从烧瓶进入冷凝管中，冷却后，回流到固体混合物中，慢慢将所需提取的物质溶出。当溶液在提取器内达到一定高度时，就会从侧面的虹吸管流入烧瓶中。溶剂就这样在仪器内循环流动，把所要提取的物质富集到下面的烧瓶中。该过程一般需要数小时才能完成，提取液经浓缩后，将所得浓缩液经进一步处理即可得到所需提取物。

教学参考书

[1] 孙尔康，张剑荣. 有机化学实验[M]. 3 版. 南京：南京大学出版社，2018.

[2] 北京师范大学无机化学教研室，东北师范大学无机化学教研室，华中师范大学无机化学教研室，等. 无机化学实验[M]. 3 版. 北京：高等教育出版社，2001.

[3] 南京大学大学化学实验教学组. 大学化学实验[M]. 北京：高等教育出版社，1999.

第三章　基本仪器的使用

第1节　天平的使用

一、天平的分类

常见的天平有普通的托盘天平(台秤)、电光分析天平和电子天平。

1. 托盘天平

托盘天平用于精确度要求不高的称量,其主要由底座、横梁、指针、刻度盘、游码、游码标尺、托盘架、托盘、平衡调节螺丝和砝码盒构成,如图3-1所示。

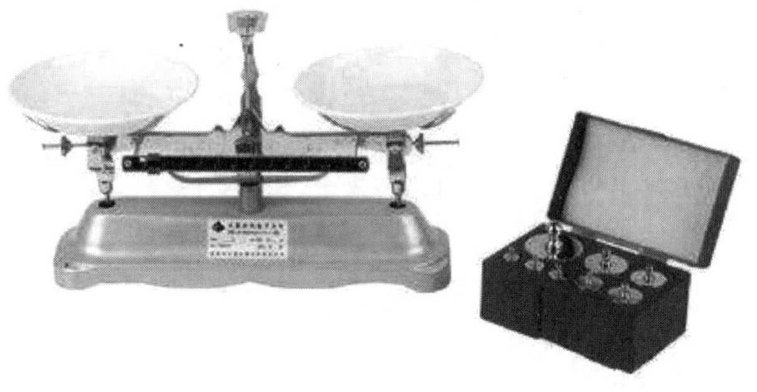

图3-1　托盘天平

(1) 使用方法。

① 调零:托盘清洁放好,将游码拨至游码标尺"0"刻度线,观察指针是否停在刻度盘的中心线上或指针在刻度盘中心线左右等距离摆动。如果不在中间位置,可调节托盘天平托盘下面的平衡调节螺丝。当指针在刻度盘的中间左右摆动大致相等时,托盘天平处于平衡状态,指针能停在刻度盘的中间位置,将此中间位置称为托盘天平的零点。

② 称量:左物右码,用镊子夹取砝码,先加大砝码,再加小砝码,最后用游码调节(10 g或5 g以内),直至指针在刻度盘中心线左右等距离摆动,砝码的总质量加上游码的数值(至小数点后一位)即为被称物的质量。

③ 称后处理：砝码应放回砝码盒，游码退至游码标尺"0"刻度线，托盘清洁后归于一边，使托盘天平处于稳定状态。

(2) 注意事项。

① 被称物不能直接放在托盘上，以免托盘受到腐蚀，应依据其性质放在称量纸(左、右托盘各放一张质量相等的称量纸)、表面皿上，或放在其他玻璃容器中。

② 不能称量过冷或过热的物品。

③ 取放物品和砝码时要轻拿轻放，以免损坏托盘天平。

④ 被称物的质量不得超过托盘天平的最大载重，以免损坏梁架及影响感量。

⑤ 保持托盘天平的整洁，托盘上不慎撒入药品或其他脏物时，应立即将其清除、擦净，方能继续使用。

2. 电光分析天平

常见的电光分析天平有双盘半机械加码(半自动)电光分析天平(图 3-2)和双盘全机械加码(全自动)电光分析天平(图 3-3)。如今，电子天平已逐步取代电光分析天平，这里不再赘述。

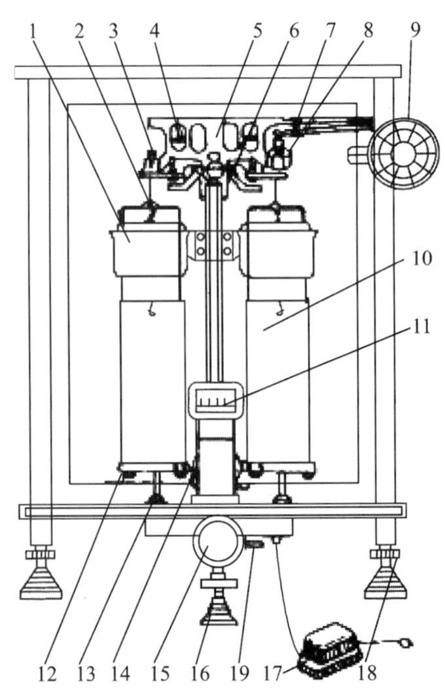

1. 阻尼器；2. 挂钩；3. 吊耳；4,6. 平衡螺丝；5. 天平横梁；7. 环码钩；8. 环码；9. 指数盘；10. 指针；11. 投影屏；12. 秤盘；13. 盘托；14. 光源；15. 旋钮；16. 垫脚；17. 变压器；18. 螺旋脚；19. 拨杆

图 3-2 半自动电光分析天平

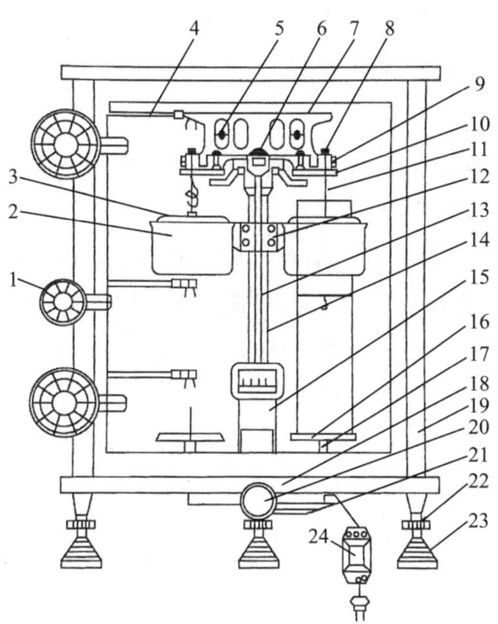

1. 指数盘；2. 空气阻尼器外筒；3. 空气阻尼器内筒；4. 加码杆；5. 平衡螺丝；6. 中刀；7. 天平横梁；8. 吊耳；9. 承重刀；10. 翼托；11. 挂钩；12. 空气阻尼架；13. 指针；14. 立柱；15. 投影屏座；16. 秤盘；17. 盘托；18. 底座；19. 框罩；20. 升降旋钮；21. 调屏拉杆；22. 调水平底脚螺丝；23. 垫脚；24. 变压器

图 3-3　全自动电光分析天平

3. 电子天平

电子天平是一种现代化高科技先进称量仪器。近年来电子天平的生产技术得到飞速发展，市场上电子天平的种类很多，分法不一。按传感器的方式可将其分为电磁平衡式、电感式、电阻应变式和电容式四类；按电子天平的精度来划分有超微量、微量、半微量和常量电子天平；按电子天平的结构可分为顶部承载式（下皿式）和底部承载式（上皿式）两类，但其基本原理相同。电子天平利用电子装置完成电磁力补偿的调节，使物体在重力场中实现力的平衡；或通过电磁力矩的调节，使物体在重力场中实现力矩的平衡。其整个称量过程均由微处理器进行计算和调控。当秤盘上加载后，即接通了补偿线圈的电流，计算器就开始计算冲击脉冲，达到平衡后，显示屏上自动显示出载荷的质量值。目前常见的是上皿式电子天平，下面介绍两种实验室用电子天平。

图 3-4　双杰 JJ500 电子天平

(1) 双杰 JJ500 电子天平。

双杰 JJ500 电子天平（图 3-4）可精确称量到

0.01 g，最大载重 500 g，其称量步骤如下：

① 接通电源，打开开关，显示窗显示“F—1”～“F—9”后出现“0.00”，通电预热 15 min。

② 如果在秤盘空载情况下显示值偏离零点，应按“TARE”键(去皮键)使显示回到零点。

③ 将称量纸、表面皿或其他玻璃容器放于秤盘上，待示值稳定后按“TARE”键，天平显示“0.00”，然后将被称物放于纸或器皿上，此时显示的数字即为被称物的质量。取走被称物及器皿，天平显示器皿质量的负值，仍按“TARE”键使显示回到“0”。

④ 称量完毕，关闭开关，拔下电源插头。

⑤ 新买的天平或较长时间未使用的天平需要进行校准。

(2) METTLER EL204 电子天平。

METTLER EL204 电子天平(图 3-5)可精确称量到 0.000 1 g，使用方法如下：

图 3-5　METTLER EL204 电子天平

① 调水平：检查天平是否处于水平位置(水平仪气泡是否在水平仪的中间位置)，如不在正中间，则调节天平底部的两个水平旋钮至水平位置。

② 预热：接通电源，预热 20～30 min 以获得稳定的工作温度。

③ 开启显示屏、调零：让秤盘空载并轻按“ON/OFF”键，天平显示自检(所有字段闪现等)，当天平显示“0.0000 g”时即进入称量状态；如果不显示“0.0000 g”，则按“O/T”键调零。

④ 校准：天平空载，长按“CAL”键直至显示屏显示“CAL”字样，所需的校准砝码值会在显示屏上闪烁。放上校准砝码，等待天平自动校准。在显示屏上“0.0000 g”闪烁后移去砝码，当显示“CAL/DONE”和“0.0000 g”后，天平校准结束。

⑤ 简单称量：按“O/T”键显示为“0.0000 g”后，打开天平侧门，将被称物放在秤盘上(化学药品不可接触秤盘)，关闭侧门，待稳定指示符“。”消失后读数。

⑥ 去皮称量：将空容器放在秤盘上，关上天平侧门，轻按“O/T”键去皮，显示“0.0000 g”后，打开天平侧门，向空容器中加试样至显示屏显示所需质量为止，关上天平门，待稳定指示符“。”消失后读数。

⑦ 关闭显示屏：称量结束，取下被称物，按住“NO/OFF”键至显示屏出现“OFF”，显示屏关闭，此时天平还接通电源，处于待机状态，再次使用时不需预热。如果长时间不用(五天以上)，则应切断电源。

(3) 使用注意事项。

① 电子天平应放于牢固平稳的工作台上，避免振动、阳光照射及气流，室内要求清洁、干燥且温度恒定。

② 电子天平应按说明书的要求进行预热。

③ 电子天平应处于水平状态。

④ 严禁对秤盘进行冲击或过载，严禁用溶剂清洁外壳，应用软布、牙膏轻轻擦洗。

⑤ 不可轻易移动天平，否则需要重新进行校准。

⑥ 称量物不能超过天平最大载重，不能称量热的物体。

⑦ 称量挥发性、腐蚀性、强酸强碱类物质时，要将其盛放在密闭的容器内，以免腐蚀和损坏电子天平。

⑧ 天平箱内应放置吸潮剂(如硅胶)。当吸潮剂吸水变色时，应立即高温烘烤更换，以确保干燥剂的吸湿性能。

二、固体试样的称取

1. 直接法

对于洁净干燥的器皿，以及不易吸湿、在空气中性质稳定的棒状、块状或其他整块的固体样品(如金属、合金等)可采用直接法称量。具体称量方法参见前面“托盘天平”“电子天平”的相关介绍。

2. 增量法(固定质量法)

用托盘天平称量时，先准确称取称量纸或器皿的质量，根据所需试样的质量，在右盘上放上砝码或移动游码，再用角匙将固体试样逐渐加到称量纸或器皿中，直到托盘天平平衡为止。

用电子天平时，可去皮称量。将容器的质量归零，加试样至所需的质量即可。

增量法适用于称量不吸水、在空气中性质稳定的粉末状、细小颗粒状试样。

3. 减量法(差减法)

减量法称出的样品质量不要求为固定的数值，只要在一定的范围内即可，适用于称量多份易吸水、易被氧化或易与空气中 CO_2 反应的物质。

用干净的纸条套在洁净干燥的称量瓶上(图 3-6)，用纸片包住瓶盖柄将其打开，装适量试样于称量瓶中，盖上瓶盖，将其置于电子天平秤盘上，关上侧门，轻按去皮键，显示“0.0000 g”后，打开侧门，左手用原纸条将称量瓶取出，拿到接收容器的上方，右手打开瓶盖，边用瓶盖轻轻敲瓶口上部，边将瓶身慢慢倾斜，使试样慢慢落入容器中(图 3-7)，当倾出的试样接近所需要的质量时，边敲瓶口边逐渐将瓶身竖直，使粘在瓶口的试样落入接收容器或落回称量瓶中，盖好瓶盖，再将称量瓶置于秤盘上，显示屏显示负值，其绝对值即为倒出的试样质量。如果显示质量符合要求，即可记录，再按去皮键，称取第二份试样；如果倾出的试样量太少，则按上述方法再倒一些；如果倾出的试样质量超出所需称量范围，只能重新称量，绝不可将试样再倒回称量瓶。

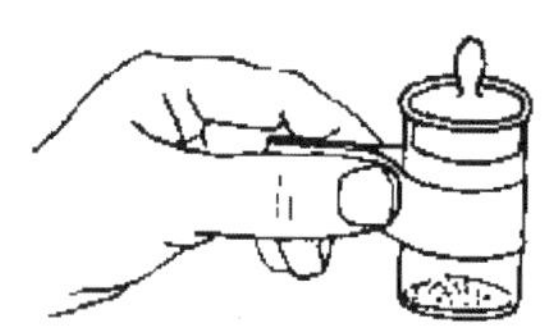

图 3-6　用纸条拿称量瓶的方法

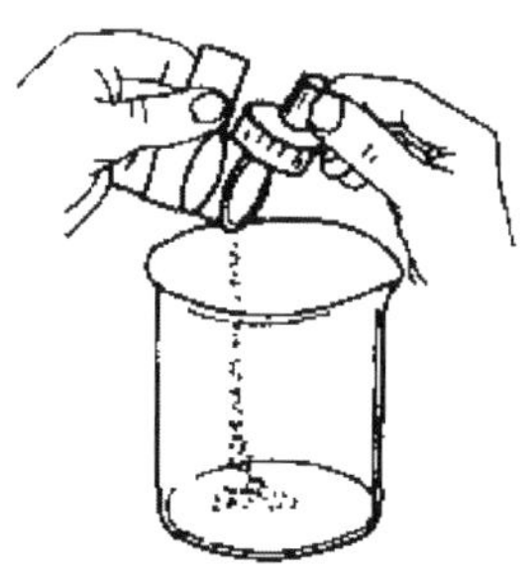

图 3-7　倾倒试样的方法

第2节　酸度计

酸度计又名 pH 计，是一种可以精密测定液体介质酸碱度值的仪器设备，搭配相应的离子电极也可用于测量离子电极电势值，因此 pH 计在工农业、科研和环保等领域得到了广泛的应用，也是食品厂、饮用水厂办理 QS、HACCP 认证的必要检测设备。狭义的 pH 计是指实验室 pH 计，主要可以分为台式 pH 计、便携式 pH 计和笔式 pH 计三大类。实验室常用的 pH 计主要有 PHS-25 型、PHS-2C 型和 PHS-3C 型等，这些 pH 计的型号和结构虽然不同，但其工作原理是基本一样的。

一、pH 计的测量原理

pH 计是根据 pH 的实用定义，采用氢离子选择性电极测定水溶液 pH 的一种化学分析仪器，它采用电势法来测定溶液的 pH。具体原理为：氢离子可逆的指示电极和参比电极同时浸入溶液中组成原电池（原则上参比电极电势不变，并已知），在一定的温度下产生电动势，该电动势与溶液中氢离子的活度有关，而与其他离子的存在无关（图 3-8）。

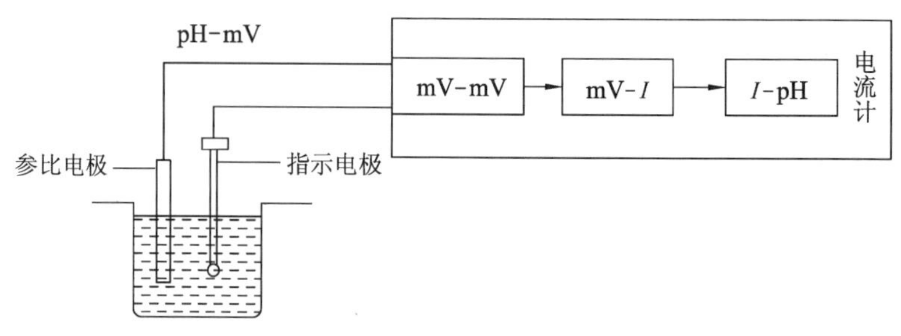

图 3-8　pH 计工作原理示意图

25 ℃下液相中氢离子活度为 1 mol·kg^{-1}，气相氢气压为 1.013 25×10^{5} Pa (1 atm)，该氢电极称为标准氢电极，电极电势为零。任何电极的电势都可以根据标准氢电极计算而得。将待测电极与标准氢电极相连，25 ℃下所测得的电池电动势即为标准电极电势。待测溶液 pH 的变化可以用它所构成的电池电动势的变化直接表示：

$$E=E^{\ominus}+\frac{2.303RT}{F}\lg[H^{+}]=E^{\ominus}-\frac{2.303RT}{F}\mathrm{pH}$$

式中，$E^{\ominus}$为标准电极电势(V)，R 为摩尔气体常数(8.314 3 J·mol^{-1}·K^{-1})，F 为法拉第常数(96 485.0 C·mol^{-1})，T 为绝对温度(273.15 ℃＋t)。

由上式可知，溶液的 pH 可以由测得的电池电动势计算而得。pH 与电池所产生的电动势(一般在±500 mV 以内)有直接关系。目前所使用的 pH 计便是基于该原理而设计的。

二、pH 计的结构组成

pH 计是由电极和电流计组成的，具体可以分为以下三个部分：

(1) 参比电极。

(2) 玻璃电极：其电势由周围溶液的 pH 而定。

(3) 电流计：在电阻极大的电路中，电流计可以测出微小的电势差。

参比电极的主要功能是维持恒定电势，作为测量偏离电势的参照。

玻璃电极的功能是建立电势差，该电势差可以对待测溶液中氢离子活度的变化做出明显反应。将对 pH 敏感的电极和参比电极同时置于某一溶液中便可组成原电池，该原电池的电动势为玻璃电极和参比电极电势的代数之和，即 $E_{电池}=E_{参比}+E_{玻璃}$。在温度恒定的条件下，该原电池的电动势随待测溶液 pH 的变化而变化。由于 pH 计中电池的电动势非常小，且电路的阻抗很大(一般为 1～100 MΩ)，因此测量其产生的电势很困难。解决该问题的方法为将信号放大，从而推动标准毫伏表或毫安表发生明显变化。

电流计的主要功能是将原电池的电动势放大，使其可以通过电表显示，电表指针的偏转程度代表其推动的信号强度。为了满足实际使用的需求，电流计的表盘都刻有相对应的 pH，数字式 pH 计则直接以数字形式显示出 pH。

1. 参比电极

参比电极是指对溶液中氢离子活度无响应并且具有恒定电极电势(已知)的电极。常见的参比电极主要有甘汞电极、硫酸亚汞电极和银/氯化银电极等几种。其中最常用的是甘汞电极和银/氯化银电极。

甘汞电极是由汞(Hg)和甘汞(Hg_2Cl_2)的糊状物加入一定浓度的氯化钾(KCl)溶液中构成的。具体的操作方法为：在汞的上方插入铂丝并与外导线连接，底部玻璃管内盛入 KCl 溶液，管的下端开口并利用陶瓷塞子封住。在测量时允许有少量的 KCl 溶液通过陶瓷塞内的毛细孔向被测溶液渗漏，但不允许被测溶液向玻璃管内渗漏，否则将直接影响电极读数的准确性。为了避免这种现象的发生，在使用甘汞电极时应拔下其上端橡皮塞以使玻璃管内具有足够的液位压差，杜绝被测溶液通过毛细孔渗入玻璃管内的可能性。此外，KCl 溶液要将内部小玻璃管的下口完全浸没，并且弯管内禁止有气泡存在，以防将溶液隔断。

甘汞电极的下管是较细的弯管，可以有效调节其与玻璃电极间的距离，以便插入直径较小的容器内对溶液进行测量。在不使用甘汞电极时，应将下端毛细孔用橡皮套套住或浸泡在 KCl 溶液中，不允许其与玻璃电极同时浸泡在去离子水中保存。甘汞电极的电极电势仅与电极内的 KCl 溶液浓度（Cl^- 浓度）有关，与待测溶液的 pH 无关。饱和 KCl 溶液甘汞电极的电极电势为 0.241 5 V，而 0.1 $mol \cdot L^{-1}$ KCl 溶液甘汞电极的电极电势则为 0.281 0 V。

2. 玻璃电极

玻璃电极由玻璃支杆、内参比溶液、内参比电极、电极帽和由特殊成分组成并对氢离子较为敏感的玻璃薄膜等部件构成。

玻璃电极最为关键的部分是半圆球形的玻璃薄膜，它位于玻璃管最下端，由组成为 SiO_2、CaO 和 Na_2O（质量分数分别为 72%、6%和 22%）的特制玻璃制成，膜厚度大约为 50 μm。玻璃薄膜的球内盛有 HCl 溶液（常用浓度为 0.1 $mol \cdot L^{-1}$），并将包裹有 AgCl 薄层的银丝浸入上述 HCl 溶液中并用导线引出，即可构成玻璃电极。

将玻璃电极浸泡在待测溶液中，玻璃薄膜的内外两侧会因吸水溶胀而形成很薄的水化凝胶层，而中间则为干玻璃层。在测定 pH 时，玻璃薄膜的外侧与待测溶液的相界面会发生氢离子交换，同时内侧也会与膜内 0.1 $mol \cdot L^{-1}$ HCl 溶液的相界面进行氢离子交换。由于玻璃薄膜内外两侧的溶液中氢离子浓度存在差异，而且玻璃薄膜水化凝胶层内的离子会发生扩散，因此膜内外两侧的相界面之间会形成相对稳定的电势差，这种电势差称为膜电势。由于膜内侧 HCl 溶液的氢离子浓度为 0.1 $mol \cdot L^{-1}$，即为定值，因此在离子扩散稳定后，膜电势也为定值，此时膜电势仅与膜外侧待测溶液中的氢离子浓度有关。将膜电势与标准玻璃电极的电势合并后，即可得到玻璃电极的电极电势：

$$E(\text{玻璃电极})=E^{\ominus}(\text{玻璃电极})+\frac{2.303RT}{F}\lg[H^+]$$

目前市面上使用的电极多为复合电极。复合电极只是简单地复合了两种电极的功能，并将其操作功能简易化。

3. 复合电极

外壳为塑料材质的复合电极称为塑壳复合电极，外壳为玻璃材质的复合电极称为玻璃复合电极。复合电极主要由玻璃薄膜球泡、玻璃支持管、内参比电极、内参比溶液、外参比电极、外参比溶液、液接界、电极壳、电极帽、电极导线等部件组成，如图3-9所示。

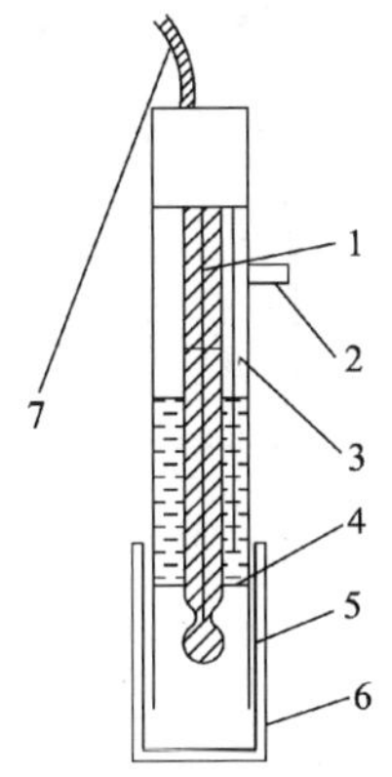

1. pH 玻璃电极
2. 胶皮帽
3. 银/氯化银参比电极
4. 参比电极底部陶瓷芯
5. 塑料保护栅
6. 塑料保护帽
7. 电极引出端

图 3-9 复合电极结构

(1) 玻璃薄膜球泡：呈球形，由具有离子交换功能的锂玻璃熔融制成，其膜厚约100～200 μm，$R<250$ MΩ。

(2) 玻璃支持管：由电绝缘性优异的铅玻璃制成，起到支撑玻璃薄膜球泡的作用，其膨胀系数与球泡玻璃相近。

(3) 内参比电极：现阶段多使用饱和甘汞电极或银/氯化银电极。内参比电极主要起到提供稳定参比电势的作用，因此要求其具有稳定的电极电势及较小的温度系数。

(4) 内参比溶液：多为具有恒定 pH 的缓冲溶液或较高浓度的强酸溶液，如0.1 mol·L^{-1}盐酸。

(5) 电极壳：主要用于盛放外参比溶液，并支撑玻璃电极和液接界，通常由聚碳酸酯或玻璃制成。聚碳酸酯易溶于多数有机溶剂，如丙酮、四氯化碳及四氢呋喃等，因此，若待测溶液中含有以上有机溶剂，则应选用玻璃材质外壳的复合电极。

(6) 外参比电极：与内参比电极的作用和要求一致，也多选用银/氯化银电极或饱和甘汞电极以提供稳定的参比电势。

(7) 外参比溶液：多选用饱和 KCl 溶液或 KCl 凝胶电解质。

(8) 液接界：用于连接外参比溶液和被测溶液的部件，通常由瓷砂芯或纤维丝材料制成。对其材料结构的要求是渗透量大、耐压、不腐蚀且稳定。

(9) 电极导线：用于连接内芯与内参比电极，以及屏蔽层与外参比电极。

三、pH 计的使用和操作方法

以 PSH-25 型 pH 计为例说明 pH 计的一般使用方法。如图 3-10 所示为 PSH-25 型 pH 计的外部结构。

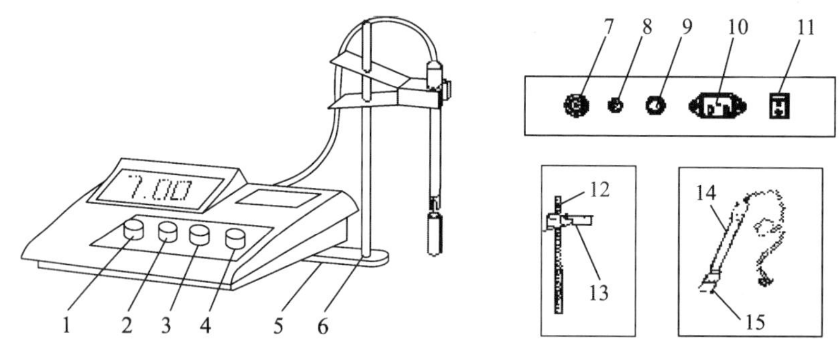

1. 温度补偿调节旋钮；2. 斜率补偿调节旋钮；3. 定位调节旋钮；4. 选择开关旋钮(pH、mV)；5. 电极梗插座；6,12. 电极梗；7. 测量电极插座；8. 参比电极接口；9. 保险盒；10. 电源插座；11. 电源开关；13. 电极夹；14. E-201-C-9 型塑壳可充式 pH 复合电极；15. 电极套

图 3-10　PSH-25 型 pH 计外部结构

该 pH 计的具体操作步骤如下：

(1) 开机：打开电源开关，接通电源并预热 10 min。

(2) 将仪器选择开关置于“pH”挡或“mV”挡。

(3) 标定：仪器使用前应先标定。若仪器需要连续使用，原则上只需在最开始时标定一次。具体标定方法分以下两种：

① 一点校正法：针对精度要求不高的使用环境。

a. 将电极插入仪器并将选择开关置于“pH”挡。

b. 将斜率补偿调节旋钮调至“100%”位置(顺时针旋到最末)。

c. 选用与待测溶液 pH 相近的溶液作为标准缓冲溶液(pH 已知)，并将电极置于标准缓冲溶液中，摇匀溶液，调节温度补偿调节旋钮，使显示的温度与溶液温度相同。

d. 待 pH 读数稳定后，该读数应为标准缓冲溶液的恒定 pH。若两者不一致，则应调节定位调节旋钮，使 pH 读数与标准缓冲溶液的恒定 pH 相一致。

e. 洗涤电极，并用滤纸吸干电极球泡表面的水分，待用。

② 二点校正法：针对精度要求较高的使用环境。

a. 将电极插入仪器并将选择开关置于“pH”挡，将斜率补偿调节旋钮调至“100%”位置。

b. 选择两种不同 pH 的标准缓冲溶液，使被测溶液的 pH 介于两种标准缓冲溶液的 pH(如 pH=4.00 和 pH=7.00)之间。

c. 将电极放入第一种标准缓冲溶液(如 pH=7.00)中,调节温度补偿调节旋钮,使显示的温度与溶液温度相同。

d. 待 pH 读数稳定后,该读数应为第一种标准缓冲溶液的恒定 pH。若两者不一致,则应调节定位调节旋钮,使 pH 读数与第一种标准缓冲溶液的恒定 pH 相一致。

e. 洗涤电极,并用滤纸吸干电极球泡表面的水分,将电极放入第二种标准缓冲溶液(如 pH=4.00)中,摇匀溶液。

f. 待 pH 读数稳定后,该读数应为第二种缓冲溶液的恒定 pH。若两者不一致,则应调节斜率补偿调节旋钮,使 pH 读数与第二种标准缓冲溶液的恒定 pH 相一致。之后不再调整定位调节旋钮和斜率补偿调节旋钮,否则需要对溶液重新进行标定。对于具有较高精密度的 pH 计,可能需多次重复以上 c～f 步骤,以达到最佳的校正效果。

g. 洗涤电极,并用滤纸吸干电极球泡表面的水分,待用。

(4) 测量:

① 将复合电极加液口上、下端的橡皮套均取下,使电极内 KCl 溶液的液压差保持恒定。

② 向上移出电极夹,利用去离子水清洗电极,并用滤纸吸干多余水分。

③ 将电极插入被测溶液中,调节温度补偿调节旋钮,使显示的温度与溶液温度相同。摇匀溶液,待读数稳定后,即可读出待测溶液的 pH。

(5) 结束:测试结束后应关闭电源,用去离子水清洗电极,并用滤纸吸干多余水分,浸入饱和 KCl 溶液中保存。

四、电极使用维护的注意事项

(1) 在测量之前,电极必须用恒定 pH 的标准缓冲溶液进行标定,标准缓冲溶液的 pH 数值越接近被测值越好。

(2) 电极套取下后,应尽可能避免电极的敏感玻璃泡与坚硬物体碰触,以防出现破损而导致电极失效。

(3) 测量后,应及时套上盛有少量外参比补充液的电极保护套,以保持电极球泡的湿润,切忌将其浸泡在蒸馏水中。

(4) 复合电极的外参比补充液为 3 $mol \cdot L^{-1}$ KCl 溶液,电极在不使用时应系好橡皮套,以防补充液流失。

(5) 电极的引出端应时刻保持干燥清洁,防止输出两端短路,否则会使测量结果不准确。

(6) 电极应与具有较高输入阻抗的 pH 计($\geq 3\times10^{11}\ \Omega$)相匹配,以保持良好的特性。

(7) 电极应避免长期浸入蒸馏水、蛋白质溶液和酸性氟化物溶液中，同时也应避免与有机硅油相接触。

(8) 电极在经过长时间使用后，若斜率有所降低，则可将其置于4%HF(氢氟酸)溶液中浸泡3～5 s，用去离子水清洗干净后，浸泡于0.1 mol·L^{-1} HCl溶液中，使之复新。

(9) 被测溶液中可能会含有一些易污染敏感球泡或堵塞液接界的物质，在此溶液中长时间使用电极会使电极钝化，从而出现斜率降低的现象，导致读数不准确。若发生此现象，则可以依据污染物的特性选择相应的溶液对电极进行清洗，使之复新。

第3节　电导率仪

测量电解质溶液电导率的方法主要有交流电桥法和电导率仪测量法，其中以后者使用较普遍。电导率仪测量法的特点是操作方便，易快速读取且测量范围广，与自动电子电位差计匹配连接后还可以自动记录电导率。电导率仪的种类繁多，但其测量原理基本一致，这里主要介绍较新型的DDS-307型电导率仪的构造原理和使用方法。

一、测量原理

电导率仪由振荡器、放大器和指示器等部分组成。其构造如图3-11所示。

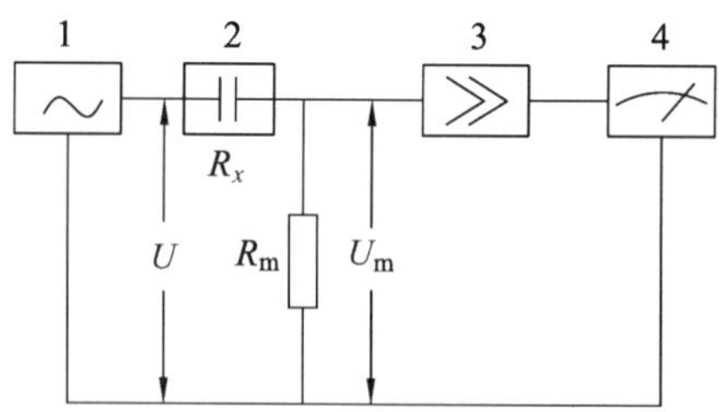

1. 振荡器；2. 电导池；3. 放大器；4. 指示器

图3-11　电导率仪的构造

图中U为振荡器产生的交流电压，R_x为电导池的等效电阻，R_m为分压电阻，U_m为R_m上的交流分压。由欧姆定律可知：

$$U_m=\frac{UR_m}{R_m+R_x}=\frac{UR_m}{R_m+\dfrac{K_{cell}}{\kappa}}$$

式中，K_{cell}为电导池常数。由上式可知，当U、R_m和K_{cell}均为常数时，电导率κ的变化将会直接影响到U_m的变化，因此只要测得U_m的值，即可得到溶液的电导率。U_m经放大器放大后，通过信号整流，输出可推动表头的直流信号，直接读取电导率。

二、使用方法

DDS-307 型电导率仪的面板如图 3-12 所示。

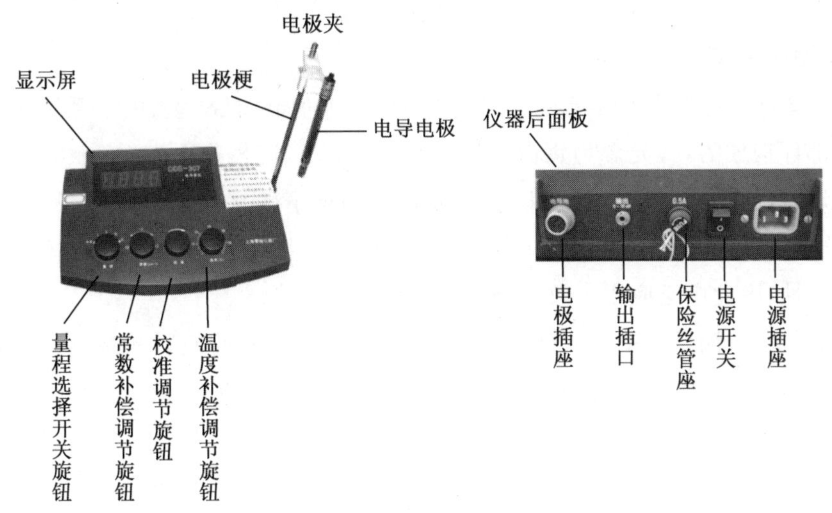

图 3-12　DDS-307 型电导率仪的面板

具体使用方法如下：

(1) 开机：打开电源开关，接通电源并预热 10 min。

(2) 校准：将“量程”开关旋至“检查”，将“常数”补偿旋钮旋至刻度线“1”，将“温度”补偿旋钮旋至刻度线“25”，调节“校准”旋钮，使表显数值为 100.0 $\mu S \cdot cm^{-1}$。

(3) 测量：

① 调节“常数”补偿旋钮，使表显数值与电极上所标数值相同。

② 调节“温度”补偿旋钮至待测溶液的实际温度值。

③ 调节“量程”开关至显示器显示读数，若显示器不显示数值，则表示量程太小。

④ 用去离子水清洗电极，并用滤纸吸干多余水分，再用被测溶液清洗多次，然后将电极插入被测溶液中，摇匀溶液，待读数稳定后即可读出待测溶液的电导率。

(4) 结束：用去离子水洗净电极后关机。

三、注意事项

(1) 在清洗电极过程中应将“量程”开关置于“检查”位置。

(2) 使用结束后应将电极浸入去离子水中；关闭电源开关，不要拔下电极和电源插座。

(3) 若出现故障，应及时报告实验老师。

第4节　分光光度计

一、测量原理

722 型分光光度计是由光源室、光电管暗盒、单色器、试样室、电子系统及数字显示器等部件构成的，其光源为钨卤素灯(12 V，30 W)，波长范围为 330～800 nm。单色器中以光栅作为色散元件，可以获得波长范围狭窄的接近于一定波长的单色光。722 型分光光度计可以在可见光区域对物质做出定性和定量分析，具有较高的灵敏度和准确性，因此广泛应用于教学、科研和生产。

分光光度法测量的基本原理是：溶液中的物质通过光的照射和激发会对光产生吸收效应。不同的物质对光的吸收是不同的，是有选择性的，因此会产生不同的吸收光谱。根据朗伯-比尔定律，物质对某一单色光吸收的强弱(吸光度 A)与吸光物质浓度 c($g \cdot L^{-1}$)和厚度 b(cm)成正比，具体表达式为 $A=abc$(a 为比例系数)。若 c 的单位是 $mol \cdot L^{-1}$，比例系数用 ε 表示，则 $A=\varepsilon bc$，ε 称为摩尔吸光系数，其单位为 $L \cdot mol^{-1} \cdot cm^{-1}$，它是有色物质在一定波长下的特征常数。当条件一定时，ε、b 均为常数，此时溶液的吸光度 A 与溶液的浓度 c 成正比，只要测出吸光度 A，即可算出溶液的浓度 c。

二、722 型分光光度计的使用

722 型分光光度计的外部结构如图 3-13 所示。

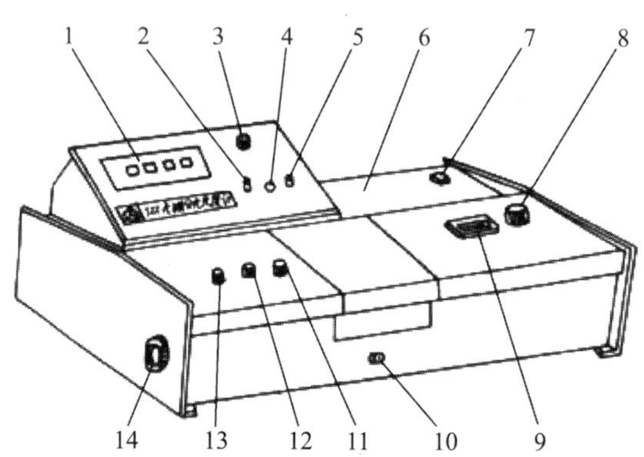

1. 数字显示器；2. 吸光度调零旋钮；3. 选择开关；4. 吸光度调斜率电位器；5. 浓度旋钮；6. 光源室；7. 电源开关；8. 波长手轮；9. 波长刻度窗；10. 试样架拉手；11. 100%T 旋钮；12. 0% T 旋钮；13. 灵敏度调节旋钮；14. 干燥器

图 3-13　722 型分光光度计的外部结构

其使用方法如下：

(1) 调节灵敏度调节旋钮至“1”挡。

(2) 打开电源开关，将选择开关置于“T”，波长调至测试所需波长，仪器需预热20 min。

(3) 开启试样室，将 100%T 旋钮(透光率零点旋钮)旋至数显“000.0”。关闭试样室盖，在比色皿中加入蒸馏水并放置于校正位置，调节 100%T 旋钮至数显“100.0”。若数显不到“100.0”，则可适当调整灵敏度的挡位，同时重复调节仪器透光率的“0”位(尽量置于低挡使用)，以保证仪器的高稳定性。

(4) 预热后，按照步骤(3)重复调整透光率的“000.0”和“100.0”位置，稳定后便可进行测试。

三、吸光度 *A* 的测量

将选择开关置于“A”。旋转吸光度调零旋钮至数显为零，之后将待测样品移入光路，数显值即为待测样品的吸光度值。

四、浓度 *c* 的测量

首先将选择开关由“A”旋至“C”，然后将事先标定浓度的被测样品移入光路，调节浓度旋钮至数显为标定数值，再将待测样品移入光路，待稳定后即可读出待测样品的浓度值。

五、注意事项

(1) 在不测试样品时应打开试样室的盖子，使光路切断，以防光电管疲劳而缩短其使用寿命。

(2) 取拿比色皿时，手指只能触碰比色皿的毛玻璃面，不能触碰其光学表面，以免污损。

(3) 比色皿在清洗时既不可用碱液洗涤，也不能用硬布或毛刷清洗。比色皿外壁残留的水分或溶液应使用擦镜纸或柔软的吸水纸吸干，不能擦拭，以防损伤光学表面。

第四章　无机化学实验部分

实验1　灯的使用、玻璃管加工技术和塞子钻孔

一、实验目的

(1) 了解酒精灯、酒精喷灯、煤气灯的构造和原理，掌握其正确的使用方法。

(2) 练习玻璃管(或棒)的截断、弯曲、拉制、熔光等操作。

(3) 练习选配塞子以及塞子钻孔等操作。

二、实验原理

实验室常用酒精灯、酒精喷灯、煤气灯等来加热。酒精灯的加热温度可达400 ℃～500 ℃，适宜于温度不太高的实验；酒精喷灯的加热温度在1 000 ℃～1 200 ℃；煤气灯的加热温度可达1 000 ℃左右，一般约在800 ℃～900 ℃。

玻璃是一种较为透明的液体物质，是在熔融时形成连续网络结构，冷却过程中黏度逐渐增大并硬化而不结晶的硅酸盐类非金属材料，主要成分是二氧化硅。能将玻璃加工成型，是因为其具有以下性质：

(1) 无固定熔点，其黏度随着温度的升高连续变小，冷却时黏度变大而固化。

(2) 有内聚力和表面张力，使玻璃熔化时团缩增厚，软化时可吹成球状或拉延成圆柱形。

(3) 热导性差，使玻璃部件局部加热软化直至烧熔，其余部位不会受影响，仍处于低温，不会发生变形，可以手持。

(4) 玻璃灯工加工的玻璃部件一般属于薄壁，其热膨胀系数与热稳定性成反比。硬质玻璃软化点高，热膨胀系数小，用煤气-氧或氢-氧等高温焰加工不会破裂。软质玻璃热膨胀系数大，热稳定性差，用高热值煤气加热即可达到灯工要求的温度。

玻璃的硬度小，在其表面用玻璃刀(金刚石)、砂轮或三角锉划出痕印后，背面用力即可将其折断。

三、仪器和试剂

1. 仪器

烧杯、酒精喷灯(或煤气灯)、三角锉、圆锉、直尺、量角器、石棉网、钻孔器、塑料瓶等。

2. 试剂

灯用酒精或煤油。

3. 材料

玻璃管、玻璃棒、乳胶滴头、橡皮塞、木块、火柴、砂轮片、棉纱线(或脱脂棉)等。

四、基本操作

酒精喷灯(或煤气灯)的使用、玻璃管(或棒)的加工、塞子钻孔。

1. 玻璃管(或棒)的加工

(1) 截断与熔光。

截断：将玻璃管(或棒)平放在实验台上，以直尺量出要截取的长度，左手按住要截断的部位，右手拿三角锉(或小砂轮片)，让三角锉的棱边或小砂轮片垂直紧压在要截断的部位，用力向同一方向锉出一道深而短的凹痕(切勿来回锉)。为保证截断后的玻璃管(或棒)的截面平整，凹痕应与玻璃管(或棒)垂直。迅速用手指沾上水涂在凹痕处，两手紧握玻璃管(或棒)，凹痕向外，两大拇指齐放在划痕的背面，轻轻向外推折，同时两食指分别向外拉，以折断玻璃管(或棒)。

熔光：截断的玻璃管(或棒)截面锋利，容易割破手、橡胶管，且难以插入塞子的圆孔内，因此必须放在火焰上进行熔烧使之圆滑，这样的操作称为熔光或圆口。其方法是将玻璃管(或棒)的截面斜插入(一般为 45°)酒精喷灯的氧化焰中加热，边转边烧，直至截断面红热平滑(不要熔烧过头)，然后将灼热的玻璃管(或棒)放在石棉网上冷却。

(2) 弯曲与拉伸。

弯曲：双手持玻璃管，先用小火将玻璃管预热一下，然后，把待弯曲部位斜插在氧化焰中以增大玻璃管的受热面积，边加热边缓慢转动使玻璃管受热均匀。加热至玻璃管发黄变软后，取出稍等 1～2 s 使各部分温度均匀，用“V”字形手法弯管，弯好待其冷却变硬后平放在石棉网上继续冷却。冷却后，应检查其角度是否准确，里外是否均匀平滑，整个玻璃管是否处在同一平面上。120°以上的角度可一次弯成，但弯制较小角度的玻璃管，或灯焰较窄、玻璃管受热面积较小时，需分几次弯成。值得注意的是，第二次的受热部位要在第一次受热部位的稍偏左或偏右处。

拉伸：双手持一段玻璃管，在酒精喷灯上旋转加热，当玻璃管烧至红软时离开火焰，双手顺着水平方向拉到所需要的粗细(可边拉边来回转动玻璃管)，一手持玻璃管使其竖直定型，待定型后放在石棉网上冷却。

(3) 扩口。

制作滴管时，带胶帽一端的玻璃管还需进行扩口。扩口一般是将圆锉的一头伸进玻璃管的粗端，边烧边转，加热要均匀，手上用力也要均匀，使管口外翻；也可将玻璃管的粗端斜插入氧化焰中，边转边烧，烧至发黄变软，取出玻璃管，将欲熔端在石棉网或铁架台上垂直下按，使管口外翻。

2. 塞子钻孔及其与玻璃管的连接

(1) 塞子的种类。

化学实验室常用的塞子有软木塞、橡皮塞和玻璃磨口塞三种。软木塞质地松软，严密性较差，易被酸、碱侵蚀，与有机物作用小，不易被有机溶剂溶胀。橡皮塞的严密性好，耐强碱侵蚀，但易被强酸或有机物（如丙酮、汽油、氯仿等）侵蚀而溶胀，且价格稍贵。玻璃磨口塞是试剂瓶和某些玻璃仪器的配套装置，严密性很好，适用于除碱、HF 以外的一切盛放液体或固体物质的瓶子。除标准磨口塞外，一般不同瓶子的磨口塞不能任意调换，否则不能很好地密合。

(2) 塞子的大小。

各种塞子都有大小不同的型号，可根据试剂瓶口径或仪器口径的大小来选择塞子。一般塞入瓶口或仪器口的长度以塞子高度的 1/2～2/3 为宜，过大或过小的塞子均不合要求。

(3) 钻孔器的选择。

塞子钻孔的常用工具一般是钻孔器（也称打孔器）。它是一组直径不同的金属管，管一端有手柄，另一端是环形锋利的刃。每套钻孔器还有一个圆头细铁条，称为捅针，用来捅出留在钻孔器套管内的橡胶芯或软木芯。

应根据塞子的种类和塞子待插的玻璃管的管径大小选择合适的钻孔器。橡皮塞有弹性，所以在橡皮塞上钻孔时应选择比欲插入的管外径稍大的钻孔器；软木塞软且疏松，所以在软木塞上钻孔时应选择比管外径稍小的钻孔器。软木塞钻孔前需先经压塞机压紧，或用木板在实验台上碾压，以防钻孔时塞子开裂。

(4) 钻孔的方法。

先在钻孔器端部蘸取少量甘油或水，然后将选好的塞子小端向上放在木块上，左手按稳塞子，右手持钻孔器的柄，将钻孔器端部按在选定位置上，顺时针方向旋转的同时向下施加压力，注意保持钻孔器垂直于塞子的面，以免使塞子的孔道偏斜。当钻至塞子的 1/2 左右时，按逆时针方向转出钻孔器，按同样的方法从塞子大头的一端钻孔，注意要与小头端的孔位对准，直到两端圆孔贯穿为止，然后用捅针捅出钻孔器内的塞芯。若钻得的孔道略小或不光滑，可用圆锉修整。

(5) 玻璃管插入橡皮塞的方法。

用水或甘油润湿玻璃管的插入端，然后左手拿住塞子，右手捏住玻璃管的前半部分(切忌右手捏住玻璃管的位置与塞子太远)，稍稍用力旋转玻璃管，将其旋入塞孔，直至合适位置。注意用力不能过大；插入弯管时，手指不能捏住弯曲的地方。

五、实验步骤

(1) 弯曲玻璃管(120°、90°、60°)。

(2) 制作2支滴管(每毫升20滴左右)。根据需要截取一根玻璃管，拉细后按需要长短截断，形成两个尖嘴管，细的一端在灯上稍微烧一下使之熔光，粗的一端扩口冷却后套上胶头即成滴管。

(3) 制作3支搅棒，两头烧圆，其中2支拉细。截取两根玻璃棒，一根两头熔光，将另一根中部置于氧化焰中加热至红软，拉细到所需粗细。冷却后截断，将细的一端熔成小球，小搅棒即制成。

(4) 塞子钻孔。为抽滤瓶和布氏漏斗配个合适的塞子，钻孔。

六、注意事项

(1) 截割玻璃管、玻璃棒时应注意安全，防止划破手。

(2) 刚加热过的玻璃管(或棒)温度很高，应按加热的先后顺序放在石棉网上冷却，切不可直接放在实验台上，以防烧焦台面；未冷却之前也不能用手去摸，以防烫伤。

(3) 钻孔时，用力不能过猛，防止戳破手。

(4) 做玻璃灯工时，应准备好石棉网和湿抹布。

(5) 将玻璃管插入塞子时方法要正确，用力不能过猛，防止戳破手。

(6) 废玻璃管(或棒)不能乱丢，应按要求放在指定的位置。

(7) 一旦划破或戳破了手，要清除伤口内异物，然后根据伤情选涂红药水或紫药水，再用消毒纱布包扎或贴上“创可贴”止血，严重者要立即送医院诊治。

(8) 一旦烫伤，切勿用水冲洗，也不要把烫出的水泡挑破，应在烫伤处立刻涂上万花油或烫伤膏，严重者要立即送医院诊治。

七、实验讨论

(1) 使用酒精喷灯(或煤气灯)时要注意哪些事项？

(2) 玻璃管(或棒)的截面为什么要熔光？怎样熔光？

(3) 截断、熔光、弯曲和拉伸玻璃管时要注意什么？怎样弯曲小角度的玻璃管？

(4) 选用塞子时要注意什么？

(5) 塞子钻孔时如何选择钻孔器？如何正确钻孔？

八、知识链接

玻璃灯工是一种以玻璃管(或棒)为基材,在专用的喷灯火焰上进行局部加热后,利用玻璃的热塑性和热熔性进行拉丝、弯曲、按压、连接等多种加工成型的技术,是玻璃仪器和玻璃制品(如玻璃温度计、保温瓶、灯泡、电真空器件等)生产中二次热加工的成型手段。灯工塑造的精微造型与变幻无穷的色彩,以及它普遍的适用性,使得灯工工艺经过几千年的发展依旧长盛不衰,依然是玻璃成型工艺中一种重要的制作方法。在制作时可以随时调整手法与造型,甚至可以根据构思将玻璃管(或棒)进行反复多次的熔合、拉伸、扭曲、缠绕等,工艺手法的组合运用可以瞬间产生无限的创新可能性。玻璃艺术家通过发挥玻璃的独特性在设计中寻找更广阔的发展空间,使这一古老的传统技艺与当代的艺术氛围碰撞出了惊艳的火花。原本平淡无奇的玻璃,在艺术家的手中变成了一件件珍贵的雕塑艺术作品,变化万千。灯工玻璃作品种类繁多,有艺术类、首饰类、装饰类作品等。

九、参考文献

[1] 李厚金,石建新,邹小勇.基础化学实验[M].2版.北京:科学出版社,2017.

[2] 郎建平,卞国庆.无机化学实验[M].2版.南京:南京大学出版社,2013.

[3] 李铭岫.无机化学实验[M].北京:北京理工大学出版社,2012.

[4] 武汉大学化学与分子科学学院实验中心.无机化学实验[M].2版.武汉:武汉大学出版社,2012.

[5] 赵新华.无机化学实验[M].4版.北京:高等教育出版社,2014.

[6] 刘晓燕.无机化学实验[M].北京:科学出版社,2014.

[7] 宁光辉,梁晓琴.无机化学实验[M].北京:科学出版社,2015.

[8] 王萍萍.基础化学实验教程[M].北京:科学出版社,2011.

[9] 范易.探索传统玻璃灯工工艺在当代首饰中的应用[J].大众文艺,2017(22):78-79.

实验2　一般溶液的配制

一、实验目的

(1) 巩固固体、液体试剂的取用方法。

(2) 掌握一般溶液的配制方法和基本操作。

(3) 学习托盘天平或电子天平、量筒和相对密度计的正确使用方法。

二、实验原理

在化学实验中，为了满足不同实验的要求，常常需要配制各种溶液。根据待配制溶液的用途及溶质的特性，溶液的配制方法可分为粗略配制和准确配制两种。采用何种配制方法通常可通过有效数字位数来区别。一般而言，粗略配制的溶液即一般溶液，其浓度保留 1～2 位有效数字，如 3 $mol \cdot L^{-1}$ 的 H_2SO_4 溶液，利用托盘天平、量筒、烧杯等仪器就能满足一般溶液的配制要求。准确配制的溶液即标准溶液，其浓度保留 4 位有效数字，如 0.100 0 $mol \cdot L^{-1}$ 的 $K_2Cr_2O_7$ 溶液，就需要使用电子天平(0.1 mg)、移液管、容量瓶等高准确度的仪器来配制。对于易水解的物质，在配制时应先用相应的酸(或碱)溶解后再加水稀释。若溶液易被氧化，则应在溶液配制好后加入少量还原剂以抑制其氧化。

如果试剂的纯度较低或试剂在存放时组成会发生变化，那么在配制时只能先粗略配制再标定。例如，固体 NaOH 易吸收空气中的 CO_2 和水分，浓盐酸易挥发，$KMnO_4$ 不易提纯等，这类溶液只能粗略配制，欲知其准确浓度，需用相应的基准物质或标准溶液进行标定，具体内容详见后续章节，这里主要介绍一般溶液的配制方法。

实验室或工业生产中常常需要配制或使用不同浓度的溶液，因此学会不同浓度表示的溶液的配制方法是很有必要的。通常溶液浓度的表示方法有质量分数、物质的量浓度、体积分数、质量摩尔浓度等。

1. 一定溶质质量分数(百分浓度)溶液的配制

(1) 由固体试剂配制溶液。

因为

$$w=\frac{m_{质}}{m_{液}}$$

所以

$$m_{质}=\frac{w \cdot m_{剂}}{1-w}=\frac{w \cdot \rho_{剂} \cdot V_{剂}}{1-w} \tag{4-1}$$

式(4-1)中，w 为溶质的质量分数，$m_{质}$ 为溶质的质量，$m_{剂}$ 为溶剂的质量，$V_{剂}$ 为溶剂的体积，$\rho_{剂}$ 为溶剂的相对密度。

如果溶剂为水(3.98 ℃时，$\rho_{剂}=1.0\ g \cdot mL^{-1}$)，则

$$m_{质}=\frac{w \cdot V_{剂}}{1-w}$$

计算出配制一定溶质质量分数的溶液所需溶质的质量，用托盘天平或电子天平(0.1 g 或 0.01 g)称量后倒入烧杯，加入少量蒸馏水，搅拌溶解后稀释至所需体积，将溶液转移至试剂瓶，贴上标签备用。

(2)由液体试剂(或浓溶液)配制溶液。

① 若想通过两种已知浓度的溶液混合来配制所需浓度的溶液，其计算方法是：把所需溶液的浓度写在两条直线的交叉点上，把两种已知溶液的浓度按“大在上、小

在下”的原则写在两条直线的左端，然后将两条直线上的数字相减，差值写在同一直线的另一端，这样就得到两种不同浓度溶液的份数。例如，由 80%和 35%的溶液混合配制 50%的溶液，由图 4-1 可知需分别量取 15 份 80%的溶液和 30 份 35%的溶液，然后进行混合。

② 用溶剂稀释原溶液制成所需浓度的溶液，将左下角较小的浓度换成 0 即可。例如，用蒸馏水将 45%的溶液稀释成 25%的溶液，见图 4-2，需要 20 份蒸馏水和 25 份 45%的溶液，混合均匀后即得 25%的溶液。

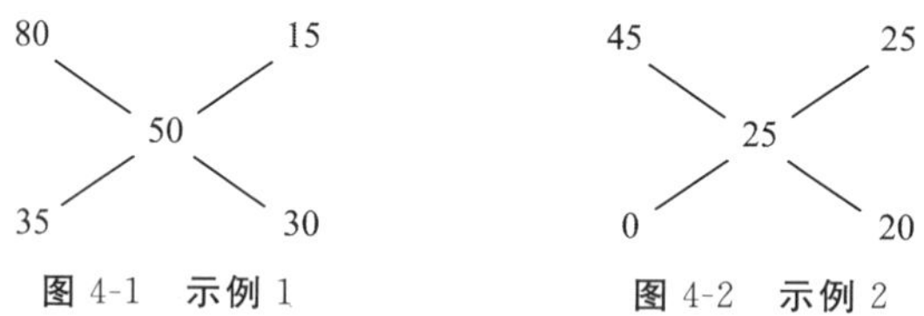

图 4-1　示例 1　　　图 4-2　示例 2

配制时应先加蒸馏水或稀溶液，然后加浓溶液，搅拌均匀，将溶液转移至试剂瓶，贴上标签备用。

2. 一定物质的量浓度（摩尔浓度）溶液的配制

（1）由固体试剂配制溶液。

$$m_{质}=cVM_{质} \tag{4-2}$$

式(4-2)中，$m_{质}$为溶质的质量(g)，c 为物质的量浓度($mol \cdot L^{-1}$)，V 为溶液体积(L)，$M_{质}$为溶质的摩尔质量($g \cdot mol^{-1}$)。用式(4-2)计算获得配制一定体积溶液所需溶质的质量，用托盘天平或电子天平称取所需的固体试剂，倒入烧杯，加入少量蒸馏水，搅拌溶解后稀释至所需体积，将溶液转移至试剂瓶，贴上标签备用。

（2）由液体试剂（或浓溶液）配制溶液。

由已知物质的量浓度溶液稀释：

$$c_{浓}V_{浓}=c_{稀}V_{稀}，V_{浓}=\frac{c_{稀}V_{稀}}{c_{浓}}$$

式中，$c_{浓}$为原溶液的物质的量浓度，$V_{浓}$为原溶液的体积，$c_{稀}$为稀释后溶液的物质的量浓度，$V_{稀}$为稀释后溶液的体积。

由已知质量分数的溶液配制：

$$c_{浓}=\frac{\rho \cdot w}{M_{质}}\times 1\ 000，V_{浓}=\frac{c_{稀}V_{稀}}{c_{浓}}$$

式中，w 为溶质的质量分数，$M_{质}$为溶质的摩尔质量，ρ 为浓溶液的相对密度。

用相对密度计测量液体试剂（或浓溶液）的相对密度，从有关表中查出其相应的质量分数，算出配制一定物质的量浓度的溶液所需液体试剂（或浓溶液）的体积和蒸馏水的体积，用量筒分别量取所需的蒸馏水和液体试剂（或浓溶液），先将蒸馏水倒入烧杯中，再倒入液体试剂（或浓溶液），搅拌均匀，如果溶液稀释放热，需冷却至室温后再移入试剂瓶中，贴上标签备用。

3. 一定体积比浓度溶液的配制

按体积比，用量筒量取液体试剂（或浓溶液）和溶剂，在烧杯中将两者混合，搅拌均匀，即成所需体积比溶液，将溶液转移至试剂瓶，贴上标签备用。

三、仪器和试剂

1. 仪器

托盘天平或电子天平（0.1 g 或 0.01 g）、量筒、烧杯、玻璃棒、相对密度计、试剂瓶。

2. 试剂

浓盐酸、浓硫酸、NaOH(s)、NaCl(s)。

四、基本操作

固体的取用、液体的取用、固体称量、量筒的使用、相对密度计的使用。

五、实验步骤

(1) 配制 25 mL 2 mol·L^{-1}的 NaOH 溶液。

(2) 配制 50 mL 3 mol·L^{-1}的 H_2SO_4溶液。

(3) 配制 25 mL 8%的 NaCl 溶液。

(4) 配制 20 mL 体积比为 1∶1 的 HCl 溶液。

(5) 测定上述四种溶液的相对密度。

六、数据记录与处理

(1) 配制 25 mL 2 mol·L^{-1}的 NaOH 溶液。

m(NaOH)=____ g，ρ(NaOH)=____ g·L^{-1}。

(2) 配制 50 mL 3 mol·L^{-1}的 H_2SO_4 溶液。

V(浓硫酸)=____ mL，$V(H_2O)$=____ mL，$\rho(H_2SO_4)$=____ g·L^{-1}。

(3) 配制 25 mL 8%的 NaCl 溶液。

m(NaCl)=____ g，$V(H_2O)$=____ mL，ρ(NaCl)=____ g·L^{-1}。

(4) 配制 20 mL 体积比为 1∶1 的 HCl 溶液。

V(浓盐酸)=____ g，$V(H_2O)$=____ mL，ρ(HCl)=____ g·L^{-1}。

七、注意事项

(1) 配制好的溶液应及时转移至试剂瓶中保存，贴上标签，注明溶液的名称、浓度、配制日期等。

(2) 浓酸、浓碱具有强腐蚀性，使用时要特别小心。

(3) 稀释浓硫酸时必须将浓硫酸沿玻璃棒慢慢倒入水中，并不断搅拌，切不可将水倒入浓硫酸中。

(4) 配制易水解的盐溶液时，需加入适量的酸溶液或碱溶液，再用水或稀酸、稀碱溶液稀释，以抑制其水解。

(5) 见光易分解的试剂(如硝酸银、碘化钾等)应盛放在棕色瓶中，易侵蚀或腐蚀玻璃的溶液(如含氟的盐类、苛性碱等)应保存在聚乙烯瓶中。

八、实验讨论

(1) 配制稀硫酸溶液时是将浓硫酸倒入水中，还是将水倒入浓硫酸中？为什么？

(2) 配制溶液时，烧杯和量筒是否需要干燥？

九、知识链接

在日常生活和工农业生产中，溶液有着广泛的应用。工业生产中离不开溶液的配制，如铅蓄电池生产中硫酸的配制和电解质溶液的配制，乙炔清净工序中次氯酸钠溶液的配制，氯碱厂中低浓度液碱的配制，大产能胶状乳化炸药生产中氧化剂水相溶液的配制，石油开采中碱液的配制，氨碱工业中饱和食盐水的配制等。

溶液对动植物和人的生理活动有很重要的意义，如生理盐水、消毒液、动植物营养液等。

(1) 0.9%生理盐水：按 NaCl∶KCl∶$CaCl_2$∶$NaHCO_3$=45∶2.1∶1.2∶1 的比例(质量比)，在 NaCl 溶液中加入 KCl、$CaCl_2$、$NaHCO_3$，经消毒后即得 0.9%的生理盐水。

(2) 消毒液：

① 84 消毒液：次氯酸钠和表面活性剂的混配消毒剂，主要成分为次氯酸钠(NaClO)。

② 过氧乙酸消毒液：包括 A 剂和 B 剂，使用时 A、B 剂混合使用。A 剂由过氧乙酸、过氧化氢、乙酸、稳定剂和去离子水组成，B 剂由磷酸三钠、配位剂、金属抗腐蚀剂、稳定剂和去离子水组成。

③ 环氧乙烷消毒液：由 A 溶液和 B 溶液组成，使用时 A 溶液与 B 溶液按体积比(2～4)∶1 混合均匀后使用。A 溶液的有效成分为过氧乙酸、柠檬酸、草酸，B 溶液的有效成分为对氯间二甲苯酚、环氧乙烷。

④ PP 消毒液：0.05%～0.2%的高锰酸钾水溶液。根据实际需要配制不同浓度的消毒液，浓度应控制在 0.05%～0.2%范围内。浓度过小没有作用，浓度过大有腐蚀作用。可用于皮肤黏膜消毒、创伤和溃疡面清洗、胃肠道清洗，还可清洗毒蛇咬伤伤口，达到破坏蛇毒的目的。

(3) 波尔多液：以稀硫酸铜溶液注入浓石灰乳中，使反应在碱性介质中进行，即用 1/10 的水配制石灰乳，9/10 的水稀释硫酸铜，然后把硫酸铜溶液缓慢倒入石灰乳中，不停地搅拌。波尔多液目前在果树病害防治上占有重要地位，能有效地防治苹果早期落叶病、腐烂病、褐斑病、炭疽病等多种病害。

(4) 洗液：

① 铬酸洗液：取 100 mL 浓硫酸于烧杯中，小心加热，然后缓慢加入 5 g 重铬酸钾，边加边搅拌，待全部溶解并缓慢冷却后，贮存在配有磨口玻璃塞的细口瓶内。

② 碱性高锰酸钾洗液：取 4 g 高锰酸钾加少量水溶解后，再加入 10%氢氧化钠溶液 100 mL。

③ 碱性洗液：常用的碱性洗液有碳酸钠液、碳酸氢钠液、磷酸钠液、磷酸氢二钠液等。

④ 其他洗液：纯酸洗液、纯碱洗液、有机溶剂等。

十、参考文献

[1] 李铭岫. 无机化学实验[M]. 北京：北京理工大学出版社，2012.

[2] 郎建平，卞国庆. 无机化学实验[M]. 2 版. 南京：南京大学出版社，2013.

[3] 李朴，古国榜. 无机化学实验[M]. 4 版. 北京：化学工业出版社，2015.

[4] 郝向荣，黄月君. 基础化学实验操作技术[M]. 北京：北京科学技术出版社，2016.

[5] 陆家政. 无机化学实验[M]. 北京：科学出版社，2016.

[6] 覃松. 基础化学实验[M]. 北京：科学出版社，2015.

[7] 周吉生，毛玉社，田令菊. 波尔多液的配制及其施用方法[J]. 山西果树，2017(6)：53-54.

[8] 铁强，温广效. PP 消毒液的配制和应用[J]. 中国畜牧兽医文摘，2015，31(11)：223.

[9] 王志祥，夏鹏忠. 乙炔清净工序次氯酸钠溶液的配制[J]. 聚氯乙烯，2013，41(11)：42-43，46.

[10] 付金辉. Na_2CO_3溶液性质及配制技术研究[J]. 石油规划设计，2017，28(3)：28-31.

[11] 董本生，王久儒，杜秀珍，等. 过氧乙酸消毒液及其制备方法：中国，201310667274.1[P]. 2014-03-19.

[12] 郭宝丽，刘晶. 环氧乙烷消毒液及配制和使用方法：中国，201510182292.X[P]. 2015-07-29.

实验3　粗食盐的提纯

一、实验目的

(1) 掌握化学方法提纯粗食盐的原理和方法。

(2) 学习食盐中Ca^{2+}、Mg^{2+}、SO_4^{2-}的定性检验方法。

(3) 巩固托盘天平、酒精灯的使用及加热、溶解、常压过滤、减压过滤、蒸发(浓缩)、结晶、干燥等基本操作。

二、实验原理

氯化钠试剂或氯碱工业用的食盐都以粗食盐为原料进行提纯,粗食盐中含有不溶性杂质(如泥沙等)及可溶性杂质(Mg^{2+}、Ca^{2+}、Fe^{3+}、K^+、SO_4^{2-}、CO_3^{2-}等)。粗食盐中的不溶性杂质可通过溶解过滤的方法去除;可溶性杂质需通过化学方法处理,使杂质离子转化成难溶物后,再通过过滤的方法进行去除。

在粗食盐溶液中加入稍过量的$BaCl_2$溶液,使SO_4^{2-}生成$BaSO_4$沉淀,过滤除去SO_4^{2-}:

$$Ba^{2+}+SO_4^{2-} = BaSO_4\downarrow$$

在滤液中加入过量的$NaOH$、Na_2CO_3溶液,使Mg^{2+}、Ca^{2+}、Fe^{3+}及Ba^{2+}等离子生成沉淀,过滤除去:

$$Ca^{2+}+CO_3^{2-} = CaCO_3\downarrow$$

$$Fe^{3+}+3OH^- = Fe(OH)_3\downarrow$$

$$Ba^{2+}+CO_3^{2-} = BaCO_3\downarrow$$

$$2Mg^{2+}+2OH^-+CO_3^{2-} = Mg(OH)_2\downarrow+MgCO_3\downarrow$$

在滤液中加入 HCl 溶液中和过量的OH^-、CO_3^{2-},加热使生成的碳酸分解为CO_2逸出:

$$OH^-+H^+ = H_2O$$

$$CO_3^{2-}+2H^+ = H_2O+CO_2\uparrow$$

粗食盐溶液中的K^+与上述各沉淀剂均不起作用,仍留在溶液中。由于 KCl 的溶解度比 NaCl 的溶解度大,且粗食盐中K^+的含量较少,因此在蒸发和浓缩食盐溶液时,NaCl 先结晶出来,而 KCl 仍留在溶液中,可以通过过滤法将K^+去除。少量多余的盐酸在干燥 NaCl 时以氯化氢形式逸出,从而达到提纯 NaCl 的目的。

三、仪器和试剂

1. 仪器

烧杯、量筒、研钵、滴管、试管、铁架台、铁圈、表面皿、酒精灯、坩埚钳、长颈漏斗、抽滤瓶、布氏漏斗、石棉网、蒸发皿、托盘天平或电子天平(精度 0.1 g)、循环水真空泵、剪刀等。

2. 试剂

粗食盐,$BaCl_2$(1.0 mol·L^{-1})、Na_2CO_3(1.0 mol·L^{-1})、NaOH(2.0 mol·L^{-1})、HCl(2.0 mol·L^{-1})、HAc(6 mol·L^{-1})、$(NH_4)_2C_2O_4$(饱和)溶液,镁指示剂。

3. 材料

定性滤纸(ϕ 12.5、ϕ 11、ϕ 9)、广泛 pH 试纸、火柴等。

四、基本操作

固体溶解、固液分离、蒸发(浓缩)、结晶和重结晶。

五、实验步骤

1. 溶解

取一定量的粗食盐于研钵中,将其研碎。称取 4.0 g 粗食盐于小烧杯中,加水 30 mL,加热搅拌使其溶解。

2. 化学处理

(1) 除去 SO_4^{2-}:加入 1.0 mol·L^{-1} $BaCl_2$(1～2 mL)至 SO_4^{2-} 沉淀完全,小火加热 5 min,静置,使沉淀颗粒长大。检验沉淀是否完全(上层清液中滴加 1.0 mol·L^{-1} 的 $BaCl_2$ 溶液,直至不再产生沉淀)。如沉淀不完全,再滴加 1.0 mol·L^{-1} $BaCl_2$ 溶液,使沉淀完全。再加热 5 min,常压过滤,将 $BaSO_4$ 沉淀和粗食盐中的不溶性杂质一起除去,滤液转移至干净的烧杯中。

(2) 除去 Mg^{2+}、Ca^{2+}、Fe^{3+}、Ba^{2+}:在滤液中加入 1.0 mol·L^{-1} Na_2CO_3 溶液 3 mL、2.0 mol·L^{-1} NaOH 溶液1.5 mL,使 Mg^{2+}、Ca^{2+}、Ba^{2+}、Fe^{3+} 沉淀完全(检验沉淀是否完全的方法同上),小火加热 3～5 min,使沉淀颗粒长大。减压过滤,除去 $CaCO_3$、$Mg(OH)_2$、$BaCO_3$ 等沉淀,滤液转移至蒸发皿中。

(3) 除去滤液中过量的 OH^-、CO_3^{2-}:向滤液中滴加 2.0 mol·L^{-1} HCl 溶液,调节溶液 pH 至 4～5,溶液加热煮沸,使 CO_3^{2-} 转化为 CO_2 逸出,从而除去滤液中过量的 OH^-、CO_3^{2-}。

3. 蒸发、干燥

将上述溶液继续加热浓缩至稠粥状(注意:不可蒸干),减压过滤,尽量抽干,然后将固体转至蒸发皿中,在石棉网上加热小火烘干,冷却称重,计算产率。

4. 产品纯度检验

分别取 1 g 粗食盐和精制食盐于 2 支试管中，加 5 mL 蒸馏水溶解，再分别取上述两种溶液各 1 mL 于 8 支试管中，分成四组，用于检验产品纯度。

(1) SO_4^{2-} 的检验：在第一组溶液中分别滴加 2 滴 2 mol·L^{-1} HCl 溶液，再滴加 1.0 mol·L^{-1} $BaCl_2$溶液，观察是否有 $BaSO_4$沉淀生成。

(2) Ca^{2+} 的检验：在第二组溶液中分别滴加 5 滴 6 mol·L^{-1} HAc 溶液，再滴加饱和$(NH_4)_2C_2O_4$溶液，观察是否有 CaC_2O_4沉淀生成。

(3) Mg^{2+} 的检验：在第三组溶液中分别滴加 2～3 滴 2.0 mol·L^{-1} NaOH 溶液，使溶液呈碱性(可用 pH 试纸检验)，再加入 2～3 滴镁指示剂，观察现象。

六、数据记录与处理

产品外观：______，产品质量(g)：______，产率(%)：______

将相关实验现象填入表 4-1。

表 4-1　产品纯度的检验

检验项目	检验方法	实验现象	
		粗食盐	精制食盐
SO_4^{2-}	加入 1.0 mol·L^{-1} $BaCl_2$ 溶液		
Ca^{2+}	加入 0.5 mol·L^{-1} $(NH_4)_2C_2O_4$ 溶液		
Mg^{2+}	加入 2.0 mol·L^{-1} NaOH 溶液和镁指示剂		
结论			

七、注意事项

(1) 粗食盐颗粒应尽量研细；溶解粗食盐时，加水量不可太多。

(2) 减压过滤时，布氏漏斗下方的斜口要对着抽滤瓶的支管口；先开水泵，接橡皮管，再转入结晶液；结束时，先拔去橡皮管，后关水泵。抽滤瓶的滤液从瓶口倒出，不能从支管口倒出，以免污染滤液。

(3) 蒸发皿内的溶液体积应少于其容积的 2/3，加热前擦干其外部的水，加热后蒸发皿不可骤冷。

(4) 食盐溶液蒸发浓缩至稠粥状即可，不能蒸干，否则提纯的 NaCl 中会带入 K^+ (KCl 的溶解度较大且浓度低，留在母液中)。

八、实验讨论

(1) 溶解粗食盐时，加水量过多或过少对实验结果有何影响？

(2) 能否用 $CaCl_2$溶液代替毒性较大的 $BaCl_2$溶液除去粗食盐溶液中的 SO_4^{2-}？

(3) 为什么要先除去溶液中的 SO_4^{2-}，再除去 Mg^{2+}、Ca^{2+}？能否先除去 Mg^{2+}、

Ca^{2+}，再加 $BaCl_2$ 溶液除去 SO_4^{2-}？

(4) 分析往粗盐溶液中加入 $BaCl_2$ 和 Na_2CO_3 后均要加热煮沸几分钟，且煮沸时间不可以过长的原因。

(5) 分析除去 CO_3^{2-} 使用 HCl 溶液的原因，可否使用其他酸？为什么要将溶液的 pH 调至 4～5？调至恰为中性如何？

(6) 提纯后的食盐溶液在浓缩时为何不能蒸干？

九、知识链接

盐按用途可以分为食用盐、工业用盐和其他用盐。食用盐是从海水、天然卤(咸)水、地下岩(矿)盐沉淀物中提取的，主要成分为氯化钠，并且经过进一步加工而成。工业用盐为纯的亚硝酸钠或含有亚硝酸钠的氯化钠。食用盐与工业用盐在结构、性质、外观和味道方面均存在区别。工业用盐含有大量的亚硝酸钠，甚至含有铅、砷等有害物质，误用工业用盐极易引发食物中毒。一般而言，人体摄入 0.2～0.5 g 亚硝酸盐就会中毒，摄入 3 g 亚硝酸盐可导致死亡。亚硝酸盐进入血液后与血红蛋白结合，使氧合血红蛋白变为高铁血红蛋白，从而失去携氧能力，导致组织缺氧，使人体出现青紫而中毒。

十、参考文献

[1] 郎建平，卞国庆，贾定先. 无机化学实验[M]. 3 版. 南京：南京大学出版社，2018.

[2] 朱霞石. 新编大学化学实验(二)：基本操作[M]. 2 版. 北京：化学工业出版社，2016.

[3] 包新华，邢彦军，李向清. 无机化学实验[M]. 北京：科学出版社，2013.

[4] 谢练武，郭亚平. 无机及分析化学实验[M]. 北京：化学工业出版社，2017.

[5] 文利柏，虎玉森，白红进. 无机化学实验[M]. 2 版. 北京：化学工业出版社，2017.

实验 4　二氧化碳相对分子质量的测定

一、实验目的

(1) 了解测定气体相对分子质量的原理和方法。

(2) 掌握气体净化、干燥的原理和方法。

(3) 熟练掌握启普发生器的使用。

二、实验原理

由阿伏加德罗定律可得，同温同压下，同体积的任何气体分子数量相同，即物质

的量相同。因此，同体积的两种气体，其质量之比等于它们的相对分子质量之比，即

$$\frac{M_1}{M_2}=\frac{m_1}{m_2}=d$$

其中，M_1 和 m_1 为第一种气体的相对分子质量和气体总质量，M_2 和 m_2 为第二种气体的相对分子质量和气体总质量，d 为第一种气体对第二种气体的相对密度。

本实验是把同体积的二氧化碳气体与空气（平均相对分子质量为 29.0）相比，这样二氧化碳的相对分子质量可按式(4-3)计算：

$$M_{CO_2}=m_{CO_2}\times\frac{M_{空气}}{m_{空气}}=d_{CO_2/空气}\times 29.0 \tag{4-3}$$

式中，一定体积(V)的二氧化碳气体质量 m_{CO_2} 可通过称量获得。根据实验时的大气压(p)和温度(T)，利用理想气体状态方程，可通过式(4-4)计算出同体积空气的质量：

$$m_{空气}=\frac{pV\times 29.0}{RT} \tag{4-4}$$

将式(4-4)代入式(4-3)，就可求得二氧化碳对于空气的相对密度，从而测出二氧化碳的相对分子质量。

三、仪器和试剂

1. 仪器

启普发生器、洗气瓶、250 mL 锥形瓶、托盘天平、电子天平、温度计、气压计、橡皮管、橡皮塞等。

2. 试剂

盐酸($6.0\ mol\cdot L^{-1}$)、浓硫酸、饱和 $NaHCO_3$ 溶液、无水 $CaCl_2$、大理石等。

四、基本操作

启普发生器的使用、仪器装置的搭建。

五、实验步骤

按图 4-3 搭建好二氧化碳气体的发生和净化装置，检查装置的气密性。

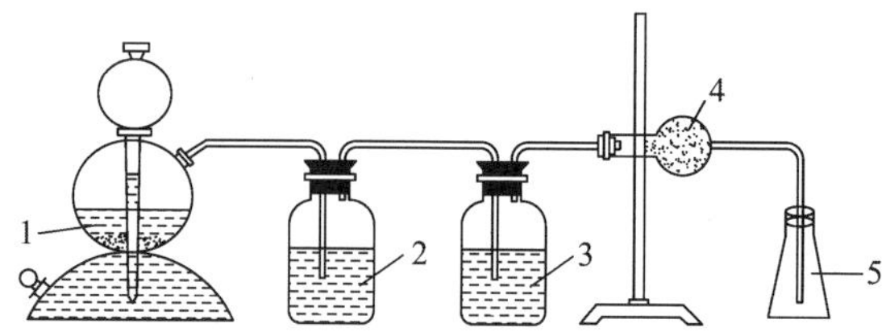

1. 大理石＋稀盐酸；2. 饱和 $NaHCO_3$ 溶液；3. 浓硫酸；4. 无水 $CaCl_2$；5. 收集器

图 4-3　二氧化碳的发生和净化装置

用一个合适的橡皮塞塞入锥形瓶瓶口，锥形瓶要保持洁净干燥。然后在塞子上

做一个记号，以确定塞子塞入瓶口的位置，准确称量锥形瓶＋空气＋塞子的质量 m_1。

装置装配好后，需在装试剂前后各检测一遍气密性，确保整套装置不漏气。

打开启普发生器活塞，使盐酸与大理石接触产生的二氧化碳气体通过饱和 $NaHCO_3$ 溶液、浓硫酸、无水 $CaCl_2$。除去气体中的氯化氢气体和水汽后，导入锥形瓶，采用向上排空法收集二氧化碳气体。2～3 min 后，用燃着的木条在瓶口检查二氧化碳是否已充满，如果已满，则慢慢取出导气管，并用塞子塞住瓶口（应注意塞子位置要对应之前做的标记），否则继续收集直至收满。准确称量此时锥形瓶＋二氧化碳＋塞子的质量，重复通入二氧化碳和进行称量操作，直至恒重（两次质量相差不超过 1 mg），取其平均值，记作 m_2。这样做是为了保证瓶内充满二氧化碳气体。

最后在瓶内装满水，塞好塞子（注意塞子的位置），准确称量锥形瓶＋水＋塞子的质量 m_3，精确至 0.1 g。记录室温和大气压。

六、数据记录与处理

室温 t(℃)＝__________，T(K)＝__________，大气压 p(Pa)＝__________

锥形瓶＋空气＋塞子的质量 m_1＝__________ g

锥形瓶＋二氧化碳＋塞子的质量 m_2＝__________ g

锥形瓶＋水＋塞子的质量 m_3＝__________ g

锥形瓶的容积 $V=\dfrac{m_3-m_1}{1.00}=$__________ mL

锥形瓶内空气的质量 $m_{空气}=\dfrac{pV\times 29.0}{RT}=$__________ g

锥形瓶和塞子的质量 $m_{瓶}=m_1-m_{空气}=$__________ g

二氧化碳气体的质量 $m_{CO_2}=m_2-m_{瓶}=$__________ g

二氧化碳的相对分子质量 $M_{CO_2}=m_{CO_2}\times\dfrac{M_{空气}}{m_{空气}}=$__________ g

误差$=\dfrac{M_{CO_2(实际值)}-M_{CO_2(理论值)}}{M_{CO_2(理论值)}}\times 100\%=$__________

七、注意事项

(1) 温度计和气压计读数需正确，并确保整个实验过程的环境体系为恒温恒压。

(2) 启普发生器中石灰石和盐酸的量不宜过多，防止反应过于剧烈，导致酸冲出导管。

(3) 通入洗液的进气管口不宜过深，防止液压过大，不利于气体导出，一般导管口位于液面下 1 cm 即可。

(4) 保持收集气体的容器干燥，多次称量时，不要用手接触容器。

(5) 用同一台电子天平进行称量。

八、实验讨论

(1) 在制备二氧化碳的装置中，能否把饱和 $NaHCO_3$ 溶液和浓硫酸装置倒过来搭建？为什么？

(2) 为何锥形瓶＋二氧化碳＋塞子的质量要在电子天平上精确称量，而水＋锥形瓶＋塞子的质量则可以在托盘天平上称量？为什么两者的要求不同？

九、参考文献

[1] 任红艳，程萍，李广洲. 化学教学论实验[M]. 3 版. 北京：科学出版社，2015.

[2] 郎建平，卞国庆. 无机化学实验[M]. 2 版. 南京：南京大学出版社，2013.

实验 5　五水硫酸铜的制备

一、实验目的

(1) 掌握由不活泼金属与酸反应制备盐的方法和原理。

(2) 掌握水浴加热、重结晶的基本操作。

(3) 巩固减压过滤、蒸发、结晶等基本操作。

二、实验原理

$CuSO_4 \cdot 5H_2O$ 俗称胆矾，蓝色晶体，易溶于水，难溶于乙醇，在干燥空气中慢慢风化，变为白色粉状物。硫酸铜主要用作纺织品媒染剂，农业上用作杀虫剂、水的杀菌剂、饲料添加剂、材料的防腐剂，化学工业中用于制造其他铜盐，是电镀铜的主要原料。

铜是不活泼金属，不能直接和稀硫酸反应制备硫酸铜，必须加入氧化剂，如加入硝酸会生成有刺激性气味的有毒气体 NO_2：

$$Cu + 2HNO_3 + H_2SO_4 = CuSO_4 + 2NO_2 \uparrow + 2H_2O$$

根据“绿色化学”的理念，现改用过氧化氢和硫酸溶解铜来制备五水硫酸铜，反应式如下：

$$Cu + H_2O_2 + H_2SO_4 + 3H_2O = CuSO_4 \cdot 5H_2O$$

$CuSO_4 \cdot 5H_2O$ 在水中的溶解度随温度升高而明显增大，因此，可通过重结晶法除去硫酸铜粗产品中的其他杂质，从而得到纯度较高的硫酸铜晶体。

溶解与结晶是两个相反的过程，一定温度下的饱和溶液可建立结晶溶解平衡。处于平衡状态的饱和溶液，当体系温度降低时，溶解平衡就会被打破，在较低温度下建立新的平衡。在此过程中，过剩的溶质就会结晶析出，如果温度缓慢地下降，溶质保持“静止”，就会逐渐形成大的晶体。

三、仪器和试剂

1. 仪器

电子天平(精度 0.1 g)、水浴锅、循环水真空泵、铁架台、铁圈、坩埚钳、镊子、剪刀、蒸发皿、酒精灯、锥形瓶、烧杯、布氏漏斗、抽滤瓶、量筒、表面皿、温度计等。

2. 试剂

铜屑(s),H_2SO_4(3.0 mol·L^{-1}、6.0 mol·L^{-1})、H_2O_2(30%)、Na_2CO_3(10%)溶液,无水乙醇。

3. 材料

pH 试纸、滤纸等。

四、基本操作

倾析法过滤、水浴加热、蒸发、重结晶。

五、实验步骤

(1) 铜屑的预处理:称取 2.0 g 铜屑于锥形瓶中,加入 10% Na_2CO_3溶液 10 mL,加热煮沸,除去表面油污,用倾析法除去碱液,再用水洗净铜屑。

(2) $CuSO_4 \cdot 5H_2O$ 的制备:在处理过的铜屑中加入 6.0 mol·L^{-1} H_2SO_4溶液 10 mL,缓慢滴加 3.0～4.0 mL 30% H_2O_2溶液,水浴加热(温度控制在 40 ℃～50 ℃),反应完全后(若还有铜屑未反应,补加 H_2SO_4、H_2O_2溶液),加热煮沸 2 min,趁热过滤,弃去不溶性杂质,将溶液转移到蒸发皿中,用 H_2SO_4溶液将 pH 调至 1～2。水浴加热浓缩至表面有晶膜出现,冷却,析出粗的 $CuSO_4 \cdot 5H_2O$,抽滤,吸干,称量,计算产率。

(3) $CuSO_4 \cdot 5H_2O$ 的重结晶:将 $CuSO_4 \cdot 5H_2O$ 粗产品转入烧杯中,按每克粗产品加 1.2 mL 蒸馏水的比例加入蒸馏水,用 H_2SO_4溶液将 pH 调至 1～2。加热溶解,趁热过滤(若无不溶性杂质可不过滤),滤液收集在蒸发皿中,自然冷却即有晶体析出(若无晶体析出,可在水浴上适当加热),充分冷却后减压过滤(可用少量无水乙醇洗涤晶体 1～2 次),将晶体转入干净的表面皿,晾干后称量,计算产率。

六、数据记录与处理

粗产品外观:________,粗产品质量(g):_______, 产率(%):_______;

产品质量(g):_______,产率(%):_______。

七、注意事项

(1) H_2O_2溶液应缓慢分次加入。

(2) 水浴加热浓缩至表面有晶膜出现即可,不可将溶液蒸干。

(3) 重结晶时,加水量不能过多,并需将 pH 调至 1～2。

八、实验讨论

(1) 简述由铜制备硫酸铜的其他方法。

(2) 水浴加热为什么要控制温度在 40 ℃～50 ℃？

(3) 是否所有的物质都可以用重结晶的方法进行提纯？

(4) 蒸发浓缩溶液可以直接加热也可以用水浴加热，应如何选择？

九、知识链接

硫酸铜是重要的铜盐之一，广泛应用于电镀、印染、颜料、农药等方面。无机农药波尔多液是硫酸铜和石灰乳的混合液，它是一种良好的杀菌剂，可用来防治多种作物的病害。1878 年，法国波尔多城的葡萄树因发生病害大部分死去，为防止行人摘吃大路两边的葡萄，有关部门将生石灰与硫酸铜溶液涂在树干上，行人看到花白的树干不敢摘吃。令人意外的是这些树没有死，进一步研究发现生石灰与硫酸铜溶液具有杀菌作用，并将其命名为波尔多液。配制波尔多液时，硫酸铜和生石灰(最好是块状新鲜石灰)比例一般是 1∶1 至 1∶2 不等，水的用量由作物和病害的不同以及季节气温等因素决定。配制时最好用“两液法”，即先将硫酸铜和生石灰分别与所需半量水混合，然后同时倾入另一容器，不断搅拌即得天蓝色的胶状液。波尔多液要现配现用，若放置过久，胶状粒子会逐渐变大下沉而降低药效。硫酸铜也常用来制备其他铜的化合物和作为电解精炼铜时的电解液。

十、参考文献

[1] 郎建平，卞国庆. 无机化学实验[M]. 2 版. 南京：南京大学出版社，2013.

[2] 黎戊贤. 电镀厂废水回收制备硫酸铜[J]. 山西化工，1991(4)：47.

[3] 王萍萍. 基础化学实验教程[M]. 北京：科学出版社，2011.

实验 6　硫酸亚铁铵的制备及检验

一、实验目的

(1) 了解复盐硫酸亚铁铵的制备方法及其有关性质。

(2) 巩固水浴加热、减压过滤、蒸发、结晶等基本操作。

(3) 了解无机物制备的投料、产量、产率的有关计算。

二、实验原理

硫酸亚铁铵的制备方法有多种，本实验先用铁屑与稀硫酸反应制得硫酸亚铁溶液：

$$Fe + H_2SO_4 = FeSO_4 + H_2 \uparrow$$

再将等物质的量的硫酸铵晶体加入硫酸亚铁溶液中，并使之完全溶解，混合溶液加热蒸发后冷却结晶，即可得到浅绿色的复盐硫酸亚铁铵$(NH_4)_2SO_4 \cdot FeSO_4 \cdot 6H_2O$，该晶体的商品名为摩尔盐。一般亚铁盐在空气中易被氧化而呈黄色：

$$4Fe^{2+}(aq)+2SO_4^{2-}(aq)+O_2(g)+6H_2O(l)=2[Fe(OH)_2]_2SO_4(s)+4H^+(aq)$$

但其形成复盐后就比较稳定，不易被氧化，因此在定量分析中常用来配制亚铁离子的标准溶液。

三、仪器和试剂

1. 仪器

托盘天平、电子天平、烧杯（50 mL、250 mL）、量筒（10 mL）、锥形瓶、容量瓶（1 L）、比色管、吸量管、水浴锅、酒精灯、铁架台、铁圈、石棉网、坩埚钳、蒸发皿、表面皿、布氏漏斗、抽滤瓶、温度计。

2. 试剂

废铁屑（s）、$(NH_4)_2SO_4$（s）、Na_2CO_3（s），KSCN（1.0 mol·L^{-1}）、H_2SO_4（3.0 mol·L^{-1}）、HCl（3.0 mol·L^{-1}）溶液，无水乙醇。

3. 材料

pH 试纸、滤纸等。

四、基本操作

水浴加热、过滤、蒸发、结晶、固体的干燥。

五、实验步骤

1. 废铁屑的预处理

称取 4.0 g 废铁屑于锥形瓶中，加入 10% Na_2CO_3溶液 20 mL（或 2 g 洗衣粉和 20 mL H_2O），缓慢加热 10 min，并不断振荡锥形瓶。用倾析法倾出碱液，再用蒸馏水把铁屑洗至中性。

2. $FeSO_4$的制备

在盛有洗净铁屑的锥形瓶中加入 25 mL 3 mol·L^{-1} H_2SO_4溶液，置于 60 ℃～70 ℃水浴中加热，必要时吸收处理反应放出的废气。开始时反应比较剧烈，应防止溶液溢出。待大部分铁屑反应完（冒出的气泡明显减少，大约需要 30 min 左右），趁热过滤（如果滤纸上有晶体析出，可用蒸馏水将晶体溶解），将滤液转移至小烧杯中。用 2 mL 3 mol·L^{-1} H_2SO_4溶液洗涤未反应完全的 Fe 和残渣，洗涤液合并至滤液中。反应完的铁屑用碎滤纸吸干后称量，计算已反应 Fe 的质量。

3. $(NH_4)_2SO_4 \cdot FeSO_4 \cdot 6H_2O$ 的制备

称取理论计算量的$(NH_4)_2SO_4$晶体，加入 $FeSO_4$溶液中，水浴加热，使$(NH_4)_2SO_4$全部溶解（如不能全部溶解，可加少量蒸馏水），蒸发浓缩至液面出现晶膜，冷却至室温，即有$(NH_4)_2SO_4 \cdot FeSO_4 \cdot 6H_2O$ 晶体析出，观察晶体的颜色和形状。减压过滤，用5 mL无水乙醇淋洗晶体 2～3 次，抽干。将晶体表面水分吸干后称量，计算产率。

4. 产品检验 Fe^{3+} 的半定量分析

称取 1.0 g 自制的 $(NH_4)_2SO_4 \cdot FeSO_4 \cdot 6H_2O$ 晶体于 25 mL 比色管中，用少量不含 O_2 的蒸馏水将其溶解，加入 1.00 mL 3.0 mol·L^{-1} HCl 溶液和 1.00 mL 1.0 mol·L^{-1} KSCN 溶液，再加不含 O_2 的蒸馏水至刻度，摇匀，与标准溶液进行比较，根据比色结果，确定产品 Fe^{3+} 所对应的级别。

Fe^{3+} 标准溶液的配制：称取 0.863 4 g $(NH_4)_2SO_4 \cdot Fe_2(SO_4)_3 \cdot 24H_2O$ 固体溶于水(内含 2.5 mL 浓硫酸)，移入 1 L 容量瓶中，定容，此溶液的浓度为 0.100 0 mg·L^{-1}。

依次用吸量管量取上述标准溶液 0.50 mL、1.00 mL、2.00 mL 于三支 25 mL 的比色管中，各加入 1.00 mL 3.0 mol·L^{-1} HCl 溶液和 1.00 mL 1.0 mol·L^{-1} KSCN 溶液，再加不含 O_2 的蒸馏水至刻度，摇匀，即得三个级别的标准色阶。

六、数据记录与处理

根据实验数据计算 $(NH_4)_2SO_4 \cdot FeSO_4 \cdot 6H_2O$ 的产率、产品的纯度，并与理论值进行比较。

七、注意事项

(1) 硫酸的浓度不宜过大，也不宜过小。浓度过小，反应太慢；浓度过大，易产生 Fe^{3+}、SO_2，使溶液出现黄色或形成块状黑色物。

(2) 为防止 Fe^{2+} 被空气中的氧气氧化，蒸发浓缩时应适当搅拌。晶膜出现后停止搅拌，冷却结晶得到颗粒较大或块状的晶体，以便于分离出产率高、质量好的产品。不能将溶液蒸干，因为摩尔盐含有较多的结晶水，蒸干后就得不到浅绿色的摩尔盐晶体。

八、实验讨论

(1) 在制备 $FeSO_4$ 的过程中，为什么开始时需要 Fe 过量并采用水浴加热，后又将溶液调至强酸性？

(2) 检验 Fe^{3+} 含量时，为什么要用不含 O_2 的蒸馏水溶解样品？

(3) 减压过滤要用哪些仪器？操作过程中有哪些注意事项？

(4) 为何要用少量无水乙醇淋洗 $(NH_4)_2SO_4 \cdot FeSO_4 \cdot 6H_2O$ 晶体？是否可用蒸馏水？

(5) 分析实验过程中影响产品质量的因素。

九、知识链接

硫酸亚铁铵常以水合物的形式存在，其水合物为浅蓝绿色单斜晶体，是一种复盐，俗称摩尔盐。硫酸亚铁铵在空气中一般比较稳定，不易被氧化，易溶于水，不溶于乙醇，加热到 100 ℃时失去结晶水。

由于硫酸亚铁铵在空气中比较稳定，因而有着广泛的应用，可作定量分析时标定高锰酸钾等溶液的基准物质，可用作染料的媒染剂、农用杀虫剂等。在机械加工和人们的日常生活中经常会产生大量的废铁，既浪费了资源，也污染了环境。为节约资源、变废为宝，可用废铁制备硫酸亚铁铵。

十、参考文献

[1] 郎建平，卞国庆. 无机化学实验[M]. 2 版. 南京：南京大学出版社，2013.

[2] 程春杰. 废铁生产硫酸亚铁铵简介[J]. 内蒙古科技与经济，2005(3)：114-115.

[3] 王萍萍. 基础化学实验教程[M]. 北京：科学出版社，2011.

[4] 覃松. 基础化学实验[M]. 北京：科学出版社，2015.

实验 7　硫酸锰铵的制备及检验

一、实验目的

(1) 掌握硫酸锰铵的制备及其检验的方法和原理。

(2) 巩固称量、溶解、蒸发结晶、减压过滤等基本操作。

二、实验原理

锰盐和铵盐是农业上常用的肥料，其中的 Mn、N 元素是保证农作物正常生长所必需的微量元素，还可以保证土壤中的微量养分处于平衡状态，从而提高农作物的产率。锰盐和铵盐在化工、医药、纺织、制革、印染、陶瓷、催化剂等工业方面也有广泛的应用。

本实验采用 MnO_2 与 $H_2C_2O_4$ 在酸性条件下反应制备 $MnSO_4$，再与等物质的量的 $(NH_4)_2SO_4$ 反应生成复盐硫酸锰铵。反应方程式如下：

$$MnO_2 + H_2C_2O_4 + H_2SO_4 = MnSO_4 + 2CO_2\uparrow + 2H_2O (70\ ^\circ C \sim 80\ ^\circ C)$$

$$MnSO_4 + (NH_4)_2SO_4 + 6H_2O = (NH_4)_2SO_4 \cdot MnSO_4 \cdot 6H_2O (M_r = 391)$$

三、仪器和试剂

1. 仪器

锥形瓶、托盘天平、水浴锅、铁架台、铁圈、试管、烧杯、酒精灯、石棉网、表面皿、抽滤瓶、布氏漏斗、循环水真空泵、剪刀等。

2. 试剂

$H_2C_2O_4 \cdot 2H_2O$(s)、MnO_2(s)、$(NH_4)_2SO_4$(s)、$NaBiO_3$(s)，H_2SO_4($1\ mol \cdot L^{-1}$)、HCl($2\ mol \cdot L^{-1}$)、HNO_3($3\ mol \cdot L^{-1}$)、NaOH(40%)、$BaCl_2$($0.1\ mol \cdot L^{-1}$)溶液，无水乙醇、奈氏试剂。

3. 材料

滤纸、红色石蕊试纸、冰等。

四、基本操作

称量、溶解、加热、蒸发结晶、减压过滤。

五、实验步骤

1. 硫酸锰的制备

微热盛有 30.0 mL 1 mol·L^{-1} H_2SO_4 溶液的锥形瓶，向其中溶解 3.2 g $H_2C_2O_4 \cdot 2H_2O$，再缓慢分次加入 2.0 g MnO_2，盖上表面皿，使其充分反应(70 ℃～80 ℃)。待反应缓慢后，煮沸并趁热过滤，保留滤液。

2. 硫酸锰铵的制备

往上述热滤液中加入 3.0 g $(NH_4)_2SO_4$，待$(NH_4)_2SO_4$ 全部溶解后(可适当蒸发至液面刚有晶体析出)，冷却至室温，再用冰水冷却，晶体慢慢析出，充分冷却后(约 30 min)抽滤，并用少量无水乙醇洗涤产品，用滤纸吸干或放在表面皿上干燥，称重并计算产率。

3. 硫酸锰铵的检验

(1) 外观：应为白色略带粉红色的结晶。

(2) 取样品少许，加水溶解，滴加 0.1 mol·L^{-1} $BaCl_2$溶液，有白色沉淀生成，且沉淀不溶于 2 mol·L^{-1} HCl 溶液，证实有 SO_4^{2-}。

(3)取样品少许，溶于 3 mol·L^{-1} HNO_3溶液中，加入少量 $NaBiO_3$ 粉末，溶液呈紫红色，证实有 Mn^{2+}。

(4) NH_4^+的检验：

① 气室法：撕一小块红色石蕊试纸，润湿后贴在一小表面皿内侧，在另一大表面皿上滴 1 滴样品溶液和 1 滴 40% NaOH 溶液，然后快速将小表面皿扣在大表面皿上，水浴加热，观察试纸颜色的变化。若试纸变蓝，证实为铵盐。

② 奈氏试剂法：取样品少许，加水溶解，滴加 2 滴奈氏试剂，观察现象。若有红棕色沉淀生成，则为铵盐。

六、数据记录与处理

产品颜色：______，产品质量(g)：______，产率(%)：______

七、注意事项

(1) MnO_2要分次缓慢加入，温度控制在 70 ℃～80 ℃。

(2) 加入的硫酸铵要全部溶解，用冰水充分冷却至大量晶体产生。

(3) 反应过程中有废气产生，应注意通风。

(4) 水浴锅内水不宜过多，也不能过少。

八、实验讨论

(1) 如何计算产品产率?

(2) 本实验中哪些操作步骤对提高产品的质量和产率有直接影响？如何影响？

(3) 硫酸锰铵有哪些用途？

九、知识链接

硫酸锰铵可以由废弃的锌锰干电池制取，实现废弃干电池的综合利用。方法为：从废弃的锌锰干电池中提取 NH_4Cl，再从锌锰干电池中提取 MnO_2，可采用适当的还原剂将不溶的高氧化态的锰化合物还原为 Mn^{2+}，再由简单盐制成复盐硫酸锰铵。

十、参考文献

[1] 郎建平，卞国庆. 无机化学实验[M]. 2 版. 南京：南京大学出版社，2013.

[2] 宋力，胡付欣，李苹，等. 硫酸锰铵结晶水的测定及热分析[J]. 武汉大学学报(理学版)，2003，49(6)：685-688.

实验 8　硫代硫酸钠的制备和应用

一、实验目的

(1) 掌握硫代硫酸钠制备的原理及方法。

(2) 检验硫代硫酸钠的有关性质。

(3) 进一步巩固溶解、减压过滤和结晶等基本操作。

二、实验原理

硫代硫酸钠晶体($Na_2S_2O_3 \cdot 5H_2O$)为无色透明单斜晶体，俗称海波、大苏打，无臭、味咸，易溶于水，难溶于乙醇。硫代硫酸钠水溶液中加酸会导致其分解。硫代硫酸钠有较强的还原性和配位能力，可用作照相行业的定影剂，洗染业、造纸业的脱氯剂，以及定量分析中的还原剂。本实验以亚硫酸钠与硫黄为原料制备硫代硫酸钠。

亚硫酸钠溶液与硫黄共煮：

$$Na_2SO_3 + S + 5H_2O = Na_2S_2O_3 \cdot 5H_2O$$

我们可以通过以下反应对硫代硫酸钠进行定性检验：

(1) $S_2O_3^{2-}$ 鉴定：$2Ag^+ + S_2O_3^{2-} = Ag_2S_2O_3\downarrow$(白色)，$Ag_2S_2O_3 + H_2O = Ag_2S\downarrow$(黑色)$+ 2H^+ + SO_4^{2-}$。硫代硫酸钠与硝酸银反应，生成白色的硫代硫酸银。硫代硫酸银不稳定，会发生水解，生成黑色的硫化银，其间伴随着明显的颜色变化：白色→黄色→棕色→黑色。

(2) 还原性：$2S_2O_3^{2-} + I_2 = S_4O_6^{2-} + 2I^-$，碘量法的原理。

(3) 遇酸不稳定性：$S_2O_3^{2-} + 2H^+ = SO_2\uparrow + S\downarrow + H_2O$。

(4) 配位性：$AgBr + 2S_2O_3^{2-} = [Ag(S_2O_3)_2]^{3-} + Br^-$。

三、仪器和试剂

1. 仪器

量筒、布氏漏斗、抽滤瓶、烧杯、电热套、玻璃棒、点滴板、石棉网、试管、表面皿、蒸发皿、坩埚钳、电子天平、滤纸、火柴等。

2. 试剂

Na_2SO_3(s)、H_2SO_4(2 mol·L^{-1})、HCl(1 mol·L^{-1})、NaOH(2 mol·L^{-1})、$AgNO_3$(0.1 mol·L^{-1})、KBr(0.1 mol·L^{-1})、$BaCl_2$(0.1 mol·L^{-1})溶液,硫粉、活性炭、氯水、碘水、无水乙醇、淀粉溶液。

四、基本操作

加热、试管的使用、减压过滤。

五、实验步骤

1. 硫代硫酸钠的制备

称取 1.5 g 硫粉于烧杯中,加入 3 mL 无水乙醇,搅拌溶解。另取 5.0 g Na_2SO_3 于烧杯中,加入 30 mL 水,搅拌溶解。混合上述两溶液,用电热套加热 40 min,加热过程中需不时搅拌并补充水,保持溶液至少为 20 mL。反应完毕后,加入 1 g 活性炭至煮沸的溶液中。趁热过滤,把滤液倒入蒸发皿中,蒸发浓缩至表面出现晶膜。冷却结晶,减压过滤,用 5~6 mL 无水乙醇洗涤晶体,抽干后转移至表面皿并用吸水纸吸干,称量,回收,计算产率。

2. 硫代硫酸钠的定性检验

(1) $S_2O_3^{2-}$ 的鉴定:取少量硫代硫酸钠晶体于点滴板的一个空穴中,加入 2 滴蒸馏水溶解,滴加 2 滴 $AgNO_3$ 溶液,观察现象。

(2) 还原性:取少量硫代硫酸钠晶体于试管中,加入 1 mL 蒸馏水溶解,再分成两份,一份滴加少量氯水,充分振荡,并检验产物中是否有 SO_4^{2-};另一份滴加少量碘水和淀粉混合液,观察现象,并检验产物中是否有 SO_4^{2-}。

(3) 遇酸不稳定性:取少量硫代硫酸钠晶体于试管中,加入 1 mL 蒸馏水溶解,再加入 2 滴 1 mol·L^{-1} HCl 溶液,观察现象。

(4) 配位性:取 10 滴 0.1 mol·L^{-1} $AgNO_3$ 溶液于试管中,加入 10 滴 0.1 mol·L^{-1} KBr 溶液,静置,弃去上层清液。另取少量硫代硫酸钠晶体于试管中,加入 1 mL 蒸馏水溶解。将硫代硫酸钠溶液倒入之前装有沉淀的试管中,充分振荡并观察现象。

六、数据记录与处理

产品外观:______,产品质量(g):______,产率(%):______

七、注意事项

(1) 蒸发浓缩时,速度太快,产品易于结块;速度太慢,产品不易形成结晶。

(2) 反应中的硫粉用量已经是过量的，不需要再多加。

(3) 实验过程中，浓缩液终点不易观察，有晶体出现即可。

八、实验讨论

(1) 实验过程中加入活性炭的目的是什么？

(2) 如何计算硫代硫酸钠的产率？

(3) 适量、过量的硫代硫酸钠和硝酸银溶液反应的现象有什么不同？

九、知识链接

1. 硫代硫酸钠在洗相定影中的应用

在洗相过程中，相纸（感光材料）经过照相底版的感光，只能得到潜影，经过显影液（如海德尔、米吐尔）显影以后，看不见的潜影才被显现成可见的影像。其主要反应如下：

$$HOC_6H_4OH + 2AgBr = OC_6H_4O + 2Ag + 2HBr$$

但相纸在乳剂层中还有大部分未感光的溴化银存在。由于它的存在，一方面得不到透明的影像；另一方面，在保存过程中这些溴化银见光分解，使影像不稳定。因此显影后，必须经过定影过程。

硫代硫酸钠的定影作用是利用其能与溴化银反应生成易溶于水的配合物。定影过程可用下列方程式表示：

$$AgBr + 2Na_2S_2O_3 = Na_3[Ag(S_2O_3)_2] + NaBr$$

2. 硫代硫酸钠在定量分析中的应用（碘量法）

硫代硫酸钠标准溶液与单质碘定量反应，以淀粉为指示剂，滴定至溶液的蓝色刚好消失即为终点。反应式如下：

$$I_2 + 2S_2O_3^{2-} = 2I^- + S_4O_6^{2-}$$

根据消耗硫代硫酸钠标准溶液的体积和浓度即可计算出碘的量。

十、参考文献

[1] 郎建平，卞国庆. 无机化学实验[M]. 2 版. 南京：南京大学出版社，2013.

实验 9　醋酸解离度和解离常数的测定——pH 法

一、实验目的

(1) 掌握测定醋酸解离度和解离常数的原理及方法。

(2) 学会使用移液管、吸量管及容量瓶，学会准确配制溶液。

(3) 学会使用 pH 计。

二、实验原理

醋酸(HAc)是一元酸，为弱电解质，在水溶液中部分解离：

$$HAc \rightleftharpoons H^+ + Ac^-$$

起始浓度($mol \cdot L^{-1}$)　　c　　0　　0

平衡浓度($mol \cdot L^{-1}$)　　$c(1-\alpha)$　　$c\alpha$　　$c\alpha$

其中，c 为 HAc 的起始浓度，α 为 HAc 的解离度，$K_a^\ominus$ 为 HAc 的解离平衡常数，则

$$K_a^\ominus = \frac{[H^+][Ac^-]}{[HAc]} = \frac{(c\alpha)^2}{c(1-\alpha)} = \frac{c\alpha^2}{1-\alpha}$$

当 $\alpha \leqslant 5\%$ 时，$1-\alpha \approx 1$，则

$$K_a^\ominus = c\alpha^2$$

解离度：

$$\alpha = \frac{[H^+]}{c} \times 100\% \tag{4-5}$$

解离常数：

$$K_a^\ominus = \frac{[H^+]^2}{c} \tag{4-6}$$

在一定温度下，通过 pH 计测定一系列已知浓度醋酸溶液的 pH，根据 $pH = -\lg[H^+]$，求算出$[H^+]$，即可由式(4-5)和式(4-6)计算出该醋酸溶液的解离度 α 和解离常数 $K_a^\ominus$。

三、仪器和试剂

1. 仪器

移液管(25 mL)、锥形瓶(250 mL)、滴管、滴定管(50 mL)、吸量管(5 mL)、容量瓶(100 mL)、pH 计、玻璃电极、甘汞电极(或复合电极)、移液管架、烧杯(100 mL，烘干)。

2. 试剂

NaOH 标准溶液、HAc($0.1\ mol \cdot L^{-1}$)溶液、酚酞指示剂、标准缓冲溶液($pH_1 = 4.00$，$pH_2 = 9.18$)、铬酸洗液。

四、基本操作

移液管、吸量管、容量瓶的使用。

五、实验步骤

1. 用 NaOH 标准溶液标定 HAc 溶液的浓度

移取三份 25.00 mL $0.1\ mol \cdot L^{-1}$ HAc 溶液，分别置于 250 mL 锥形瓶中，各加入 1～2 滴酚酞指示剂，分别用 NaOH 标准溶液滴定至溶液呈微红色，30 s 内不褪色即为终点，记录所用 NaOH 标准溶液的体积，平行滴定 3 次，结果填入表 4-2。

2. pH 法测定 HAc 溶液的 pH

(1) 配制不同浓度的 HAc 溶液：用吸量管和移液管分别移取 10.00 mL、20.00 mL、50.00 mL 已测得准确浓度的 HAc 溶液于 3 个 100 mL 容量瓶中，用蒸馏水稀释至刻度，摇匀，并计算出 3 个容量瓶中 HAc 溶液的准确浓度，按由稀到浓的顺序编号为 1、2、3，原溶液为 4 号。

(2) 测定不同浓度 HAc 溶液的 pH：把以上四种不同浓度的 HAc 溶液分别倒入四个洁净干燥的 100 mL 烧杯中，按由稀到浓的顺序用 pH 计分别测定它们的 pH，按表 4-3 记录数据，计算醋酸的解离度和解离常数。

3. 半中和法测定 HAc 和 NaAc 混合溶液的 pH

(1) 溶液的配制：取 20.00 mL HAc 标准溶液(可从 4 号烧杯中取)，按中和一半的量加入准确浓度的 NaOH 溶液，记录下总体积，计算 Ac^- 和 HAc 的浓度。

(2) 测定混合溶液的 pH：测定混合溶液的 pH，然后加入等体积水将溶液稀释后再测定其 pH。将数据填入表 4-4，计算醋酸的解离度和解离常数。

六、数据记录与处理

将实验数据填入表 4-2、表 4-3、表 4-4。

表 4-2 测定醋酸浓度的数据及处理

记录项目		1	2	3
$c(NaOH)/(mol \cdot L^{-1})$				
$V(HAc)/mL$				
$V_{初}(NaOH)/mL$				
$V_{终}(NaOH)/mL$				
$V(NaOH)/mL$				
$c(HAc)/(mol \cdot L^{-1})$	测定值			
	平均值			

表 4-3 pH 法测定醋酸解离度和解离常数的数据及处理(T=__ K)

溶液编号	$c/(mol \cdot L^{-1})$	pH	$[H^+]/(mol \cdot L^{-1})$	$\alpha/\%$	解离常数 $K_a^\ominus$	
					测定值	平均值
1						
2						
3						
4						

注：$K_a^\ominus$ 值在 $1.0\times10^{-5}\sim2.0\times10^{-5}$ 范围内合格(文献值：25 ℃时为 1.76×10^{-5})。

表 4-4 半中和法测定醋酸解离度和解离常数的数据及处理(T=__ K)

溶液编号	$c(HAc)$/(mol·L^{-1})	$c(Ac^-)$/(mol·L^{-1})	pH	[H^+]/(mol·L^{-1})	α/%	解离常数 $K_a^\ominus$	
						测定值	平均值
1							
2							

七、注意事项

(1) 新电极在使用前用 pH=4.00 的标准缓冲溶液或去离子水浸泡过夜。

(2) 复合电极使用时先打开上部橡皮塞,不能翻动或剧烈摇动,不能用来搅拌溶液,结束时将橡皮塞塞好,防止内部溶液挥发。

(3) pHS-3C 型数字式 pH 计使用时,先用标准 pH 溶液校正(调零、设定温度、定位、定斜率、测量)。

(4) 测定醋酸溶液的 pH 时,要按溶液从稀到浓的次序进行,每次换测量液时都必须吸干,保证浓度不变,减小误差。测量不同物质时需清洗电极,并吸干。

(5) 电极不用时应洗净,套上带有保护液的电极套(保护液为 KCl 饱和溶液)。

八、实验讨论

(1) 用容量瓶配制溶液时,容量瓶是否需要干燥?容量瓶能否烘干?

(2) 测 pH 时烧杯是否必须烘干?还可以做怎样的处理?

(3) 用测定数据说明弱电解质的解离度随浓度的变化关系。

九、知识链接

pH 是水质是否合格的重要指标之一,饮用水、地面水、工业废水都需严格控制其 pH,而 pH 的测定是依据国家标准 GB 6920—1986《水质 pH 值的测定 玻璃电极法》来具体操作实施的。该标准适用于饮用水、地面水、工业废水 pH 的测定;水的颜色、浊度、胶体物质、氧化剂、还原剂及较高含盐量均不干扰测定;强酸性溶液中会有酸误差,可按酸度测定;在 pH 大于 10 的碱性溶液中,大量钠离子的存在使读数偏低,产生误差,通常称为钠差,可使用特制的低钠差电极消除钠差,也可选用与被测溶液 pH 相似的标准缓冲溶液对仪器进行校正。温度影响电极的电势和水的解离平衡,所以测定时需通过调节仪器的补偿装置使其与溶液的温度一致,并使被测样品与校正仪器用的标准缓冲溶液温度误差在±1 ℃之内。

十、参考文献

[1] 郎建平,卞国庆. 无机化学实验[M]. 2 版. 南京:南京大学出版社,2013.

[2] 大连理工大学无机化学教研室. 无机化学[M]. 5 版. 北京:高等教育出版社,2006.

实验 10 解离平衡和沉淀反应

一、实验目的

(1) 理解同离子效应对弱电解质解离平衡的影响。

(2) 掌握缓冲溶液的缓冲原理及其配制。

(3) 理解盐类的水解规律和溶度积规则的应用。

(4) 学会使用离心机。

二、实验原理

弱电解质的解离平衡和难溶电解质的沉淀溶解平衡是四大平衡中的两大平衡。

在弱电解质溶液中加入与该弱电解质含有相同离子的强电解质,解离平衡向生成弱电解质的方向移动,弱电解质的解离度减小,这种作用称为同离子效应。

如果溶液中同时存在着弱酸及其盐(共轭碱),在一定程度上能抵抗外来少量的酸、碱或稀释作用,则使得溶液的 pH 基本保持不变,这种溶液称为缓冲溶液。例如,往 HAc 和 NaAc 溶液中加入少量酸,酸可与 Ac^- 结合为 HAc,加入少量碱则被 HAc 中和,溶液的 pH 基本保持不变。

缓冲溶液 pH 的计算公式如下:

$$pH=pK_a-\lg\frac{c(\text{酸})}{c(\text{共轭碱})} \tag{4-7}$$

盐类水解是由组成盐的离子与水解出来的离子作用,生成弱酸(碱)的过程。盐类在水溶液中发生水解,水解后溶液的酸碱性取决于盐的类型。例如:

$$NaAc+H_2O \rightleftharpoons NaOH+HAc \text{ 或 } Ac^-+H_2O \rightleftharpoons OH^-+HAc$$

$$NH_4Cl+H_2O \rightleftharpoons NH_3\cdot H_2O+HCl \text{ 或 } NH_4^++H_2O \rightleftharpoons NH_3\cdot H_2O+H^+$$

根据同离子效应,往上述溶液中加碱或酸可抑制其水解。另外,由于水解是吸热反应,加热可以促进盐的水解。

难溶电解质(以 A_nB_m 来表示)在一定温度下与其饱和溶液中的相应离子处于平衡状态,对于难溶电解质的多相离子平衡来说,有

$$A_nB_m(s) \rightleftharpoons nA^{m+}(aq)+mB^{n-}(aq)$$

沉淀溶解平衡时:$K_{sp}^{\ominus}=[A^{m+}]^n[B^{n-}]^m$。

非平衡态时:离子积(或反应商)$J=[c(A^{m+})]^n[c(B^{n-})]^m$。其中,$c(A^{m+})$、$c(B^{n-})$是任意状态下难溶电解质溶液中 A^{m+}、B^{n-} 的浓度。

难溶电解质的沉淀溶解平衡是一种动态平衡。一定温度下,当溶液中的离子积变化时,平衡会发生移动,直至离子积等于溶度积。因此,将 J 与 $K_{sp}^{\ominus}$ 比较可判断沉

淀的生成与溶解：

当 $J<K_{sp}^{\ominus}$ 时，平衡向右移动，溶液为不饱和溶液，无沉淀析出。若原来有沉淀存在，则沉淀溶解，直至饱和。

当 $J=K_{sp}^{\ominus}$ 时，平衡不移动，溶液为饱和溶液，溶液中离子与沉淀之间处于动态平衡。

当 $J>K_{sp}^{\ominus}$ 时，平衡向左移动，溶液处于过饱和状态，沉淀析出。

上述三种关系就是沉淀溶解平衡的反应熵判据，称为溶度积规则，常用来判断沉淀的生成与溶解。

在 AgCl 的饱和溶液中加入 $NH_3 \cdot H_2O$，Ag^+ 与 NH_3 反应生成 $[Ag(NH_3)_2]^+$ 而使 AgCl 溶解。如果向 AgCl 的饱和溶液中加入 I^-，I^- 便与 Ag^+ 结合为溶解度更小的 AgI，这就是沉淀转化所依据的原理。

三、仪器和试剂

1. 仪器

试管、试管架、离心试管、离心机、表面皿、pH 计。

2. 试剂

NaAc(0.1 mol · L^{-1}、1.0 mol · L^{-1})、PbI_2(饱和)、KI(0.1 mol · L^{-1}、0.001 mol · L^{-1})、NaCl(0.1 mol · L^{-1}、1.0 mol · L^{-1})、HCl(0.1 mol · L^{-1}、6 mol · L^{-1})、NaOH(0.1 mol · L^{-1})、HAc(0.1 mol · L^{-1}、1.0 mol · L^{-1})、NH_4Cl(0.1 mol · L^{-1})、NH_4Ac(0.1 mol · L^{-1})、NaH_2PO_4(0.1 mol · L^{-1})、Na_2HPO_4(0.1 mol · L^{-1})、Na_3PO_4(0.1 mol · L^{-1})、K_2CrO_4(0.5 mol · L^{-1}、0.1 mol · L^{-1})、$BaCl_2$(0.1 mol · L^{-1})、$Pb(NO_3)_2$(0.1 mol · L^{-1}、0.001 mol · L^{-1})、HNO_3(6 mol · L^{-1})、$AgNO_3$(0.1 mol · L^{-1})、$NH_3 \cdot H_2O$(6 mol · L^{-1})、$(NH_4)_2C_2O_4$(饱和)、Na_2S(0.1 mol · L^{-1})溶液，NaAc(s)、$SbCl_3$(s)、$Fe(NO_3)_3$(s)、甲基橙指示剂、酚酞指示剂。

3. 材料

pH 试纸等。

四、实验步骤

1. 同离子效应

(1) 同离子效应和解离平衡：在试管中加入 0.5 mL 0.1 mol · L^{-1} HAc 溶液，用 pH 试纸测定其 pH，滴加 1 滴甲基橙指示剂，观察溶液的颜色，再加入少许 NaAc 固体，振荡使固体完全溶解，观察溶液颜色的变化，解释上述现象。

(2) 同离子效应和沉淀溶解平衡：在试管中加入 0.5 mL 饱和 PbI_2 溶液，滴加 2 滴 0.1 mol · L^{-1} KI 溶液，振荡试管，观察现象并说明原因。

2. 缓冲溶液的配制和性质

(1) 取 1 mL 0.1 mol·L^{-1} NaCl 溶液，用 pH 试纸测定其 pH，然后将溶液分为两份，分别滴加 1 滴 0.1 mol·L^{-1} HCl 溶液和 0.1 mol·L^{-1} NaOH 溶液，混合摇匀后分别测定其 pH。

(2) 根据表 4-5 中试剂用量配制三种缓冲溶液，并且用 pH 计分别测定其 pH，将结果填入表 4-5 中，并与计算值进行比较。

表 4-5 三种缓冲溶液 pH 测定值与计算值

编号	缓冲溶液	pH 测定值	pH 计算值
1	5 mL 1.0 mol·L^{-1} HAc 与 5 mL 1.0 mol·L^{-1} NaAc 溶液		
2	5 mL 0.1 mol·L^{-1} HAc 与 5 mL 1.0 mol·L^{-1} NaAc 溶液		
3	5 mL 0.1 mol·L^{-1} HAc 溶液中加入 1 滴酚酞指示剂，滴加 0.1 mol·L^{-1} NaOH 溶液至酚酞变红，半分钟不消失，再加入 5 mL 0.1 mol·L^{-1} HAc 溶液		

在编号 1 的缓冲溶液中加入 5 滴 0.1 mol·L^{-1} HCl 溶液摇匀，用 pH 计测其 pH；再加入约 10 滴 0.1 mol·L^{-1} NaOH 溶液混合均匀测定其 pH，与计算值比较。

根据以上实验结果，说明缓冲溶液的作用。

3. 盐类水解

(1)用精密 pH 试纸测定浓度为 0.1 mol·L^{-1}的表 4-6 中各溶液的 pH，将实验测定值与计算值填入表 4-6 中，并解释酸性强弱的原因。

表 4-6 盐溶液的 pH

pH	0.1 mol·L^{-1}溶液						
	NH_4Cl	NH_4Ac	NaAc	NaCl	NaH_2PO_4	Na_2HPO_4	Na_3PO_4
测定值							
计算值							

(2) 取少许 $Fe(NO_3)_3$ 固体于试管中，加水约 2 mL，溶解，观察溶液的颜色。将溶液分成三份，一份留作比较，第二份小火加热，第三份加几滴 6 mol·L^{-1} HNO_3 溶液，观察现象，并写出反应方程式，解释实验现象。

(3) 取少许 $SbCl_3$ 固体(芝麻粒大小)于试管中，加 1～2 mL 水，溶解，有何现象？用 pH 试纸测定该溶液的 pH。然后滴加 6 mol·L^{-1} HCl 溶液，振荡试管，又有何现象？取澄清的 $SbCl_3$ 溶液于另一支试管中，加 1～2 mL 水，又有何现象？写出反应方程式并解释现象。

4. 沉淀平衡

(1) 沉淀溶解平衡：在离心试管中加 5 滴 0.1 mol·L^{-1} $Pb(NO_3)_2$ 溶液，然后加 2～3 滴 1.0 mol·L^{-1} NaCl 溶液，振荡试管，待沉淀完全后，离心分离。在溶液中加少许 0.5 mol·L^{-1} K_2CrO_4 溶液，有什么现象？解释此现象。

(2) 溶度积规则的应用：在试管中加 0.5 mL(约 8～10 滴)0.1 mol·L^{-1} $Pb(NO_3)_2$溶液，加入等体积(约 8～10 滴)0.1 mol·L^{-1} KI 溶液，观察有无沉淀生成。用 0.001 mol·L^{-1} $Pb(NO_3)_2$ 和 0.001 mol·L^{-1} KI 溶液进行上述实验，观察现象。试用溶度积规则解释实验现象。

(3) 分步沉淀：在试管中滴加 0.1 mol·L^{-1} NaCl 和 0.1 mol·L^{-1} K_2CrO_4 溶液各 5 滴，边振荡边逐滴加入 0.1 mol·L^{-1} $AgNO_3$ 溶液，有什么现象？观察沉淀的颜色及其变化，用溶度积规则解释实验现象。

5. 沉淀的溶解和转化

(1) 取 5 滴 0.1 mol·L^{-1} $BaCl_2$ 溶液于试管中，加 3 滴饱和$(NH_4)_2C_2O_4$ 溶液，观察沉淀的生成。离心分离，弃去溶液，在沉淀上加 2～3 滴 6 mol·L^{-1} HCl 溶液，有什么现象？写出反应方程式，并说明原因。

(2) 取 2～3 滴 0.1 mol·L^{-1} $AgNO_3$ 溶液，加 2 滴 1.0 mol·L^{-1} NaCl 溶液，观察沉淀的生成，逐滴加入 6 mol·L^{-1} $NH_3·H_2O$ 溶液，有什么现象？写出反应方程式，并说明原因。

(3) 取 2～3 滴 0.1 mol·L^{-1} $AgNO_3$ 溶液，加 3～4 滴 1.0 mol·L^{-1} NaCl 溶液，观察沉淀的生成与颜色。离心分离，弃去溶液，洗涤沉淀 2～3 次，在沉淀上加 0.1 mol·L^{-1} Na_2S 溶液，有何现象？写出反应方程式，并说明原因。

(4) 在离心试管中加 5 滴 0.1 mol·L^{-1} $Pb(NO_3)_2$ 溶液，再加 3 滴 1 mol·L^{-1} NaCl 溶液，待沉淀完全后，离心分离，洗涤沉淀 2～3 次，在沉淀上加 0.1 mol·L^{-1} KI 溶液，观察沉淀的转化和颜色的变化。

用上述生成物溶解度数据解释实验中出现的各种现象，总结沉淀转化的条件。

五、注意事项

(1) 试剂瓶不允许移位。

(2) pH 试纸撕成小片，放在表面皿上使用。

(3) 离心机使用时注意对称，逐挡加速或减速。

六、实验讨论

(1) 把 0.1 mol·L^{-1} 的氨水、醋酸、盐酸、氢氧化钠、硫化氢水溶液及蒸馏水按 pH 由小到大排列成序。

(2) 有两种溶液：① 10 mL 0.1 mol·L^{-1}盐酸与 10 mL 0.2 mol·L^{-1}氨水混合；② 10 mL 0.2 mol·L^{-1}盐酸与 10 mL 0.1 mol·L^{-1}氨水混合。以上两体系是否均为缓冲溶液？为什么？

(3) 如何配制 50 mL 0.1 mol·L^{-1} $SnCl_2$溶液？

七、知识链接

砷和砷的化合物一般都有毒，尤以三氧化二砷（俗称信石、砒霜等）的毒性为最。三氧化二砷是一种白色粉状或块状物，无臭、无味。砷的毒性与它的化学性质和价态有关。单质砷不溶于水，摄入有机体后几乎不被吸收而完全排出，一般无害；有机砷，除砷化氢的衍生物外，一般毒性较弱；三价砷离子对细胞毒性最强，如三氧化二砷、三氯化砷、亚砷酸等都有剧烈毒性；五价砷离子毒性不强，当吸入五价砷离子时产生中毒症状较慢，要在体内被还原为三价砷离子后才发挥其毒性作用。

化学沉淀法处理含砷工业废水可分为两类：一类是将砷沉淀为一种中间产物，然后再转化成砷产品出售，这种方法可避免砷沉淀物长期存放过程中可能产生的二次污染；另一类是将砷沉淀为稳定的化合物后存放，这种方法是目前处理较高浓度砷工业废水最普遍的方法。很多常规化学药剂（如石灰、氯化铁、聚合硫酸铁、硫酸亚铁、明矾、硫化钠等）在适当的 pH 下，可与五价砷反应生成砷沉淀物，其中有些药剂也可与三价砷反应形成沉淀物。但由于三价砷的毒性远高于五价砷，铁盐，尤其是三价铁与五价砷形成的砷酸铁（$FeAsO_4$）的溶度积非常小（$K_{sp}^{\ominus}=5.8\times10^{-21}$），其除砷效率也较高，因此，目前世界上应用最广泛的从废水中沉淀砷的方法就是基于三价铁与五价砷的反应。方法为：将废水中的三价砷氧化成五价砷，控制适宜 pH，使三价铁与五价砷反应生成沉淀物。在工程实际应用中，还需确保具有良好的絮凝条件，这不仅是为了利于沉淀物的快速絮凝沉降，减小沉降池的容积，同时也是为了利于捕集水中细小的含砷沉淀物颗粒，去除外排水中砷等有害物。因此，工业中应用的化学沉淀法实际上包括砷的氧化、砷的沉淀及絮凝沉降三方面。

八、参考文献

[1] 郎建平，卞国庆. 无机化学实验[M]. 2 版. 南京：南京大学出版社，2013.

[2] 许根福. 处理高砷浓度工业废水的化学沉淀法[J]. 湿法冶金，2009，28(1)：12.

实验 11　氧化还原反应

一、实验目的

(1) 学会装配原电池和测量原电池的电动势。

(2) 掌握电极的本性、电对的氧化型或还原型物质的浓度、介质的酸度等因素对电极电势和氧化还原反应的方向、产物、速率的影响。

(3) 了解氧化还原电对的氧化还原性,理解电极电势与氧化还原反应的关系。

二、实验原理

氧化还原反应的实质是反应物之间发生了电子转移或偏移。氧化剂在反应中得到电子被还原,元素的氧化值减小;还原剂在反应中失去电子被氧化,元素的氧化值增大。物质氧化还原能力的大小可以根据对应电极电势的大小来判断。电极电势越大,电对中氧化型物质的氧化能力越强;电极电势越小,电对中还原型物质的还原能力越强。

根据氧化剂和还原剂所对应电对电极电势的相对大小,可以判断氧化还原反应的方向和程度。

当 $E_{MF}=E(\text{氧化剂})-E(\text{还原剂})>0$ 时,反应正向自发进行。

当 $E_{MF}=E(\text{氧化剂})-E(\text{还原剂})=0$ 时,反应处于平衡状态。

当 $E_{MF}=E(\text{氧化剂})-E(\text{还原剂})<0$ 时,不能进行自发反应。

当氧化剂电对和还原剂电对的标准电极电势相差较大时(如 $|E_{MF}|>0.2\ V$ 时),通常可以用标准电池电动势判断反应的方向。

由电极的能斯特方程式可以看出浓度对氧化还原反应的电极电势的影响,298.15 K 时有

$$E=E^{\ominus}+\frac{0.059\ 2\ V}{Z}\lg\frac{c_{\text{氧化型}}}{c_{\text{还原型}}} \tag{4-8}$$

溶液的 pH 也会影响某些电对的电极电势或氧化还原反应的方向。对于有 H^+ 或 OH^- 参加电极反应的电对,介质的酸碱性也会影响某些氧化还原反应的产物种类,如 MnO_4^- 在酸性、中性和碱性介质中的还原产物分别为 Mn^{2+}、MnO_2 和 MnO_4^-。

三、仪器和试剂

1. 仪器

试管、烧杯、电压表(或 pH 计)、检流器、表面皿、U 形管。

2. 试剂

锌粒、铅粒、铜片、琼脂、NH_4F(s)、CCl_4,HCl(浓)、HNO_3(1 mol·L^{-1}、浓)、HAc(6 mol·L^{-1})、H_2SO_4(1 mol·L^{-1}、3 mol·L^{-1})、NaOH(6 mol·L^{-1}、40%)、$NH_3 \cdot H_2O$(浓)、$Pb(NO_3)_2$(0.5 mol·L^{-1})、$ZnSO_4$(1 mol·L^{-1})、$CuSO_4$(0.01 mol·L^{-1}、1 mol·L^{-1})、KI(0.1 mol·L^{-1})、KBr(0.1 mol·L^{-1})、$FeCl_3$(0.1 mol·L^{-1})、$Fe_2(SO_4)_3$(0.1 mol·L^{-1})、$FeSO_4$(0.1 mol·L^{-1}、1 mol·L^{-1})、$K_2Cr_2O_7$(0.4 mol·L^{-1})、$KMnO_4$(0.01 mol·L^{-1},0.001 mol·L^{-1})、Na_2SO_3(0.1 mol·L^{-1})、$NaAsO_2$

(0.1 mol·L^{-1})、$NaAsO_2$(0.1 mol·L^{-1})、碘水(0.1 mol·L^{-1})、溴水、氯水(饱和)、KCl(饱和)溶液。

3. 材料

电极(锌片、铜片、铁片、碳棒)、红色石蕊试纸、导线、砂纸。

四、实验步骤

1. 电极电势和氧化还原反应

(1) 在试管中加入 0.5 mL(8～10 滴)0.1 mol·L^{-1} KI 溶液和 2 滴 0.1 mol·L^{-1} $FeCl_3$ 溶液，摇匀后加入 0.5 mL CCl_4，充分振荡，观察四氯化碳层颜色有无变化。

(2) 用 0.1 mol·L^{-1} KBr 溶液替换 KI 溶液进行与上述(1)中同样的实验，观察实验现象。

(3) 往三支试管中分别滴加入 5 滴氯水、溴水和碘水，然后各加入 0.5 mL(8～10 滴)0.1 mol·L^{-1} $FeSO_4$ 溶液，混合摇匀后加入 0.5 mL CCl_4，充分振荡，观察四氯化碳层颜色有无变化。

根据上述实验现象，定性地比较 Cl_2/Cl^-、Br_2/Br^-、I_2/I^-，Fe^{3+}/Fe^{2+} 四个电对电极电势的相对大小关系。

2. 浓度和酸度对电极电势的影响

(1) 浓度的影响。

在两个 50 mL 烧杯中分别倒入 30 mL 1 mol·L^{-1} $ZnSO_4$ 和 30 mL 1 mol·L^{-1} $CuSO_4$ 溶液。在 $ZnSO_4$ 溶液中插入锌片，在 $CuSO_4$ 溶液中插入铜片，组成两个电极，中间以盐桥相通。将锌片和铜片通过导线分别与电压表(或 pH 计)的负极和正极相接，测量两极之间的电压(图 4-4)。

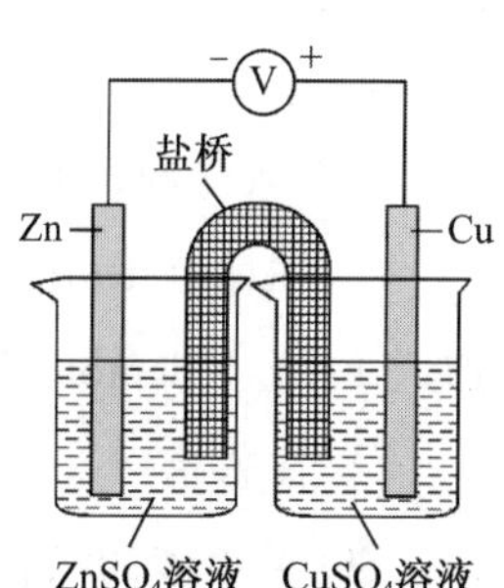

图 4-4　原电池装置

在 $CuSO_4$ 溶液中倒入浓氨水至生成的沉淀完全溶解，形成深蓝色的溶液：

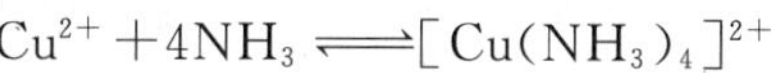

$$Cu^{2+} + 4NH_3 \rightleftharpoons [Cu(NH_3)_4]^{2+}$$

观察原电池的电压发生什么变化。

再在 $ZnSO_4$ 溶液中倒入浓氨水至生成的沉淀完全溶解：

$$Zn^{2+} + 4NH_3 \rightleftharpoons [Zn(NH_3)_4]^{2+}$$

观察电压发生什么变化。应用能斯特方程来解释产生上述实验现象的原因。

(2) 酸度的影响。

在两个 50 mL 烧杯中分别倒入 30 mL 1 mol·L^{-1} $FeSO_4$ 和 30 mL 0.4 mol·L^{-1} $K_2Cr_2O_7$ 溶液。在 $FeSO_4$ 溶液中插入铁片，在 $K_2Cr_2O_7$ 溶液中插入碳棒，组成两个电极。用导线将铁片和碳棒分别与电压表的负极和正极相接，中间利用盐桥相通，测量两极之间的电压。

在 $K_2Cr_2O_7$ 溶液中慢慢加入 1 mol·L^{-1} H_2SO_4 溶液，观察电压变化。再在 $K_2Cr_2O_7$ 溶液中慢慢逐滴加入 6 mol·L^{-1}NaOH 溶液，观察电压变化。

3. 浓度和酸度对氧化还原产物的影响

(1) 分别往两个各放有一粒锌粒的试管中慢慢滴加 2 mL 浓硝酸和 1 mol·L^{-1}的 HNO_3 溶液，观察两支试管中的实验现象。它们的反应产物是否不同？通常情况下，浓硝酸被还原后的主要产物可通过观察气体产物的颜色来判断。稀硝酸的还原产物可用检验溶液中是否有 NH_4^+ 生成的办法来确定。

气室法检验 NH_4^+：将 5 滴被检验溶液滴入一表面皿中心，再加 3 滴 40%NaOH 溶液，混匀。在另一个较小的表面皿中心黏附一小条润湿的红色石蕊试纸(或酚酞试纸)，把它盖在大的表面皿上做成气室。将此气室放在水浴上微热 2 min，若红色石蕊试纸变蓝色(或酚酞试纸变红色)，则表示有 NH_4^+ 存在。

(2) 分别往三支试管中各加入 0.5 mL 0.1 mol·L^{-1} Na_2SO_3 溶液，然后再在第一支试管中加入 0.5 mL 1 mol·L^{-1} H_2SO_4 溶液，在第二支试管中加入 0.5 mL 水，在第三支试管中加入 0.5 mL 6 mol·L^{-1}NaOH 溶液，最后分别往三支试管中各滴几滴 0.01 mol·L^{-1} $KMnO_4$ 溶液，观察三支试管中的实验现象，产物是否有所不同，有何不同？写出上述实验现象涉及的反应方程式。

4. 浓度和酸度对氧化还原反应方向的影响

(1) 浓度的影响。

① 往盛有 1 mL 水、1 mL CCl_4 和 1 mL 0.1 mol·L^{-1} $Fe_2(SO_4)_3$ 溶液的试管中加入 1 mL 0.1 mol·L^{-1}KI 溶液，振荡后观察四氯化碳层的颜色。

② 往盛有 1 mL CCl_4、1 mL 0.1 mol·L^{-1} $FeSO_4$ 和 1 mL 0.1 mol·L^{-1} $Fe_2(SO_4)_3$溶液的试管中再加入 1 mL 0.1 mol·L^{-1}KI 溶液，振荡后观察四氯化碳层的颜色，与上一实验中四氯化碳层颜色有无区别？(硫酸亚铁、硫酸铁亦可用硫酸亚铁铵、硫酸铁铵溶液代替)

③ 在实验①的试管中加入 NH_4F 固体少许，振荡后观察四氯化碳层颜色的变化，说明浓度对氧化还原反应方向的影响。

(2) 酸度的影响。

① 取 0.1 mol·L^{-1} $NaAsO_2$ 溶液 3～4 滴，滴加碘水 3～4 滴，观察溶液的颜色。然后用盐酸酸化又有何变化？写出反应的离子方程式。

② 将 10 mL 0.1 mol·L^{-1} Na_3AsO_4 和 10 mL 0.1 mol·L^{-1} $NaAsO_2$ 混合在一小烧杯中，另一烧杯中混合 10 mL 0.1 mol·L^{-1}KI 溶液和 10 mL 0.1 mol·L^{-1}碘

水。每一烧杯中各插一碳棒，以盐桥连通，用导线把原电池与检流器连接。视指针的偏转程度，了解化学反应方向的改变。在 Na_3AsO_4 和 Na_3AsO_2 的混合液中逐滴滴入浓盐酸，观察检流器指针转动的情况；再在该溶液中滴入 40% NaOH 溶液（注意溶液发热），观察电流方向的改变，用原电池符号表示该反应。

5. 酸度对氧化还原反应速率的影响

在两支各盛有 1 mL 0.1 $mol \cdot L^{-1}$ KBr 溶液的试管中分别加入 3 $mol \cdot L^{-1}$ H_2SO_4、6 $mol \cdot L^{-1}$ HAc 溶液 0.5 mL，然后各加入 0.001 $mol \cdot L^{-1}$ $KMnO_4$ 溶液 2 滴，观察有何实验现象，比较两支试管中紫红色褪去的快慢速度，并写出所涉及的反应方程式。

五、注意事项

(1) 加 CCl_4 时，注意观察溶液上、下层的颜色变化。

(2) 在通风橱中做有 NO_2 气体等有毒或刺激性气体生成的实验。

(3) 注意观察电压表的偏向及数值变化。

六、知识链接

氧化还原反应在工农业生产及日常生活中应用广泛。农业生产中植物的光合作用和呼吸作用、工业生产中金属的冶炼（主要包括电解法、热还原法和湿法冶金等）、轻工业生产中纺织物的漂白、日常生活中苹果等水果的腐烂等都与氧化还原反应息息相关。在环境保护方面，水污染处理工程中可利用氧化还原法处理各种工业废水。

1. 碱性氯化法处理含氰废水

在碱性条件下，采用氯系氧化剂（氯气、次氯酸钠等）将氰根盐类物质氧化分解成氢气、氮气和碳酸盐等无毒害物质。该工艺的原理：次氯酸根的氧化作用。

第一阶段，氰化物在碱性条件中被氯氧化成氰酸盐（局部氧化法）：

$$NaCN + Cl_2 = CNCl + NaCl$$

$$CNCl + 2NaOH = NaCNO + NaCl + H_2O$$

上述第一个反应中，pH 为任何值时反应速率均很快；第二个反应与 pH 有关，应控制 pH＝10～11，反应方可进行。

总反应：　$NaCN + Cl_2 + 2NaOH = NaCNO + 2NaCl + H_2O$

第二阶段，加氯，使第一阶段生成的氰酸根进一步氧化为无毒的 N_2 和 CO_2（完全氧化法）：

$$2NaCNO + 4NaOH + 3Cl_2 = 6NaCl + 2CO_2 + N_2 + 2H_2O$$

2. 氧化还原法除含铬废水

废水中的 Cr(Ⅵ) 主要有两种存在形式：重铬酸根（$Cr_2O_7^{2-}$）和铬酸根（CrO_4^{2-}）。在水中：

$$2CrO_4^{2-} + 2H^+ \rightleftharpoons Cr_2O_7^{2-} + H_2O$$

$$Cr_2O_7^{2-} + 2OH^- \rightleftharpoons 2CrO_4^{2-} + 2H_2O$$

$pH \leqslant 4$ 时主要以 $Cr_2O_7^{2-}$ 存在，在碱性条件下主要以 CrO_4^{2-} 存在。

(1) 加入硫酸亚铁($FeSO_4$)时，有

$$Cr(\text{Ⅵ}) \longrightarrow Cr(\text{Ⅲ})(还原)；Fe(\text{Ⅱ}) \longrightarrow Fe(\text{Ⅲ})(氧化)$$

加入石灰后，使 pH 在 7.5～9.0 之间，可生成 $Cr(OH)_3$ 和 $Fe(OH)_3$ 沉淀。

(2) 也可采用亚硫酸盐还原法处理含铬废水。常用亚硫酸钠(Na_2SO_3)和亚硫酸氢钠($NaHSO_3$)作为还原剂，焦亚硫酸钠溶于水后生成亚硫酸氢钠。

Cr(Ⅵ)与 $NaHSO_3$ 反应：

$$Cr_2O_7^{2-} + 3HSO_3^- + 5H^+ = 2Cr^{3+} + 3SO_4^{2-} + 4H_2O$$

Cr(Ⅵ)与 Na_2SO_3 反应：

$$Cr_2O_7^{2-} + 3SO_3^{2-} + 8H^+ = 2Cr^{3+} + 3SO_4^{2-} + 4H_2O$$

还原后的 Cr(Ⅲ)在 pH 为 7～9 时生成 $Cr(OH)_3$ 沉淀，然后过滤回收铬污泥。

七、参考文献

[1] 郎建平，卞国庆. 无机化学实验[M]. 2 版. 南京：南京大学出版社，2013.

[2] 高廷耀，顾国维，周琪. 水污染控制工程(上册)[M]. 3 版. 北京：高等教育出版社，2007.

[3] 茹振修，柴路修，刘艳宾. 氧化还原法处理冶金综合电镀废水[J]. 中国有色冶金，2011，12(6)：60-62，79.

实验 12　离子交换法制备纯水

一、实验目的

(1) 学习离子交换法制备纯水的基本原理和方法。

(2) 掌握水质检验的原理和 Ca^{2+}、Mg^{2+}、Cl^-、SO_4^{2-} 等离子的定性检验方法。

(3) 学会使用电导率仪及 pH 计。

二、实验原理

离子交换法是目前广泛用于制备纯水的方法之一，离子交换法制备纯水的原理是基于树脂中的活性基团和水中各种离子间的可交换性。离子交换过程即水中的杂质离子(如 Ca^{2+}、Mg^{2+}、Cl^-、SO_4^{2-} 等)先通过扩散作用进入树脂颗粒内部，再与树脂活性基团中的 H^+ 或 OH^- 发生交换，交换出来的 H^+ 或 OH^- 又扩散到溶液中，并且相互结合成水的过程。

离子交换树脂是一类由交换剂本体和交换基团两部分组成的有机高分子聚合

物。例如，聚苯乙烯磺酸型强酸性阳离子交换树脂（R—SO_3H 型）由苯乙烯和二乙烯苯的共聚物经过浓硫酸处理后，在共聚物的苯环上引入磺酸基（—SO_3H）制备而成。季铵型强碱性阴离子交换树脂[R—$N^+(CH_3)_3OH^-$ 型]是在共聚物的本体上引入各种氨基制备而成。

R—SO_3H 型阳离子交换树脂交换基上的 H^+ 可以在溶液中游离，与水中的 Na^+、Ca^{2+}、Mg^{2+} 等阳离子进行交换，将水中的阳离子结合到树脂上，而 H^+ 进入水中，从而除去了水中的金属阳离子杂质。相关反应如下：

$$R—SO_3H + Na^+ \rightleftharpoons R—SO_3Na + H^+$$

$$2R—SO_3H + Ca^{2+} \rightleftharpoons (R—SO_3)_2Ca + 2H^+$$

$$2R—SO_3H + Mg^{2+} \rightleftharpoons (R—SO_3)_2Mg + 2H^+$$

R—$N^+(CH_3)_3OH^-$ 型阴离子交换树脂交换基上的 OH^- 可以在溶液中游离，可与 Cl^-、HCO_3^-、SO_4^{2-} 等阴离子进行交换，将杂质阴离子除去。相关反应如下：

$$R—N^+(CH_3)_3OH^- + Cl^- \rightleftharpoons R-N^+(CH_3)_3Cl^- + OH^-$$

$$R—N^+(CH_3)_3OH^- + HCO_3^- \rightleftharpoons R-N^+(CH_3)_3HCO_3^- + OH^-$$

$$2R—N^+(CH_3)_3OH^- + SO_4^{2-} \rightleftharpoons [R-N^+(CH_3)_3]_2SO_4^{2-} + 2OH^-$$

经阳离子交换树脂交换后流出的水中有过剩的 H^+，呈酸性；经阴离子交换树脂交换后流出的水中有过剩的 OH^-，呈碱性。经过混合的阴、阳离子交换树脂交换出来的 OH^- 与 H^+ 发生中和反应生成水。反应如下：

$$H^+ + OH^- = H_2O$$

因此，自来水通过与阴、阳离子交换树脂的交换反应可制得高纯度的水。本实验用自来水通过混合的阳离子交换树脂和阴离子交换树脂床进行离子交换反应制备纯水。

三、仪器和试剂

1. 仪器

电导率仪、pH 计（电极、标准溶液）、玻璃交换柱（长约 30 cm，直径 1 cm）、烧杯、试管、螺旋夹等。

2. 试剂

001×7 强酸性阳离子交换树脂、201×7 强碱性阴离子交换树脂、铬黑 T（EBT）指示剂（EBT ∶ NaCl＝1 ∶ 100），NaOH（2 mol·L^{-1}）、HCl（2 mol·L^{-1}）、HNO_3（6 mol·L^{-1}）、$BaCl_2$（1 mol·L^{-1}）、$AgNO_3$（0.1 mol·L^{-1}）溶液，NH_3-NH_4Cl 缓冲溶液（pH＝8～11）、60％乙醇溶液、甲基红指示剂（0.1％）、溴百里酚蓝指示剂（0.1％）。

3. 材料

玻璃纤维、乳胶管、pH 试纸、吸水纸。

四、基本操作

树脂的预处理、树脂的移取、交换柱的使用、螺旋夹的使用、电导率仪的使用、pH计的使用、固体试剂的取用、液体试剂的取用、试管的使用、滴管的使用。

五、实验步骤

1. 树脂的预处理

将 201×7 强碱性阴离子交换树脂和 001×7 强酸性阳离子交换树脂分别用 NaOH(2 mol·L^{-1})和 HCl(2 mol·L^{-1})溶液浸泡 24 h,使其充分转为OH^-型和H^+型树脂。

取 14 mL H^+型 001×7 强酸性阳离子交换树脂于小烧杯中,待树脂沉降后倾去上层酸液,用蒸馏水洗涤树脂至 pH=6~7。

另取 20 mL OH^-型 201×7 强碱性阴离子交换树脂于小烧杯中,待树脂沉降后倾去上层碱液,用蒸馏水洗涤至 pH=7~8。

将已处理好的阳、阴离子交换树脂充分混合,搅拌均匀。

2. 装柱

在交换柱下部放一团玻璃纤维(防止树脂漏出),交换柱下部通过乳胶管与一尖嘴玻璃管相连,乳胶管用螺旋夹夹住,将交换柱固定在铁架台上(图 4-5)。在交换柱中加入蒸馏水至高度的 1/3 处,排出管内玻璃纤维和尖嘴玻璃管中的空气,然后将混合好的树脂和水搅匀,从上端逐渐倾入交换柱中,树脂沿水下沉,避免带入气泡。若水过满,可松开螺旋夹放水,当上部残留的水达 1 cm 时,在树脂顶部也装入一小团玻璃纤维,防止注入溶液时将树脂冲起。在整个操作过程中,树脂要一直保持被水覆盖。如果树脂床中进入空气,则会产生偏流使交换效率降低。这种情况下需重新装柱,或者用长玻璃棒缓缓搅动树脂床赶走气泡。

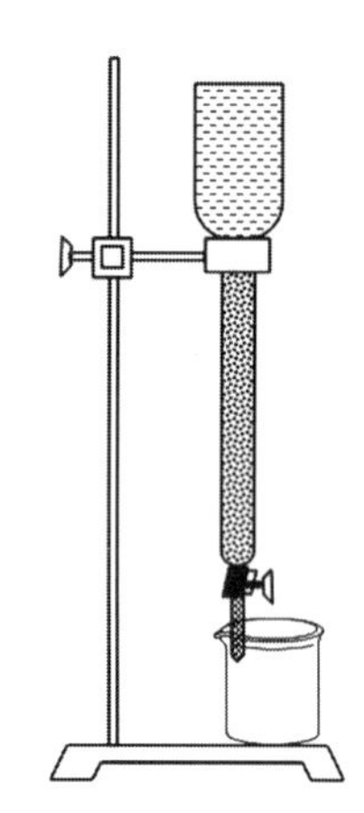

图 4-5　混合离子交换柱

3. 纯水制备

将自来水慢慢注入交换柱中,同时打开螺旋夹,使水成滴流出(流速控制在 1~2 滴/s),等流过约 50 mL 以后,截取流出液进行水质检验,直至检验合格。

4. 水质检验

纯水的检验有物理方法(测定水的电导率)和化学方法两类。纯水检验的主要项目如下:

(1) 电导率。

用电导率仪分别测定交换水和自来水的电导率。普通化学实验用水的电导率为

10 μS·cm^{-1}，若交换水的测定小于或等于这个数值，即为合格。

(2) pH。

① 用 pH 计测定纯水的 pH(通常在 6～7)，接近中性，即为合格。

② 在两支试管中各加 2～3 mL 纯水，一支中加 2 滴 0.1%甲基红指示剂，不显红色，另一支中加 5 滴 0.1%溴百里酚蓝指示剂，不显蓝色，即为合格。

③ 用 pH 试纸测定 pH。

(3) Ca^{2+}、Mg^{2+} 等的检验。

分别取 5～10 滴纯水和自来水于试管中，各加入 2 滴 pH＝8～11 的 NH_3-NH_4Cl 溶液和 1～2 滴铬黑 T 指示剂。若呈蓝色，说明上述离子含量甚微(或基本上不含上述离子)，水质合格；若呈红色，则说明水质不合格。

(4) Cl^- 的检验。

分别取 5～10 滴纯水和自来水于试管中，各加 1 滴 6 mol·L^{-1} HNO_3溶液酸化，再加入 1 滴 0.1 mol·L^{-1} $AgNO_3$溶液。若出现白色浑浊，则水质不合格；若没有出现白色浑浊，则水质合格。

(5) SO_4^{2-} 的检验。

分别取 5～10 滴纯水和自来水于试管中，各加 2～3 滴 2 mol·L^{-1} HCl 溶液酸化，再加入 1 滴 1 mol·L^{-1} $BaCl_2$溶液。若出现白色沉淀，则水质不合格；若没有出现白色沉淀，则水质合格。

六、数据记录与处理

将检验结果填入表 4-7，并根据检验结果得出结论。

表 4-7　自来水和交换水水质检验结果

检验项目	电导率	pH	Ca^{2+}、Mg^{2+}	Cl^-	SO_4^{2-}	结论
自来水						
交换水						

七、注意事项

(1) 移取树脂时最好用玻璃管。

(2) 交换柱装柱时要赶尽气泡。

(3) pH 计使用前要调零、调温度、定位。

(4) 测电导率、pH 时要事先洗涤电极并擦干。

八、实验讨论

(1) 试述离子交换法制纯水的基本原理。

(2) 试述装柱时要赶尽树脂床中气泡的原因。

(3) 试述钠型阳离子交换树脂和氯型阴离子交换树脂在使用前要分别用酸、碱处理，并洗至中性的原因。

(4) 制备纯水过程中，流速对水质有何影响？

九、知识链接

1. 纯水的检验

水中杂质离子越少，水的电导率就越小，水的纯度就越高。习惯上用电阻率(电导率的倒数)表示水的纯度。理想纯水有极小的电导率，其电阻率在 25 ℃时为 $1.8\times10^7\ \Omega\cdot cm$(电导率为 $0.056\ \mu S\cdot cm^{-1}$)。普通化学实验用水的电阻率为 $1.0\times10^5\ \Omega\cdot cm$(电导率为 $10\ \mu S\cdot cm^{-1}$)，若交换水的电导率小于 $10\ \mu S\cdot cm^{-1}$，即符合要求。

2. 去离子水、蒸馏水、纯水、高纯水、超纯水的区别

(1) 去离子水：将水通过阴、阳离子交换树脂，经离子交换反应去除水中阴、阳离子后的水。

(2) 蒸馏水：将水蒸馏、冷凝后得到的水。

(3) 纯水：去除了水中电解质和非电解质的水。

(4) 高纯水：化学纯度极高的水。

(5) 超纯水：电阻率大于 $18\ M\Omega\cdot cm$(25 ℃)的水。

十、参考文献

[1] 韩晓霞，杨文远，倪刚. 无机化学实验[M]. 天津：天津大学出版社，2017.

[2] 文利柏，虎玉森，白红进. 无机化学实验[M]. 2 版. 北京：化学工业出版社，2017.

[3] 中山大学等校. 无机化学实验[M]. 3 版. 北京：高等教育出版社，2015.

实验 13 离子交换法制备 $NaHCO_3$

一、实验目的

(1) 了解离子交换法制备 $NaHCO_3$ 的原理。

(2) 巩固离子交换树脂的预处理、装柱及交换操作方法。

二、实验原理

离子交换法制备 $NaHCO_3$ 的主要过程是在离子交换树脂上进行的。首先将 NH_4HCO_3 溶液通过钠型阳离子交换树脂，转变为 $NaHCO_3$ 溶液，再将 $NaHCO_3$ 溶液浓缩、结晶、干燥为晶体 $NaHCO_3$。

实验使用的树脂为聚苯乙烯磺酸型强酸性阳离子交换树脂(001×7 树脂)。经

预处理和转型后，树脂从氢型（$R—SO_3H$）完全转变为钠型（$R—SO_3Na$），树脂交换基团上的 Na^+ 可与溶液中的阳离子进行交换。当 NH_4HCO_3 溶液流经 $R—SO_3Na$ 树脂时，发生的交换反应如下：

$$R—SO_3Na + NH_4HCO_3 \rightleftharpoons R—SO_3NH_4 + NaHCO_3$$

离子交换反应是可逆反应，可以通过控制交换温度、出液流速、溶液浓度等因素使反应按某一方向进行。离子交换树脂达饱和后失去交换能力，可通过 NaCl 溶液再生而恢复原来的交换能力，再生所得的 NH_4Cl 溶液可作为氮肥使用。

本实验用少量较低浓度的 NH_4HCO_3 溶液以较慢的流速流经 $R—SO_3Na$ 树脂进行交换反应，得到 $NaHCO_3$ 溶液。

三、仪器和试剂

1. 仪器

玻璃交换柱、烧杯、点滴板、量筒、锥形瓶、移液管、蒸发皿、电子天平。

2. 试剂

001×7(732)阳离子交换树脂，HCl（0.1 $mol \cdot L^{-1}$、2 $mol \cdot L^{-1}$）、$Ba(OH)_2$（饱和）、NaCl（3 $mol \cdot L^{-1}$）、NH_4HCO_3（1 $mol \cdot L^{-1}$）、$AgNO_3$（0.1 $mol \cdot L^{-1}$）溶液，甲基橙（1%）、奈斯勒试剂。

3. 材料

镍铬丝（或铂丝）、pH 试纸、玻璃纤维。

四、基本操作

树脂的预处理、树脂的移取、交换柱的使用、固体试剂的取用、液体试剂的取用、试管的使用、滴管的使用。

五、实验步骤

1. 树脂的预处理

用 2 $mol \cdot L^{-1}$ HCl 溶液将 001×7 阳离子交换树脂转型为氢型（$R—SO_3H$）阳离子交换树脂。然后将氢型树脂放入大烧杯中，用 3 $mol \cdot L^{-1}$ NaCl 溶液浸泡 24 h，再用蒸馏水洗涤树脂，直至溶液中不含 Cl^-（用 $AgNO_3$ 溶液检验），并用蒸馏水浸泡，待用。

2. 装柱

用玻璃管吸取约 10 mL 经预处理过的钠型阳离子交换树脂于小量筒中用于装柱。装柱操作详见本章实验 12（注意树脂层应始终保持在液面以下，树脂床中应无空气）。

3. 交换

装柱完成后，先慢慢注入 10 mL 去离子水，调节出液流速为 10～15 滴/min。当液面下降至高出树脂层 1 cm 时，将 1 $mol \cdot L^{-1}$ 的 NH_4HCO_3 溶液缓慢加入交换柱中，用小烧杯承接流出液。

开始交换时，不断用 pH 试纸检测流出液的 pH，当其 pH 稍大于 7 时，换用量筒承接流出液(最初流出液基本上是水，可弃去)。继续检测流出液的 pH，当 pH 接近 7 时可停止交换。记下所收集的流出液的体积 $V(NaHCO_3)$。流出液用作定性检验和定量分析。

4. 定性检验

分别取 1 $mol \cdot L^{-1}$ NH_4HCO_3 和流出液进行以下各项检验：

(1) 用奈斯勒试剂检验 NH_4^+ 是否存在(若产生红棕色沉淀，说明溶液中存在 NH_4^+)。

(2) 用铂丝做焰色反应，检验 Na^+ 是否存在。

(3) 用 2 $mol \cdot L^{-1}$ HCl 溶液和饱和 $Ba(OH)_2$ 溶液检验 HCO_3^- 是否存在。

(4) 用 pH 试纸检验溶液的 pH。

5. 蒸发结晶

将用于定量分析的流出液转移至蒸发皿中蒸发浓缩，加热到有晶膜析出时停止加热，冷却后减压过滤得到 $NaHCO_3$ 晶体，用吸水纸吸干晶体表面的水分，得到晶体 $NaHCO_3$。

6. 树脂再生

交换饱和后的离子交换树脂可先用蒸馏水洗涤至流出液中无 NH_4^+ 和 HCO_3^- (控制流速为 20～25 滴/min)，再用 3 $mol \cdot L^{-1}$ NaCl 溶液进行再生处理(控制流速为 20～25 滴/min，直至流出液中无 NH_4^+)，再生后的树脂再用蒸馏水洗至无 Cl^-，并浸泡在蒸馏水中，备用。

六、数据记录与处理

1. 检验结果

将制备的 $NaHCO_3$ 检验结果填入表 4-8，并根据检验结果得出结论。

表 4-8　$NaHCO_3$ 检验结果

检验项目	NH_4^+	Na^+	HCO_3^-	pH	结论
NH_4HCO_3 溶液					
流出液					

2. 定量分析

用电子天平称量所制得的 $NaHCO_3$ 晶体质量，并计算 $NaHCO_3$ 的产率。

七、注意事项

(1) 移取树脂时最好用玻璃管。

（2）交换柱装柱时要赶尽气泡。

（3）交换柱中的树脂层应始终保持在液面以下。

八、实验讨论

（1）离子交换法制备 $NaHCO_3$ 的基本原理是什么？

（2）交换过程中为什么要防止空气进入柱内？

（3）交换过程中流速调节过快或过慢对结果有何影响？

九、知识链接

离子交换树脂使用一段时间后，吸附的杂质接近饱和状态，失去了吸附能力，需要进行再生处理。所谓再生处理，即使用化学试剂将树脂所吸附的离子和其他杂质洗脱除去，使树脂恢复原来的组成和性能。树脂再生时的化学反应是树脂交换吸附的逆反应。按化学反应平衡原理，提高化学反应某一方向物质的浓度，可促使反应向另一方向进行，故提高再生液浓度可加速再生反应，并达到较高的再生水平。

离子交换树脂的再生特性与其类型和结构密切相关。弱酸性或弱碱性树脂较易再生，所用再生剂量只需稍多于理论值即可；而强酸性和强碱性树脂的再生比较困难，需用再生剂量显著高于理论值。在实际运用中，为降低再生费用，要适当控制再生剂用量，使树脂的性能恢复到最经济合理的再生水平，通常控制性能恢复程度为70%～80%。

十、参考文献

[1] 范勇，屈学俭，徐家宁. 基础化学实验：无机化学实验分册[M]. 2 版. 北京：高等教育出版社，2015.

[2] 文利柏，虎玉森，白红进. 无机化学实验[M]. 2 版. 北京：化学工业出版社，2017.

实验 14　配位化合物的生成和性质

一、实验目的

（1）比较配合物与简单化合物、复盐的区别。

（2）掌握配位平衡与沉淀反应、氧化还原反应、溶液酸碱性的关系。

（3）了解螯合物的形成条件。

（4）了解利用配合物的掩蔽效应鉴别离子的方法。

二、实验原理

1. 配合物

中心原子或离子与一定数目的中性分子或阴离子以配位键结合形成配位个体。

配位个体处于配合物的内界，若带有电荷就称为配离子（带正电荷称为配阳离子，带负电荷称为配阴离子）。配离子与带有相同数目的相反电荷的离子（外界）组成配位化合物，简称配合物。

配合物与复盐的区别：配合物在水溶液中解离出来的配离子很稳定，只有一部分解离出简单离子；而复盐则全部解离为简单离子。例如：

配合物：$[Cu(NH_3)_4]SO_4 = [Cu(NH_3)_4]^{2+} + SO_4^{2-}$（完全解离）

$[Cu(NH_3)_4]^{2+} \rightleftharpoons Cu^{2+} + 4NH_3$（部分解离）

复盐：$NH_4Fe(SO_4)_2 = NH_4^+ + Fe^{3+} + 2SO_4^{2-}$（完全解离）

$[Cu(NH_3)_4]^{2+}$ 称为配离子（内界），其中 Cu^{2+} 为中心离子，NH_3 为配位体，SO_4^{2-} 为外界。配合物的内界和外界可以用实验来确定。

简单金属离子在形成配离子后，其颜色、酸碱性、溶解性及氧化还原性往往都会发生变化。例如，AgCl 难溶于水，但 $[Ag(NH_3)_2]Cl$ 易溶于水，因此可以通过 AgCl 与氨水的配位反应使 AgCl 溶解。

每种配离子在溶液中同时存在着配位和解离两个相反的过程，即存在着配位平衡。例如：

$$Co^{3+} + 6NH_3 \rightleftharpoons [Co(NH_3)_6]^{3+}$$

$$K_{稳} = \frac{[Co(NH_3)_6^{3+}]}{[Co^{3+}][NH_3]^6}$$

$K_{稳}$ 称为稳定常数，不同配离子具有不同的稳定常数。对于同种配位构型的配离子，$K_{稳}$ 愈大，表示配离子愈稳定。

根据平衡移动原理，改变中心离子或配位体的浓度会使配位平衡发生移动。例如，加入沉淀剂、改变溶液的浓度和酸度等，配位平衡将发生移动。

2. 螯合物

螯合物又称内配合物，它是中心离子与多齿配体生成的配合物，因为配体与中心离子之间键合形成封闭的环，因而称为螯合物。多齿配体即螯合剂，多为有机配体。螯合物的稳定性与它的环状结构有关，一般来说，五元环、六元环比较稳定，形成环的数目越多越稳定。

三、仪器和试剂

1. 仪器

试管、离心机、离心试管、烧杯、白瓷点滴板、滴管等。

2. 试剂

H_2SO_4（1 mol·L^{-1}、2 mol·L^{-1}）、HNO_3（2 mol·L^{-1}）、NaOH（1 mol·L^{-1}、2 mol·L^{-1}、6 mol·L^{-1}）、$NH_3 \cdot H_2O$（0.1 mol·L^{-1}、2 mol·L^{-1}、6 mol·L^{-1}）、

$NiSO_4$(0.2 mol·L^{-1})、$CuSO_4$(1 mol·L^{-1})、$BaCl_2$(0.1 mol·L^{-1})、$Fe(NO_3)_3$(0.1 mol·L^{-1})、$AgNO_3$(0.1 mol·L^{-1})、NaCl(0.1 mol·L^{-1})、KBr(0.1 mol·L^{-1})、KI(0.1 mol·L^{-1})、NH_4F(2 mol·L^{-1})、KSCN(0.1 mol·L^{-1})、$(NH_4)_2C_2O_4$(饱和)、$Na_2S_2O_3$(0.5 mol·L^{-1})、$K_3[Fe(CN)_6]$(0.1 mol·L^{-1})、$NH_4Fe(SO_4)_2$(0.1 mol·L^{-1})、$(NH_4)_2Fe(SO_4)_2$(0.1 mol·L^{-1})、$Na_3[Co(NO_2)_6]$(1%)、EDTA(0.1 mol·L^{-1})、邻菲罗啉(0.25%)、丁二酮肟(1%)溶液，无水乙醇，CCl_4。

四、基本操作

离心试管的使用、滴管的使用。

五、实验步骤

1. 配合物与简单化合物、复盐的区别

(1) 在试管中加入 1 mL 1 mol·L^{-1} $CuSO_4$溶液，滴加 2 mol·L^{-1}氨水至产生沉淀后，继续滴加氨水直到溶液呈深蓝色。将此溶液分为五份，在第一、二两份中分别滴加少量 1 mol·L^{-1} NaOH 溶液、0.1 mol·L^{-1} $BaCl_2$溶液，有何现象？将此现象与$CuSO_4$溶液中分别滴加 NaOH 溶液和 $BaCl_2$溶液的现象进行比较，并解释这些现象。在第三份中加入 10 滴无水乙醇，观察现象。第四、五份留待备用。

(2) 在两支试管中分别加入 1 mL 0.1 mol·L^{-1} $K_3[Fe(CN)_6]$溶液和 0.1 mol·L^{-1} $NH_4Fe(SO_4)_2$溶液，然后分别滴加 1 滴 0.1 mol·L^{-1} KSCN 溶液，观察颜色的变化并解释实验现象。

比较上述实验结果，讨论配合物与简单化合物、复盐的区别。

2. 配位平衡的移动

(1) 配离子之间的转化。

取 4 滴 0.1 mol·L^{-1} $Fe(NO_3)_3$溶液于试管中，滴加 2 滴 0.1 mol·L^{-1} KSCN 溶液，溶液呈何颜色？然后滴加 2 mol·L^{-1} NH_4F 溶液至溶液变成无色，再滴加饱和$(NH_4)_2C_2O_4$溶液至溶液变成淡黄色。写出反应方程式并加以说明。

(2) 配位平衡与沉淀溶解平衡。

向离心试管中加入 5 滴 0.1 mol·L^{-1} $AgNO_3$溶液和 5 滴 0.1 mol·L^{-1} NaCl 溶液，离心分离，弃去清液。用蒸馏水洗涤沉淀两次，然后加入 2 mol·L^{-1}氨水至沉淀刚好溶解。向溶液中加 1 滴 0.1 mol·L^{-1} NaCl 溶液，是否有 AgCl 沉淀生成？再加入 1 滴 0.1 mol·L^{-1} KBr 溶液，有无沉淀生成？沉淀呈什么颜色？继续加入 KBr 溶液至不再产生 AgBr 沉淀，离心分离，弃去清液，并用少量蒸馏水洗涤沉淀两次，然后加入 0.5 mol·L^{-1} $Na_2S_2O_3$溶液直到沉淀溶解。向溶液中加 1 滴0.1 mol·L^{-1} KBr 溶液，有无 AgBr 沉淀生成？再加 1 滴 0.1 mol·L^{-1} KI 溶液，有什么现象？根据难溶物的溶度积常数和配离子的稳定常数解释上述一系列现象，并写出反应方程式。

(3) 配位平衡与氧化还原反应。

取两支试管，各加入5滴0.1 mol·L^{-1} $Fe(NO_3)_3$溶液，然后向一支试管中加入5滴饱和$(NH_4)_2C_2O_4$溶液，另一试管中加5滴蒸馏水，再向两支试管中各加5滴0.1 mol·L^{-1} KI溶液和5滴CCl_4，充分振荡，观察两支试管中四氯化碳层的颜色，解释实验现象。

(4) 配位平衡与酸碱反应。

在实验步骤1(1)保留的第四份溶液中逐滴加入1 mol·L^{-1} H_2SO_4溶液，溶液颜色有何变化？是否有沉淀产生？继续滴加H_2SO_4直至溶液呈酸性，观察现象，并解释溶液酸碱性对配位平衡的影响。

取5滴$Na_3[Co(NO_2)_6]$溶液，逐滴加入6 mol·L^{-1} NaOH溶液，振荡试管，加热，有何现象？解释溶液酸碱性对配位平衡的影响。

3. 螯合物的形成

(1) 分别在实验步骤1(1)保留的第五份溶液和5滴$[Fe(SCN)_6]^{3-}$溶液（自己制备）中滴加0.1 mol·L^{-1} EDTA溶液，各有何现象产生？解释实验现象。

(2) Fe^{2+}与邻菲罗啉在微酸性溶液中反应，生成橘红色的配离子。在点滴板上滴1滴0.1 mol·L^{-1} $(NH_4)_2Fe(SO_4)_2$溶液和2～3滴0.25%邻菲罗啉溶液，观察现象。

(3) Ni^{2+}与二乙酰二肟（丁二酮肟）反应生成鲜红色的内络盐沉淀。H^+浓度过大不利于Ni^{2+}生成内络盐；而OH^-浓度也不宜太高，否则会生成$Ni(OH)_2$沉淀。合适的酸度范围是pH为5～10。在白色点滴板上滴1滴0.2 mol·L^{-1} $NiSO_4$溶液、1滴0.1 mol·L^{-1}氨水和1滴1%丁二酮肟溶液，观察实验现象。

六、注意事项

(1) NH_4F试剂对玻璃有腐蚀作用，应使用塑料瓶贮藏。

(2) 制备$[Cu(NH_3)_4]SO_4$时，应加过量氨水生成深蓝色溶液，否则影响下面的实验。

(3) 为了便于观察沉淀是否溶解，最好取少量沉淀来做实验。

(4) 实验中得到的AgBr沉淀一般为白色，当离子浓度较高、得到的沉淀较多时为淡黄色。

七、实验讨论

(1) 总结本实验中所观察到的现象，说明有哪些因素影响配位平衡。

(2) Fe^{3+}可以将I^-氧化为I_2，而自身被还原成Fe^{2+}，但Fe^{2+}的配离子$[Fe(CN)_6]^{4-}$又可以将I_2还原成I^-，而自身被氧化成$[Fe(CN)_6]^{3-}$，如何解释此

现象？

(3) 根据实验结果比较配体 SCN^-、F^-、$C_2O_4^{2-}$、EDTA 的配位能力强弱。

八、知识链接

配位化合物简称配合物，是一类应用非常广泛和重要的化合物。随着科学技术的发展，它在科学研究和生产实践中显现出越来越重要的作用。配合物在许多方面有广泛的应用。例如，Fe^{3+} 的鉴定反应，在溶液中加入 SCN^-，即有下列反应发生：$Fe^{3+}+SCN^- \xlongequal{} [Fe(SCN)]^{2+}$（血红色）。这一反应极为灵敏，含量极小的 Fe^{3+} 也可检出；同时，还可做比色分析以测定其浓度。螯合物大都具有特征颜色。例如，丁二酮肟与 Ni^{2+} 在氨溶液中生成鲜红色的螯合物沉淀，用来鉴定溶液中 Ni^{2+} 的存在是相当灵敏的。在实验研究中，常用形成配合物的方法来检验金属离子、分离物质、定量测定物质的组成。在生产中，配合物被广泛应用于染色、电镀、硬水软化、金属冶炼领域。在许多尖端领域，如激光材料、超导材料、抗癌药物的研究、催化剂的研制等方面，配合物发挥着越来越大的作用。

九、参考文献

[1] 郎建平，卞国庆. 无机化学实验[M]. 2 版. 南京：南京大学出版社，2013.

[2] 南京大学大学化学实验教学组. 大学化学实验[M]. 北京：高等教育出版社，1999.

[3] 刘丹萍，王海燕. 配合物的制备及应用[J]. 郧阳师范高等专科学校学报，2008，28(3)：41-45.

实验 15 s 区金属（碱金属和碱土金属）

一、实验目的

(1) 通过实验比较碱金属和碱土金属的活泼性。

(2) 通过实验比较碱土金属的氢氧化物和某些盐类的溶解性。

(3) 学习并掌握焰色反应的操作方法，学会鉴定碱金属、碱土金属离子。

二、实验原理

元素周期表ⅠA 族包括锂、钠、钾、铷、铯、钫六种金属元素，它们的氧化物溶于水呈强碱性，所以称之为碱金属，其价层电子构型均为 ns^1。元素周期表ⅡA 族包括铍、镁、钙、锶、钡、镭六种金属元素，由于钙、锶、钡的氧化物在性质上介于“碱性”和“土性”（以前把黏土的主要成分 Al_2O_3 称为“土”）之间，所以称之为碱土金属，其价层电子构型均为 ns^2。这两组元素是周期表中最典型的金属元素，化学性质非常活泼，其单质都是强还原剂。

碱金属氢氧化物除 LiOH 为溶解度较小的中强碱外，其余的碱金属氢氧化物都是易溶的强碱。碱土金属氢氧化物除 $Be(OH)_2$ 呈两性外，其余都呈碱性，其碱性小于碱金属氢氧化物，在水中的溶解度也较小，都能从溶液中沉淀析出。

碱金属盐多数易溶于水，只有少数几种盐难溶，可利用它们的难溶性来鉴定 K^+、Na^+。在碱土金属盐中，硝酸盐、卤化物、醋酸盐易溶于水，碳酸盐、草酸盐等难溶于水，可利用难溶盐的生成和溶解性的差异来鉴定 Mg^{2+}、Ca^{2+}。

三、仪器和试剂

1. 仪器

烧杯(100 mL)、试管(10 mL)、小刀、镊子、坩埚、坩埚钳、离心机。

2. 试剂

Na(s)、K(s)、镁粉、酚酞指示剂，NaCl(1 mol·L^{-1})、KCl(1 mol·L^{-1})、$MgCl_2$(0.5 mol·L^{-1}、1 mol·L^{-1})、$CaCl_2$(0.5 mol·L^{-1}、1 mol·L^{-1})、$SrCl_2$(1 mol·L^{-1})、$BaCl_2$(0.5 mol·L^{-1}、1 mol·L^{-1})、NaOH(新配 2 mol·L^{-1}、6 mol·L^{-1})、$NH_3 \cdot H_2O$(6 mol·L^{-1})、NH_4Cl(1 mol·L^{-1})、HCl(2 mol·L^{-1}、6 mol·L^{-1})、Na_2CO_3(1 mol·L^{-1})、HAc(2 mol·L^{-1})、HNO_3(浓)、Na_2SO_4(1 mol·L^{-1})、$(NH_4)_2SO_4$(饱和)、$(NH_4)_2C_2O_4$(饱和)溶液。

3. 材料

铂丝(或镍铬丝)、pH 试纸、钴玻璃、滤纸。

四、基本操作

滴瓶的使用、试管的使用、溶解、离心机的使用。

五、实验步骤

1. 钠、钾、镁的性质

(1) 钠与空气中氧的作用。

用镊子从煤油中取出一小块金属钠，用滤纸吸干钠块表面的煤油，用小刀切去表面的氧化膜，切成绿豆般大小，立即置于坩埚中用酒精灯加热。仔细观察反应情况和生成产物的颜色、状态。冷却后，取坩埚中少量固体于试管中，滴加少量蒸馏水，用带火星的木条放在试管口，观察现象。然后用 pH 试纸测定所得溶液的酸碱性。写出有关反应方程式。

(2) 钠、钾、镁与水的作用。

用镊子从煤油中取出一小块金属钠和金属钾，用滤纸吸干其表面的煤油，用小刀切去表面的氧化膜，切成绿豆般大小，立即将它们分别放入盛水的烧杯中。可将事先准备好的合适漏斗倒置覆盖在烧杯口，以确保安全。观察两者分别与水反应的情况，并进行比较。反应终止后，滴加 1～2 滴酚酞指示剂，检验溶液的酸碱性。根据反应进行的剧烈程度比较钠、钾的金属活动性。写出有关反应方程式。

在试管中加入少量镁粉以及约 2 mL 蒸馏水，滴加 1～2 滴酚酞指示剂，观察现象。然后加热该试管 2～3 min，再观察溶液的颜色变化，解释产生该现象的原因并写出反应方程式。

2. 镁、钙、钡氢氧化物的溶解性

(1) 在三支试管中分别加入 0.5 mL 0.5 mol·L^{-1} $MgCl_2$、$CaCl_2$、$BaCl_2$溶液，再各加入 0.5 mL 2 mol·L^{-1} NaOH 溶液(新配制)。观察每一支试管中的沉淀量，由实验结果比较碱土金属氢氧化物溶解度递变顺序。沉淀经离心分离后，分成两份，分别加入 6 mol·L^{-1}HCl 溶液和 6 mol·L^{-1}NaOH 溶液，观察沉淀是否溶解，写出有关反应方程式。

(2) 在试管中加入 2 滴 0.5 mol·L^{-1} $MgCl_2$ 溶液，再加 2 滴 6 mol·L^{-1} $NH_3 \cdot H_2O$ 溶液，观察生成沉淀的颜色。沉淀经离心分离后，加入 1 mol·L^{-1} NH_4Cl溶液直至沉淀溶解，解释现象并写出反应方程式。

3. 碱土金属难溶性盐的生成及性质

(1) 碳酸盐。

各取 2 滴 0.5 mol·L^{-1} $MgCl_2$、$CaCl_2$、$BaCl_2$溶液于三支试管中，加 2 滴 1 mol·L^{-1} Na_2CO_3溶液，所得沉淀经离心分离后，分别与 2 mol·L^{-1} HAc 和 2 mol·L^{-1} HCl 溶液反应，观察沉淀是否溶解，写出反应方程式。

(2) 硫酸盐。

各取 2 滴 1 mol·L^{-1} $MgCl_2$、$CaCl_2$、$BaCl_2$溶液于三支试管中，滴加 1 mol·L^{-1} Na_2SO_4溶液，观察是否生成沉淀。沉淀经离心分离后，分别与饱和$(NH_4)_2SO_4$和浓硝酸反应，观察现象并比较硫酸盐溶解度的大小，写出反应方程式。

(3) 草酸盐。

各取 2 滴 1 mol·L^{-1} $MgCl_2$、$CaCl_2$、$BaCl_2$ 溶液于三支试管中，滴加饱和$(NH_4)_2C_2O_4$溶液，所得沉淀经离心分离后，分别与 2 mol·L^{-1} HAc 和 2 mol·L^{-1} HCl 溶液反应，观察现象并写出反应方程式。

白色的 CaC_2O_4沉淀的生成可表示 Ca^{2+} 的存在，此反应可作为 Ca^{2+} 的鉴定反应。

4. 碱金属、碱土金属元素的焰色反应

取一根洁净的铂丝(或镍铬丝)，铂丝的尖端弯成小环状，蘸以 6 mol·L^{-1}HCl 溶液在无色的火焰(氧化焰)中灼烧片刻，再浸入 HCl 溶液中，再灼烧，如此重复直至火焰无色。依照此法，分别蘸取 1 mol·L^{-1} NaCl、KCl、$CaCl_2$、$SrCl_2$、$BaCl_2$溶液在氧化焰中灼烧，观察火焰的颜色。每进行完一种溶液的焰色反应，均需蘸浓盐酸灼烧铂丝(或镍铬丝)，烧至火焰呈无色后，再进行新的溶液的焰色反应。观察钾元素的焰色时，为消除黄色钠焰对钾焰色的干扰，一般需透过蓝色钴玻璃片滤光后观察。

六、现象记录

将实验现象填入表 4-9。

表 4-9　s 区金属实验现象记录表

实验内容	实验操作	实验现象	现象解释及原理
钠、钾、镁的性质			
镁、钙、钡氢氧化物的溶解性			
碱土金属难溶性盐的生成及性质			
碱金属、碱土金属元素的焰色反应			

七、实验讨论

(1) 实验室中若发生镁燃烧事故，该如何处理？

(2) 怎样用平衡移动的原理解释 $MgCl_2$ 溶液中加入氨水有沉淀产生，加入 NH_4Cl 固体后沉淀又溶解的现象？

(3) 将擦净的镁条投入滴有酚酞的水中，开始镁条表面有红色出现，加热后红色消失，这是为什么？

实验 16　p 区金属（铝、锡、铅、锑、铋）

一、实验目的

(1) 掌握铝的化学性质。

(2) 通过实验比较铝、锡、铅、锑、铋的氢氧化物和盐类的溶解性。

(3) 掌握锑(Ⅲ)、铋(Ⅲ)盐的水解作用。

(4) 通过实验比较 PbO_2 和 $NaBiO_3$ 的氧化性大小。

二、实验原理

铝是第三周期ⅢA 族元素，其原子的价层电子构型为 $3s^2 3p^1$，属于中等活泼金属，能与非金属（氧、硫、碘）以及水反应形成氧化值为 +3 的化合物。锡、铅是ⅣA 族元素，其原子的价层电子构型为 $ns^2 np^2$，它们能形成氧化值为 +2 和 +4 的化合物。锑、铋是ⅤA 族元素，其原子的价层电子构型为 $ns^2 np^3$，它们能形成氧化值为 +3 和 +5 的化合物。

$Al(OH)_3$、$Sn(OH)_2$、$Pb(OH)_2$、$Sb(OH)_3$都是两性氢氧化物，$Bi(OH)_3$呈碱性，α-H_2SnO_3既能溶于酸也能溶于碱，而β-H_2SnO_3既不溶于酸也不溶于碱。

Al^{3+}、Sn^{2+}、Pb^{2+}、Sb^{3+}在水溶液中发生显著的水解反应，加入相应的酸可以抑制它们的水解。

锡(Ⅱ)的化合物具有较强的还原性。Sn^{2+}与$HgCl_2$的反应可用于鉴定Sn^{2+}或Hg^{2+}；碱性溶液中，$[Sn(OH)_4]^{2-}$与Bi^{3+}反应可用于鉴定Bi^{3+}。

铅(Ⅳ)和铋(Ⅴ)的化合物都具有强氧化性。PbO_2和$NaBiO_3$都是强氧化剂，在酸性溶液中它们都能将Mn^{2+}氧化为MnO_4^-。

铅的许多盐难溶于水，$PbCl_2$能溶于热水。利用Pb^{2+}和CrO_4^{2-}的反应可以鉴定Pb^{2+}。

三、仪器和试剂

1. 仪器

烧杯(250 mL)、试管(10 mL)、离心管(10 mL)、小刀、镊子、离心机。

2. 试剂

铝片、$SbCl_3$(s)、$NaBiO_3$(s)、PbO_2(s)、酚酞指示剂，$HgCl_2$(0.2 $mol \cdot L^{-1}$、0.5 $mol \cdot L^{-1}$)、NaOH(新配 2 $mol \cdot L^{-1}$、6 $mol \cdot L^{-1}$)、$AlCl_3$(0.5 $mol \cdot L^{-1}$)、$SnCl_2$(0.5 $mol \cdot L^{-1}$)、$Pb(NO_3)_2$(0.5 $mol \cdot L^{-1}$)、$SbCl_3$(0.5 $mol \cdot L^{-1}$)、$Bi(NO_3)_3$(0.5 $mol \cdot L^{-1}$)、HCl(6 $mol \cdot L^{-1}$、浓)、H_2SO_4(2 $mol \cdot L^{-1}$)、HNO_3(6 $mol \cdot L^{-1}$)、HAc(6 $mol \cdot L^{-1}$)、NH_4Ac(饱和)、$(NH_4)_2S_x$(6 $mol \cdot L^{-1}$)、Na_2S(0.5 $mol \cdot L^{-1}$)、K_2CrO_4(0.5 $mol \cdot L^{-1}$)、K_2SO_4(0.5 $mol \cdot L^{-1}$)、$MnSO_4$(0.002 $mol \cdot L^{-1}$)溶液。

3. 材料

砂纸、pH 试纸。

四、基本操作

酒精灯的使用、试管的使用、滴瓶的使用、溶解。

五、实验步骤

1. 铝的性质

取一小块铝片，用砂纸擦去表面的氧化物，放入试管中，加入少量冷水，观察现象。然后加热煮沸，观察有何现象发生，用酚酞指示剂检验产物的酸碱性。写出反应方程式。

另取一小块铝片，用砂纸擦去表面的氧化物，放入试管中，滴加 2 滴 0.2 $mol \cdot L^{-1}$ $HgCl_2$溶液，观察现象。用棉花或纸将液体擦干后，将此金属置于空气中，观察铝片上长出的白色铝毛。再将铝片置于盛水的试管中，观察氢气的放出(若反应缓慢，可加热试管观察反应现象）。写出反应方程式。

2. 铝、锡、铅、锑、铋氢氧化物的溶解性

取5支洁净的试管，分别加入浓度均为 0.5 mol·L^{-1} 的 $AlCl_3$、$SnCl_2$、$Pb(NO_3)_2$、$SbCl_3$、$Bi(NO_3)_3$溶液各 0.5 mL，然后均加入等体积新配制的 2 mol·L^{-1} NaOH 溶液，观察沉淀的生成并写出反应方程式。

把以上所得沉淀经离心分离后分成两份，分别加入 6 mol·L^{-1} NaOH 溶液和 6 mol·L^{-1} HCl 溶液，观察沉淀是否溶解，写出反应方程式。

3. 铅(Ⅱ)、锡(Ⅱ)的难溶化合物

(1) 往试管中加入2滴 0.5 mol·L^{-1} $Pb(NO_3)_2$溶液，再加入 1 mL 6 mol·L^{-1} HCl 溶液，观察现象并写出反应方程式。用蒸馏水稀释到 3 mL 呈浑浊状态后，加热试管，观察沉淀是否溶解。再把溶液放置冷却，观察相关变化，说明氯化铅溶解度与温度的关系。

(2) 往 1 mL 0.5 mol·L^{-1} $Pb(NO_3)_2$溶液中加入 0.5 mL 6 mol·L^{-1} HAc 溶液，再滴加 0.5 mol·L^{-1} K_2SO_4溶液，观察现象并写出反应方程式。所得沉淀经离心分离后，再分别与 6 mol·L^{-1} HNO_3和 6 mol·L^{-1} NaOH 溶液反应。

(3) 往5滴 0.5 mol·L^{-1} $Pb(NO_3)_2$溶液中加入5滴 0.5 mol·L^{-1} K_2SO_4溶液，观察产物的颜色状态。试验所得沉淀是否溶于饱和 NH_4Ac 溶液中，写出反应方程式。

(4) 往5滴 0.5 mol·L^{-1} $Pb(NO_3)_2$溶液中加入几滴 0.5 mol·L^{-1} K_2CrO_4溶液，观察 $PbCrO_4$沉淀的生成。试验沉淀在 6 mol·L^{-1} HNO_3和 6 mol·L^{-1} NaOH 溶液中的溶解情况，写出反应方程式。

(5) 往两支离心管中各加入5滴 0.5 mol·L^{-1} $Pb(NO_3)_2$溶液，再各加入数滴 0.5 mol·L^{-1} Na_2S溶液，观察现象。离心分离，弃去清液，分别将它们与 6 mol·L^{-1} HNO_3和 6 mol·L^{-1} $(NH_4)_2S_x$ 溶液反应，写出反应方程式。

(6) 用 0.5 mol·L^{-1} $SnCl_2$溶液代替 $Pb(NO_3)_2$溶液，重复上述实验(5)，观察现象并写出反应方程式。

4. 锑(Ⅲ)、铋(Ⅲ)盐的水解作用

(1) 锑(Ⅲ)盐的水解：把少量固体 $SbCl_3$加入盛有 2 mL 蒸馏水的试管中，观察现象。用 pH 试纸检验溶液的酸碱性。再往试管中加入 6 mol·L^{-1} HCl 溶液，振荡，观察沉淀是否溶解。把所得溶液再进行稀释，又会有什么变化？解释该现象并写出反应方程式。

(2) 自己设计实验验证铋(Ⅲ)盐的水解。

5. 锡(Ⅱ)的还原性和铅(Ⅳ)、铋(Ⅴ)的氧化性

(1) 往5滴0.5 mol·L^{-1} $HgCl_2$溶液中逐滴加入0.5 mol·L^{-1} $SnCl_2$溶液，生成白色的Hg_2Cl_2沉淀，继续加入过量的0.5 mol·L^{-1} $SnCl_2$溶液，放置2～3 min，Hg_2Cl_2进一步被还原为Hg。这一反应常用于Sn^{2+}和Hg^{2+}的鉴定。

(2) 往5滴0.5 mol·L^{-1} $SnCl_2$溶液中逐滴加入6 mol·L^{-1} NaOH溶液，至最初生成的沉淀溶解，再多加2滴NaOH溶液，然后加入2滴0.5 mol·L^{-1} $Bi(NO_3)_3$溶液，立即析出黑色的金属铋。

(3) 在试管中加入1滴0.002 mol·L^{-1} $MnSO_4$溶液，再加入3 mL 2 mol·L^{-1} H_2SO_4溶液，然后加入少量固体$NaBiO_3$，搅拌，微热，加少量水稀释，观察溶液颜色的变化，写出反应方程式。

(4) 取极少量PbO_2固体，加入3 mL 2 mol·L^{-1} H_2SO_4及1滴0.002 mol·L^{-1} $MnSO_4$溶液，微热，观察现象，写出反应方程式。

(5) 取极少量PbO_2团体，加入浓盐酸，观察现象，并鉴定反应产物，写出反应方程式。

六、现象记录

将实验现象填入表4-10。

表4-10 p区金属实验现象记录表

实验内容	实验操作	实验现象	现象解释及原理
铝的性质			
铝、锡、铅、锑、铋氢氧化物的溶解性			
铅(Ⅱ)、锡(Ⅱ)的难溶化合物			
锑(Ⅲ)、铋(Ⅲ)盐的水解作用			
锡(Ⅱ)的还原性和铅(Ⅳ)、铋(Ⅴ)的氧化性			

七、实验讨论

(1) 怎样配制$SbCl_3$溶液和$Bi(NO_3)_3$溶液？

(2) $NaBiO_3$和酸性$MnSO_4$溶液反应过程中产生的气体是什么？

(3) SnS能否溶于Na_2S溶液？哪些硫化物能溶于Na_2S溶液？

八、知识链接

气敏陶瓷也称为气敏半导体，是一种用于吸收某种气体后电阻率发生变化的功

能陶瓷。它对许多气体反应十分灵敏，可制成气敏检漏仪等装置进行自动报警。现代生活中，对易燃易爆、有毒有害气体的检测、控制、报警提出了越来越高的要求，因此也促进了气敏陶瓷的发展。1962 年以后，日本、美国等首先对 SnO_2 和 ZnO 半导体陶瓷气敏元件进行实用性研究，并取得了突破性进展。

氧化锡(SnO_2)是一种具有半导体性能的材料。以 SnO_2 为敏感材料的气敏传感器是将 SnO_2 及掺杂剂(少量 $PdCl_2$ 等)经高温烧结制成的多孔性敏感元件。它的表面和内部吸附着氧分子，当遇到易燃易爆的 H_2、CO、CH_4 等还原性气体时，这些气体就会与其吸附的氧结合，从而引起陶瓷电阻的变化。SnO_2 半导体能带和电子密度变化所产生的电信号可以被检测，由此可以测出气体的浓度。以 SnO_2 为敏感材料的气敏传感器具有快速、简便、灵敏等优点，可用于对易燃易爆、有毒有害气体的监控，最适于检测微量浓度气体，且对气体的检测是可逆的，吸附、解析时间短。目前，探测一氧化碳、酒精、煤气、苯、丙烷、氢和二氧化硫等气体的气敏陶瓷的研制已经获得了成功。

九、参考文献

[1] 郎建平，卞国庆. 无机化学实验[M]. 2 版. 南京：南京大学出版社，2013.

[2] 大连理工大学无机化学教研室. 无机化学[M]. 5 版. 北京：高等教育出版社，2006.

实验 17 p 区非金属(一)(卤素、氧、硫)

一、实验目的

(1) 比较卤素单质的氧化性和卤素离子的还原性。

(2) 掌握次氯酸盐、氯酸盐的氧化性。

(3) 掌握 H_2O_2 的性质。

(4) 掌握不同氧化态硫的化合物的主要性质。

二、实验原理

卤素是元素周期表中ⅦA 族元素，包括氟、氯、溴、碘和砹 5 种元素，总称为卤素(卤素是成盐元素的意思)。卤素是非金属元素，其中氟是所有元素中非金属性最强的，碘具有微弱的金属性，砹是放射性元素。

卤素原子的价层电子构型为 ns^2np^5，再得到一个电子便可达到稳定的 8 电子构型。因此，卤素单质都是氧化剂，其氧化性强弱顺序为 $F_2>Cl_2>Br_2>I_2$；卤素离子则是还原剂，其还原性强弱顺序为 $I^->Br^->Cl^-$。卤素的含氧酸根都具有氧化性。次氯酸盐是强氧化剂，具有强氧化性。氯酸盐在中性溶液中无明显的氧化性，但在酸性介质中表现出明显的氧化性。在每一周期元素中，除稀有气体外，卤素的第一电离能最大，因而卤素原子不易失去一个电子成为 X^+。除氟外，其他卤素原子的价电子层都有空的 nd 轨道可以容纳电子，从而形成配位数大于 4 的高氧化值的卤素化合物。氯、溴、碘的氧化值多为奇数，即＋1、＋3、＋5、＋7。

氧和硫是元素周期表中ⅥA 族元素，也称为氧族元素，其原子的价层电子构型为 ns^2np^4，有获得 2 个电子达到稀有气体的稳定电子层结构的趋势，表现出较强的非金属性。由于氧的电负性很大，仅次于氟，所以只有当它与氟化合时，其氧化值为正值，在一般化合物中氧的氧化值为负值。而硫在与电负性大的元素结合时，可以形成氧化值为＋2、＋4、＋6 的化合物。

三、仪器和试剂

1. 仪器

烧杯、试管、离心机。

2. 试剂

NaCl(s)、KBr(s)、KI(s)、$K_2S_2O_8$(s)，KI(0.1 mol·L^{-1}、0.2 mol·L^{-1})、H_2SO_4(1 mol·L^{-1}、3 mol·L^{-1}、浓)、$MnSO_4$(0.002 mol·L^{-1}、0.1 mol·L^{-1}、0.2 mol·L^{-1})、HCl(2 mol·L^{-1}、浓)、$KClO_3$(0.1 mol·L^{-1})、$Pb(NO_3)_2$(0.2 mol·L^{-1})、硫代乙酰胺(0.1 mol·L^{-1})、$KMnO_4$(0.01 mol·L^{-1})、$K_2Cr_2O_7$(0.1 mol·L^{-1})、$CuSO_4$(、0.2 mol·L^{-1})、Na_2S(0.2 mol·L^{-1})、Na_2SO_3(0.5 mol·L^{-1})、$Na_2S_2O_3$(0.2 mol·L^{-1})、$AgNO_3$(0.2 mol·L^{-1})、HNO_3(浓)、NaClO、H_2O_2(3%)溶液，乙醚、氯水、碘水、品红。

3. 材料

pH 试纸、碘化钾-淀粉试纸、醋酸铅试纸、滤纸。

四、基本操作

pH 试纸的使用、试管的使用、滴瓶的使用、离心机的使用。

五、实验步骤

1. Cl_2、Br_2、I_2 的氧化性及 Cl^-、Br^-、I^- 的还原性

(1) 卤素单质的氧化性顺序。

可根据所提供的试剂自行设计实验验证。

(2) 卤素离子的还原性顺序。

取三支试管，在第一支试管中加入 NaCl 晶体数粒，再滴入数滴浓硫酸，微热(实验在通风橱中进行)。观察试管中的颜色有无变化，并用湿润的 pH 试纸、碘化钾-淀粉试纸和醋酸铅试纸检验试管中的气体。在第二支试管中加入 KBr 晶体数粒，在第三支试管中加入 KI 晶体数粒，分别进行与第一支试管中相同的实验。根据实验结果，比较 Cl^-、Br^-、I^- 的还原性大小。

根据以上实验现象写出反应方程式以及卤素单质的氧化性顺序和卤素离子的还原性顺序。

2. 卤素含氧酸盐的性质

(1) NaClO 的氧化性。

取四支洁净的试管，均加入 0.5 mL NaClO 溶液。在第一支试管中再加入 4～5 滴 0.1 mol · L^{-1} KI 溶液和 2 滴 1 mol · L^{-1} H_2SO_4溶液；在第二支试管中加入 4～5 滴 0.1 mol · L^{-1} $MnSO_4$溶液；在第三支试管中加入 4～5 滴浓盐酸；在第四支试管中加入 2 滴品红溶液。

仔细观察上述四支试管中的实验现象，写出反应方程式。

(2) $KClO_3$的氧化性。

向 0.5 mL 0.1 mol · L^{-1} KI 溶液中滴加 5 滴 0.1 mol · L^{-1} $KClO_3$溶液，观察现象；再加入 10 滴 3 mol · L^{-1} H_2SO_4溶液酸化，观察溶液的颜色变化；继续往该溶液中加入 10 滴 0.1 mol · L^{-1} $KClO_3$溶液，又有何变化？解释该现象并写出反应方程式。

3. H_2O_2 的性质

(1) 设计实验。

① H_2O_2的分解性。

$$2H_2O_2 = 2H_2O + O_2\uparrow$$

H_2O_2 在碱性溶液中比在酸性溶液中分解快，Fe^{2+}、Mn^{2+}、Cu^{2+}、Cr^{3+}能加快分解速度。

② H_2O_2的氧化性。

a. 向 0.5 mL 0.2 mol · L^{-1} KI 溶液中滴加 2 滴 3 mol · L^{-1} H_2SO_4溶液酸化，再滴加 2 滴 3% H_2O_2溶液，观察溶液的颜色变化，写出反应方程式。

b. 往试管中滴入 10 滴 0.2 mol · L^{-1} $Pb(NO_3)_2$溶液，再分别滴加 10 滴 0.1 mol · L^{-1} 硫代乙酰胺和 2 滴 3% H_2O_2溶液，观察实验现象，写出反应方程式。

③ H_2O_2 的还原性。

在酸性介质中，H_2O_2 只有遇到强氧化剂时才能被氧化。

往试管中滴入 2 滴 0.01 mol · L^{-1} $KMnO_4$溶液，再分别滴加 3 滴 1 mol · L^{-1} H_2SO_4溶液和 2 滴 3% H_2O_2溶液，观察实验现象，写出反应方程式。

(2) H_2O_2的鉴定反应。

往试管中分别加入 2 mL 3% H_2O_2溶液、0.5 mL 乙醚、1 mL 1 mol · L^{-1} H_2SO_4溶液和 3～4 滴 0.1 mol · L^{-1} $K_2Cr_2O_7$溶液，振荡，观察溶液和乙醚层的颜色

有何变化。

4. 硫的化合物的性质

(1) 硫化物的溶解性。

往三支试管中分别加入 0.2 mol·L^{-1} $MnSO_4$、0.2 mol·L^{-1} $Pb(NO_3)_2$、0.2 mol·L^{-1} $CuSO_4$溶液各 0.5 mL,然后往三支试管中均滴加 0.2 mol·L^{-1} Na_2S溶液,观察现象并写出反应方程式。所得沉淀经离心分离和洗涤,检验沉淀在2 mol·L^{-1} HCl溶液、浓盐酸和浓硝酸中的溶解情况。

(2) 亚硫酸盐的性质。

往试管中先加入 2 mL 0.5 mol·L^{-1} Na_2SO_3溶液,再滴加 5 滴 3 mol·L^{-1} H_2SO_4溶液酸化,观察有无气体产生(在通风橱中进行)。然后立即用湿润的 pH 试纸移近试管口,观察有何现象。将该溶液分成两份,一份滴加 0.1 mol·L^{-1}硫代乙酰胺,另一份滴加 0.1 mol·L^{-1} $K_2Cr_2O_7$溶液,观察有何现象,说明亚硫酸盐的性质并写出有关反应方程式。

(3) 硫代硫酸盐的稳定性。

① $Na_2S_2O_3$在酸中的稳定性。

往试管中加入 0.5 mL 0.2 mol·L^{-1} $Na_2S_2O_3$溶液,再滴加 5 滴 3 mol·L^{-1} H_2SO_4溶液,观察是否有气体生成,并检验气体的酸碱性。

② $Na_2S_2O_3$的还原性和氧化剂强弱对产物的影响。

a. 往试管中加入 0.5 mL 0.2 mol·L^{-1} $Na_2S_2O_3$溶液,再加入 0.5mL 氯水,振荡,观察实验现象,写出反应方程式。

b. 往试管中加入 0.5 mL 0.2 mol·L^{-1} $Na_2S_2O_3$溶液,再加入 0.5 mL 碘水,振荡,观察实验现象,写出反应方程式。

③ $Na_2S_2O_3$的配位性。

往试管中加入 0.5 mL 0.2 mol·L^{-1} $Na_2S_2O_3$溶液,再加入 0.5 mL 0.2 mol·L^{-1} $AgNO_3$溶液,振荡,观察实验现象,写出反应方程式。

(4) 过二硫酸盐的氧化性。

往试管中分别加入 3 mL 1 mol·L^{-1} H_2SO_4溶液、3 mL 蒸馏水和 3 滴 0.002 mol·L^{-1} $MnSO_4$溶液,混匀后分成两份:在第一份中加入少量 $K_2S_2O_8$固体,在第二份中加入少量 $K_2S_2O_8$固体和 1 滴 0.2 mol·L^{-1} $AgNO_3$溶液。将这两支试管同时放入同一热水浴中加热,观察溶液的颜色变化,比较两者的实验现象并解释,写出反应方程式。

六、现象记录

将实验现象填入表 4-11。

表 4-11 p 区非金属实验现象记录表

实验内容	实验步骤	实验现象	现象解释及原理
Cl_2、Br_2、I_2 的氧化性及 Cl^-、Br^-、I^- 的还原性			
卤素含氧酸盐的性质			
H_2O_2 的性质			
硫的化合物的性质			

七、实验讨论

(1) 往 KI 溶液中通入 Cl_2，溶液先变成棕红色后又褪色，为什么？

(2) 氯能从含碘离子的溶液中取代碘，碘又能从氯酸钾溶液中取代氯，这两个反应是否矛盾？为什么？

(3) 根据实验比较 $S_2O_3^{2-}$ 和 I^- 的还原性强弱及 $S_2O_8^{2-}$ 与 MnO_4^- 的氧化性强弱，为何后一实验中 Mn^{2+} 用 $MnSO_4$？能否用 $MnCl_2$ 代替？为何这两个反应要在酸性介质中进行？

(4) $Na_2S_2O_3$ 溶液与 $AgNO_3$ 溶液反应时，为何有时生成 Ag_2S 沉淀，有时又会生成 $[Ag(S_2O_3)_2]^{3-}$？

八、知识链接

卤素溶于水，在空气中与水蒸气结合会形成酸雨。塑料在注塑过程中，卤素会释放出卤化氢，腐蚀模具。PCB 板在高于 200 ℃的高温焊接过程中也会释放出溴化氢。有机氯和有机溴化合物燃烧时发烟大，会产生有毒气体二噁英(dioxin)，破坏环境。

二噁英实际上是二噁英类(dioxins)的一个简称，通常指具有相似结构和理化特性的一组多氯取代的平面芳烃类化合物，属于氯代含氧三环芳烃类化合物。二噁英是一种无色无味、毒性非常强的脂溶性物质，这类物质非常稳定，熔点较高，极难溶于水，可溶于大部分有机溶剂，所以非常容易在生物体内积累。自然界的微生物和水解作用对二噁英的分子结构影响较小，因此环境中的二噁英很难自然降解消除。二噁英包括 210 种化合物，毒性十分大，其毒性相当于人们熟知的剧毒物质氰化物的 130 倍、砒霜的 900 倍，故有“世纪之毒”之称。国际癌症研究中心已将其列为人类一级致癌物。环保专家称，二噁英常以微小的颗粒存在于大气、土壤和水中，主要的污染源是钢铁和有色金属冶炼、焚烧生产等产业以及汽车尾气。日常生活中所用的胶带、PVC(聚氯乙烯)软胶等物都含有氯，燃烧这些物品时便会释放出二噁英，悬浮于空气中。

九、参考文献

[1] 郎建平，卞国庆. 无机化学实验[M]. 2 版. 南京：南京大学出版社，2013.

[2] 大连理工大学无机化学教研室. 无机化学[M]. 5 版. 北京：高等教育出版社，2006.

实验 18 p 区非金属(二)(氮、磷、硼、硅)

一、实验目的

(1) 学习氮的不同氧化态化合物的主要性质。

(2) 探究磷酸盐的酸碱性和溶解性。

(3) 学习硼酸、硼砂和硅酸盐的主要性质。

二、实验原理

氮有多种价态，如－3、0、＋1、＋2、＋3、＋4 和＋5，不同价态的化合物性质不同。例如，铵盐受热易分解；亚硝酸具有氧化性和还原性，硝酸具有氧化性；硝酸盐受热易分解。

三、仪器和试剂

1. 仪器

试管、烧杯、蒸发皿。

2. 试剂

NH_4Cl(s)、$(NH_4)_2SO_4$(s)、$(NH_4)_2Cr_2O_7$(s)、$NaNO_3$(s)、$Cu(NO_3)_2$(s)、$AgNO_3$(s)、$Co(NO_3)_2$(s)、$CuSO_4$(s)、$NiSO_4$(s)、$MnSO_4$(s)、$ZnSO_4$(s)、$FeSO_4$(s)、$CaCl_2$(s)、$FeCl_3$(s)、$CrCl_3$(s)、H_3BO_3(s)、硼砂、Zn(s)、S(s)，HCl(浓、6 $mol \cdot L^{-1}$、2 $mol \cdot L^{-1}$)、HNO_3(浓、0.5 $mol \cdot L^{-1}$)、H_2SO_4(浓、3 $mol \cdot L^{-1}$)、H_3PO_4(0.1 $mol \cdot L^{-1}$)、CH_3COOH(2 $mol \cdot L^{-1}$)、$NH_3 \cdot H_2O$(2 $mol \cdot L^{-1}$)、NaOH(40%)、$KMnO_4$(0.01 $mol \cdot L^{-1}$)、KI(0.1 $mol \cdot L^{-1}$)、$AgNO_3$(0.1 $mol \cdot L^{-1}$)、KNO_3(0.1 $mol \cdot L^{-1}$)、$CuSO_4$(0.2 $mol \cdot L^{-1}$)、$NaNO_2$(饱和、0.5 $mol \cdot L^{-1}$)、NH_4Cl(饱和)、Na_3PO_4(0.1 $mol \cdot L^{-1}$)、Na_2HPO_4(0.1 $mol \cdot L^{-1}$)、NaH_2PO_4(0.1 $mol \cdot L^{-1}$)、$Na_4P_2O_7$(0.1 $mol \cdot L^{-1}$)、$CaCl_2$(0.5 $mol \cdot L^{-1}$)、硼酸(饱和)、Na_2SiO_3(20%)溶液，无水乙醇、甘油。

3. 材料

滤纸、pH 试纸、石蕊试纸、铂丝(或镍铬丝)。

四、基本操作

试管的使用、pH 试纸的使用。

五、实验步骤

1. 铵盐的热分解

分别取约 0.5 g $NH_4Cl(s)$、$(NH_4)_2SO_4(s)$和$(NH_4)_2Cr_2O_7(s)$于 3 支干燥的试管中，将试管垂直固定，试管口横放湿润的 pH 试纸，加热观察试纸颜色的变化和试管壁上的现象。解释现象，写出反应方程式。

比较它们的分解产物，总结铵盐分解产物与阴离子的关系。

2. 亚硝酸和亚硝酸盐

(1) 亚硝酸的合成和分解。

在含 1 mL 饱和 $NaNO_2$溶液的试管中加入 1 mL 3 mol · L^{-1} H_2SO_4溶液，混合后置于冰水浴中，观察实验现象。将试管从冰水浴中取出，片刻后观察有何现象发生，解释原因，写出反应方程式。

(2) 亚硝酸的氧化性和还原性。

在一洁净干燥的试管中依次加入 1～2 滴 0.1 mol · L^{-1} KI 溶液、3 mol · L^{-1} H_2SO_4溶液和 0.5 mol · L^{-1} $NaNO_2$溶液，观察实验现象，解释原因并写出反应方程式。

用 0.01 mol · L^{-1} $KMnO_4$溶液代替 KI 溶液，根据上述步骤进行实验，观察实验现象，解释原因并写出反应方程式。

根据反应现象及相应的反应方程式，归纳总结亚硝酸的化学性质。

3. 硝酸和硝酸盐

(1) 硝酸的氧化性。

① 向两支各盛少量锌片的试管中分别加入 1 mL 浓硝酸和 0.5 mol · L^{-1} HNO_3溶液，观察两者反应速率和产物有何不同。

将少量锌和稀硝酸反应的溶液滴在一表面皿上，继续滴加几滴 40% NaOH 溶液，在其表面迅速倒扣上另一贴有润湿的红色石蕊试纸的表面皿，然后置于热水浴上加热，观察石蕊试纸是否变为蓝色。

② 在盛有少许硫粉的试管中加入 1 mL 浓硝酸，水浴加热，观察实验现象。待溶液冷却后对反应产物进行检验，写出相应的反应方程式。

根据反应现象及相应的反应方程式，归纳总结出硝酸氧化性的规律。

(2) 硝酸盐的热分解。

分别取少量 $NaNO_3$、$AgNO_3$和 $Cu(NO_3)_2$固体放入 3 支干燥的试管中，加热，观察反应情况和产物的颜色，检验生成的气体，写出反应方程式。

根据实验结果总结硝酸盐的热分解与阳离子的关系。

(3) NO_3^- 的鉴定。

将 2 小粒 $FeSO_4$ 固体加到盛有 1 mL 0.1 mol·L^{-1} KNO_3 溶液的试管中，振荡使固体溶解。斜持试管，沿其壁缓慢滴加 5～10 滴浓硫酸，观察浓硫酸和溶液的液层交接处有无棕色环出现。

4. 磷酸盐的性质

(1) 酸碱性。

用 pH 试纸分别测定 0.1 mol·L^{-1} NaH_2PO_4、Na_2HPO_4 和 Na_3PO_4 溶液的 pH，比较它们的 pH，解释原因。

分别向 3 支试管中加 0.5 mL 0.1 mol·L^{-1} 的 NaH_2PO_4、Na_2HPO_4 和 Na_3PO_4 溶液，再分别滴加 0.1 mol·L^{-1} $AgNO_3$ 溶液，直至不再有沉淀生成。用 pH 试纸检验在滴加 $AgNO_3$ 溶液过程中溶液的 pH 的改变。Ag^+ 过量后，溶液的 pH 如何？解释原因，写出有关的反应方程式。

(2) 溶解性。

向 3 支试管中分别加入 0.5 mL 0.1 mol·L^{-1} 的 NaH_2PO_4、Na_2HPO_4 和 Na_3PO_4 溶液，再分别加入 0.5 mL 0.5 mol·L^{-1} $CaCl_2$ 溶液，观察实验现象，用 pH 试纸测定它们的 pH。各滴加 2 mol·L^{-1} 氨水，有何变化？最后再滴加 2 mol·L^{-1} HCl 溶液，又有何变化？

比较磷酸二氢钙、磷酸氢钙和磷酸钙的溶解度，说明它们之间相互转化的条件，写出相关的反应方程式。

(3) 配位性。

向 0.5 mL 0.2 mol·L^{-1} $CuSO_4$ 溶液中逐滴加入 0.1 mol·L^{-1} $Na_4P_2O_7$ 溶液，观察实验现象。继续滴加 $Na_4P_2O_7$ 溶液，又有何变化？解释原因，写出相应的反应方程式。

5. 硼酸的性质及鉴定

(1) 硼酸的性质。

向干燥的试管中加入 1 mL 饱和硼酸溶液，用精密 pH 试纸测其 pH。往溶液中滴加 3～4 滴甘油，再测定溶液的 pH。

该实验说明硼酸具有什么性质？

(2) 硼酸的鉴定。

向蒸发皿中依次放入少量硼酸、1 mL 无水乙醇和几滴浓硫酸，混合后点燃，观察火焰的颜色，写出反应方程式。该反应可用于鉴定硼酸和硼砂等含硼化合物。

6. 硼砂珠的制备和应用

(1) 硼砂珠的制备。

用 6 mol・L^{-1} HCl 溶液清洗铂丝(或镍铬丝),然后将其置于氧化焰中灼烧片刻,重复清洗和灼烧数次,直至铂丝在氧化焰中烧至无色。然后用铂丝蘸上一些硼砂固体,在氧化焰上灼烧并熔融成圆珠,观察硼砂珠的颜色和状态。

(2) 硼砂珠鉴定钴盐和铬盐。

将硼砂珠烧红,分别沾上少量 $Co(NO_3)_2$ 和 $CrCl_3$ 固体,熔融、冷却后观察硼砂珠的颜色,写出相应的反应方程式。

7. 硅酸和硅酸盐

(1) 硅酸水凝胶的生成。

向干燥的试管中加入 2 mL 20% Na_2SiO_3 溶液,再往溶液中滴加 6 mol・L^{-1} HCl 溶液,观察产物的颜色和状态,写出相应的反应方程式。

(2) 硅酸盐的水解。

向盛放 1 mL 20% Na_2SiO_3 溶液的试管中加入 2 mL 饱和 NH_4Cl 溶液,微热,用红色石蕊试纸检验放出气体的酸碱性,写出反应方程式。

(3) 微溶性硅酸盐的生成。

在一支干燥洁净的 50 mL 小烧杯中加入约 30 mL 20% 的 Na_2SiO_3 溶液,然后把 $CaCl_2$、$Co(NO_3)_2$、$CuSO_4$、$NiSO_4$、$ZnSO_4$、$MnSO_4$、$FeSO_4$、$FeCl_3$ 晶体各一粒投入烧杯底部不同部位(注意各晶体间保持一定间隔),记住它们的位置,放置一段时间后观察现象。

注意:实验完毕后,必须立即洗净烧杯,防止 Na_2SiO_3 使烧杯内壁发“毛”。

六、注意事项

向 NaH_2PO_4、Na_2HPO_4 和 Na_3PO_4 溶液滴加 $AgNO_3$ 溶液时要逐滴滴加,并边加边振荡。

七、实验讨论

(1) 总结铵盐分解产物与其阴离子的关系,总结硝酸盐分解与其阳离子的关系。

(2) 设计三种区分硝酸钠和亚硝酸钠的方法。

(3) 为什么装有水玻璃的试剂瓶长期敞开瓶口后水玻璃会变浑浊?

八、知识链接

1. 常见金属硼砂珠颜色

常见金属硼砂珠颜色见表 4-12。

表 4-12　常见金属硼砂珠颜色

金属元素	氧化焰		还原焰	
	热时	冷时	热时	冷时
铬	黄色	黄绿色	绿色	绿色
锰	紫色	紫红色	无色～灰色	无色～灰色
铁	黄色～淡褐色	黄色～褐色	绿色	淡绿色
钴	青色	青色	青色	青色
镍	紫色	黄褐色	无色～灰色	无色～灰色
铜	绿色	青绿色～淡青色	灰色～绿色	红色
钼	淡黄色	无色～白色	褐色	褐色

2. 氮氧化物的毒性

所有氮氧化物(除 N_2O 外)均有毒,尤其是 NO_2,其在浓度极低的情况下就能够引起人畜中毒,在空气中的最高允许浓度不得超过 0.005 $mL \cdot L^{-1}$。一般情况下,硝酸的分解产物或还原产物多为氮氧化物,为避免中毒,实验室涉及硝酸的反应均应在通风橱中进行。

3. 白磷使用注意事项

白磷是一种极毒、易燃的物质(燃点 40 ℃),常保存于水中。当不慎引燃时,可用沙子扑灭。若皮肤被灼伤,可用 10% $CuSO_4$、$AgNO_3$或 $KMnO_4$溶液清洗,然后包扎。

4. 硼酸的用途

实验室中若被强碱溅到,除了用大量清水冲洗外,还应涂上硼酸溶液。3%的硼酸溶液具有消炎、消肿、抗菌等作用。核电站中,硼酸用来吸收中子,调节反应。

九、参考文献

[1] 郎建平,卞国庆. 无机化学实验[M]. 2 版. 南京:南京大学出版社,2013.

实验 19　d 区金属(一)(钛、钒、铬、锰)

一、实验目的

(1) 了解钛、钒化合物的性质。

(2) 了解铬和锰各价态化合物的生成、性质及相互转化。

二、实验原理

钛、钒、铬、锰分别为ⅣB、ⅤB、ⅥB 和ⅦB 族元素,具有多种氧化数。钛的氧化数有+2、+3 和+4,钒的氧化数为+5,铬的氧化数有+2、+3 和+6,锰的氧化数有

+2、+3、+4、+5、+6 和+7。

Ti(Ⅲ)的水合离子呈紫色，具有较强的还原性，可由 TiO^{2+} 的还原来制取。

$Ti(OH)_4$ 呈两性(以碱性为主)，在强酸中呈 TiO^{2+} 形态，可由 $TiOSO_4$ 和 6 mol·L^{-1} $NH_3 \cdot H_2O$ 溶液作用而得到。$Ti(OH)_4$ 还可以通过钛酸四丁酯水解得到。

Ti(Ⅳ)能与 H_2O_2 反应生成橙红色的配位化合物，利用该反应可鉴定 Ti(Ⅳ)离子。

铬(Ⅲ)的氢氧化物呈两性；铬(Ⅲ)的盐容易水解，在碱性溶液中易被强氧化剂(如 H_2O_2)氧化为铬酸盐(CrO_4^{2-})。黄色的铬酸盐与橙色的重铬酸盐($Cr_2O_7^{2-}$)在溶液中存在着下列平衡关系：

$$2CrO_4^{2-}+2H^+ \rightleftharpoons Cr_2O_7^{2-}+H_2O$$

在酸性溶液中，平衡向右移动；在碱性溶液中，平衡向左移动。重金属离子如 Ag^+、Pb^{2+} 和 Ba^{2+} 与可溶的铬酸盐或重铬酸盐反应生成铬酸盐沉淀。在酸性溶液中，$Cr_2O_7^{2-}$ 是强氧化剂，可与 H_2O_2 反应生成过氧化铬(CrO_5)，利用该反应可鉴定 Cr^{3+} 和 $Cr_2O_7^{2-}$。

锰的价态间的相互转化可由该元素的标准电极电势来说明。Mn(Ⅱ)的氢氧化物在空气中易被氧化为棕黑色的 MnO_2 的水合物 $MnO(OH)_2$；在中性溶液中，MnO_4^- 和 Mn^{2+} 反应可生成 MnO_2；在酸性溶液中，MnO_4^{2-} 发生歧化反应生成 MnO_4^- 和 MnO_2，而在碱性溶液中该反应逆转。锰元素电势图如图 4-6 所示。

在酸性溶液中，Mn^{2+} 被 $NaBiO_3$ 氧化成紫红色的 MnO_4^-，利用该反应可鉴定 Mn^{2+}。

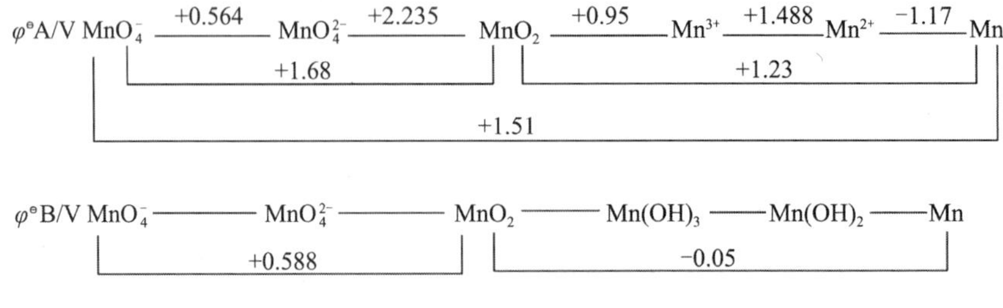

图 4-6 锰元素电势图

三、仪器和试剂

1. 仪器

试管、蒸发皿、酒精灯。

2. 试剂

HCl(浓、6 mol·L^{-1}、2 mol·L^{-1})、HNO_3(6 mol·L^{-1})、H_2SO_4(浓、6 mol·L^{-1}、2 mol·L^{-1})、NaOH(40%、6 mol·L^{-1}、2 mol·L^{-1})、$NH_3 \cdot H_2O$(6 mol·L^{-1})、

$AgNO_3$(0.1 mol·L^{-1})、$Pb(NO_3)_2$(0.1 mol·L^{-1})、$BaCl_2$(0.1 mol·L^{-1})、$CuCl_2$(0.1 mol·L^{-1})、$CrCl_3$(0.1 mol·L^{-1})、$FeSO_4$(0.5 mol·L^{-1})、K_2CrO_4(0.1 mol·L^{-1})、$K_2Cr_2O_7$(饱和、0.1 mol·L^{-1})、$KMnO_4$(0.01 mol·L^{-1})、$MnSO_4$(0.1 mol·L^{-1})、$TiOSO_4$[用液体 $TiCl_4$ 和 1 mol·L^{-1} $(NH_4)_2SO_4$ 按 1∶1 比例配成]、乙醚、H_2O_2(3%)溶液,MnO_2(s)、$NaBiO_3$(s)、锌粉、锌粒、NH_4VO_3(s)。

3. 材料

碘化钾-淀粉试纸、pH 试纸。

四、基本操作

试管的使用、滴管的使用。

五、实验步骤

1. 钛的化合物

(1) Ti^{3+} 的制备和性质。

向盛有 1 mL $TiOSO_4$溶液的试管中加入少量锌粉,观察溶液颜色变化,解释原因,写出反应方程式。反应进行 2 min 后,吸取 1 mL 上层清液加到另一支试管中,然后加 10 滴 0.1 mol·L^{-1} $CuCl_2$溶液,观察现象,写出相应的反应方程式。

(2) $Ti(OH)_4$的制备和性质。

在一支试管中依次加入 2 滴 $TiOSO_4$溶液和数滴 6 mol·L^{-1} $NH_3·H_2O$ 溶液,生成白色沉淀。将沉淀分装到两支试管中,并分别向两支试管加入数滴 2 mol·L^{-1} H_2SO_4溶液和 6 mol·L^{-1} NaOH 溶液,观察现象,解释原因,写出相应的反应方程式。

(3) TiO^{2+} 的水解。

在试管中依次加入 2 mL 蒸馏水和 2 滴 $TiOSO_4$溶液,加热至沸,观察现象,解释原因,写出反应方程式。

(4) TiO^{2+} 的鉴定。

在试管中依次加入 0.5 mL $TiOSO_4$溶液和 2 滴 3% H_2O_2溶液,观察溶液颜色变化,解释原因,写出反应方程式。

2. 钒的化合物

(1) V_2O_5 的制备及性质。

取 0.2 g NH_4VO_3固体放入蒸发皿中,小火加热并用玻璃棒进行不断的搅拌,观察固体颜色变化,把加热后得到的固体粉末平均分装到四支干燥洁净的试管中。

在第一支试管中加入 1 mL 浓硫酸,振荡后静置一段时间,观察溶液颜色及固体是否溶解。

在第二支试管中加入 6 mol·L^{-1} NaOH 溶液,加热并观察变化。

在第三支试管中加入少量去离子水，用酒精灯加热煮沸，待溶液冷却后用 pH 试纸对溶液的 pH 进行测定。

在第四支试管中加入浓盐酸，观察固体是否溶解。然后加热至微沸，对反应产生的气体进行检验，再加入少量蒸馏水，观察溶液颜色变化，解释原因，写出相关的反应方程式。

根据实验总结 V_2O_5 的性质。

(2) 低价钒化合物的生成。

在盛有 1 mL 氯化氧钒溶液(1 g NH_4VO_3、20 mL 6 mol · L^{-1} HCl 溶液和 10 mL 去离子水混合)的试管中，加 2 粒锌粒，观察溶液颜色的变化，解释原因。

(3) 过氧钒阳离子的生成。

在试管中依次加入 0.5 mL 饱和钒酸铵溶液、0.5 mL 2 mol · L^{-1} HCl 溶液和 2 滴 3% H_2O_2溶液，观察现象和产物的颜色及状态。

3. 铬的化合物

(1) $Cr(OH)_3$的制备和性质。

向盛有 0.5 mL 0.1 mol · L^{-1} $CrCl_3$溶液的试管中滴加 2 mol · L^{-1} NaOH 溶液直至生成沉淀，观察沉淀颜色，写出反应方程式。通过实验证明 $Cr(OH)_3$ 呈两性，并写出反应方程式。

(2) Cr^{3+} 的还原性。

向试管中依次加入 0.5 mL 0.1 mol · L^{-1} $CrCl_3$溶液、2 滴 6 mol · L^{-1} HCl 溶液和 5 滴 3% H_2O_2 溶液，混合后微热，观察颜色变化，解释原因。将上述实验中的 6 mol · L^{-1} HCl 溶液改用 6 mol · L^{-1} NaOH 溶液进行实验，观察颜色变化，解释原因，写出相应的反应方程式。

(3) Cr^{3+} 的鉴定。

向试管中加入 5 滴 0.1 mol · L^{-1} $CrCl_3$溶液，然后加入 6 mol · L^{-1} NaOH 溶液至沉淀溶解，再加入 5 滴 3% H_2O_2溶液，微热至溶液呈黄色。冷却后依次加入 5 滴乙醚和 5 滴 6 mol · L^{-1} HNO_3溶液，振荡试管，若乙醚层中出现深蓝色，表示有 Cr^{3+} 存在。

(4) $Cr_2O_7^{2-}$ 与 CrO_4^{2-} 间的相互转化。

向盛有 0.5 mL 0.1 mol · L^{-1} $K_2Cr_2O_7$溶液的试管中加入 5 滴 2 mol · L^{-1} NaOH 溶液，观察溶液颜色变化；再加入 5 滴 2 mol · L^{-1} H_2SO_4溶液，观察溶液颜色变化，解释现象，写出相关的反应方程式。这些现象说明了什么？

(5) 难溶铬酸盐的生成。

向三支试管中分别加入 5 滴 0.1 mol · L^{-1} K_2CrO_4 溶液，然后分别加入几滴

0.1 mol·L^{-1}的 $AgNO_3$、$BaCl_2$和 $Pb(NO_3)_2$溶液，观察现象，写出相关反应方程式。这些现象说明了什么？

以饱和 $K_2Cr_2O_7$溶液代替 0.1 mol·L^{-1} K_2CrO_4溶液做同样的实验，观察现象，写出相关反应方程式。

比较两组实验的现象，可以得出什么结论？

(6) $Cr_2O_7^{2-}$的氧化性。

向试管中依次加入 3 滴 0.1 mol·L^{-1} $K_2Cr_2O_7$溶液、5 滴 2 mol·L^{-1} H_2SO_4溶液和 10 滴 0.5 mol·L^{-1} $FeSO_4$溶液，微热，观察溶液颜色变化，写出反应方程式。

4. 锰的化合物

(1) Mn^{2+}的鉴定。

向试管中依次加入 2 滴 0.1 mol·L^{-1} $MnSO_4$溶液、5 滴 6 mol·L^{-1} HNO_3溶液和少量 $NaBiO_3$固体，振荡试管，溶液呈紫红色则表示有 Mn^{2+}存在，写出反应方程式。

(2) $Mn(OH)_2$的制备和性质。

向三支试管中各加 10 滴 0.1 mol·L^{-1} $MnSO_4$溶液，然后在第一支试管中加 5 滴 2 mol·L^{-1} NaOH 溶液，生成沉淀后迅速加几滴 2 mol·L^{-1} H_2SO_4溶液，观察沉淀是否溶解；在第二支试管中加过量的 2 mol·L^{-1} NaOH 溶液，观察沉淀是否溶解；在第三支试管中加过量的 2 mol·L^{-1} NaOH 溶液，用力振荡试管，观察沉淀颜色的变化。解释现象，写出相关反应方程式，归纳总结 $Mn(OH)_2$的性质。

(3) MnO_2的制备和性质。

向试管中依次加入 5 滴 0.01 mol·L^{-1} $KMnO_4$溶液和 5 滴 0.1 mol·L^{-1} $MnSO_4$溶液，观察沉淀的颜色，写出反应方程式。

向试管中加入少量 MnO_2固体和 10 滴浓盐酸，微热，检验氯气的产生，写出反应方程式。

(4) MnO_4^{2-}的制备和性质。

向试管中依次加入 1 mL 0.01 mol·L^{-1} $KMnO_4$溶液、1 mL 40% NaOH 溶液和少量 MnO_2固体，加热至沸片刻，静置，观察上层清液颜色，解释现象，写出反应方程式。

将上述实验得到的上层清液加入另一试管中，再滴加 10 滴 6 mol·L^{-1} H_2SO_4酸化，观察溶液颜色变化，写出反应方程式，说明 MnO_4^{2-}在什么介质中稳定。

六、注意事项

向试管中加试剂时，试管口不要对准任何人。

七、实验讨论

(1) 在何种反应介质中有利于进行 $Cr_2O_7^{2-} \rightarrow CrO_4^{2-}$ 的转化反应？为什么？

(2) 从电势值及还原剂被氧化的产物的颜色进行考虑，选择哪些还原剂将 $Cr_2O_7^{2-}$ 转变为 CrO_4^{2-}？如果选择亚硝酸钠溶液可以吗？

(3) 怎样鉴定 Mn^{2+}？

(4) 总结 $Cr_2O_7^{2-}$ 与 CrO_4^{2-} 相互转化的条件及相应盐的溶解性大小。

八、知识链接

(1) 铬的毒性：铬的毒性与其存在的价态有关，金属铬对人体几乎不产生有害作用，三价铬是对人体有益的元素，而六价铬是有毒的。六价铬的毒性比三价铬高100倍，并易被人体吸收并蓄积在体内，三价铬和六价铬可以相互转化。使用铬时必须穿上工作服，并戴防毒口罩和橡胶长手套，手套至少要至肘关节。

(2) TiO_2 为雪白的粉末，是最好的白色颜料，俗称钛白。TiO_2 加在纸里，使纸变白且不透明，因此，钞票纸和美术用品纸中都要加 TiO_2。

(3) 高锰酸钾是医药上最常用的消毒剂之一，它是一种很强的氧化剂，配成0.1%的高锰酸钾溶液就能起到消毒杀菌的作用。

九、参考文献

[1] 郎建平，卞国庆. 无机化学实验[M]. 2版. 南京：南京大学出版社，2013.

实验20　d区金属(二)(铁、钴、镍)

一、实验目的

(1) 掌握铁、钴、镍氢氧化物的酸碱性。

(2) 掌握Fe(Ⅱ)、Co(Ⅱ)、Ni(Ⅱ)的还原性和Fe(Ⅲ)、Co(Ⅲ)、Ni(Ⅲ)的氧化性。

(3) 掌握铁、钴、镍的硫化物及配合物的生成和性质。

(4) 掌握 Fe^{3+}、Fe^{2+}、Co^{2+}、Ni^{2+} 的鉴定方法。

二、实验原理

铁、钴、镍是第四周期Ⅷ族元素，它们在化合物中常见的氧化值为+2和+3。

铁、钴、镍的简单离子在水溶液中呈现一定的颜色。Fe(Ⅱ)、Fe(Ⅲ)盐的水溶液易发生水解反应。Fe^{2+} 具有还原性，而 Fe^{3+} 具有弱的氧化性。

铁、钴、镍的+2价氢氧化物都显碱性。在空气中，$Fe(OH)_2$ 容易被氧化，生成绿色到几乎黑色的各种中间产物，$Co(OH)_2$ 则被缓慢地氧化成褐色的 $Co(OH)_3$：

$$Fe^{2+} + 2OH^- = Fe(OH)_2(s)\text{(白色)}$$

$$4Fe(OH)_2 + O_2 + 2H_2O = 4Fe(OH)_3\text{(棕红色)}$$

$$Co^{2+} + Cl^- + OH^- \longrightarrow Co(OH)Cl(s)(蓝色)$$

$$Co(OH)Cl + OH^- \longrightarrow Co(OH)_2(s)(粉红色) + Cl^-$$

$$4Co(OH)_2 + O_2 + 2H_2O \longrightarrow 4Co(OH)_3(褐色)$$

$Ni(OH)_2$在空气中较稳定。除 $Fe(OH)_3$外，$Co(OH)_3$（褐色）、$Ni(OH)_3$（黑色）与浓盐酸发生氧化还原反应，生成可溶性的 Co(Ⅱ)和 Ni(Ⅱ)盐：

$$2Co(OH)_3 + 6HCl(浓) \longrightarrow 2CoCl_2 + Cl_2\uparrow + 6H_2O$$

$$2Ni(OH)_3 + 6HCl(浓) \longrightarrow 2NiCl_2 + Cl_2\uparrow + 6H_2O$$

在碱性条件下，用强氧化剂将 Co(Ⅱ)和 Ni(Ⅱ)氧化可得到 $Co(OH)_3$和 $Ni(OH)_3$。例如：

$$2Co^{2+} + 6OH^- + Br_2 \longrightarrow 2Co(OH)_3(s) + 2Br^-$$

$$2Ni^{2+} + 6OH^- + Br_2 \longrightarrow 2Ni(OH)_3(s) + 2Br^-$$

铁、钴、镍的硫化物需在弱碱性溶液中制得，它们都不溶于水而易溶于稀酸。久置的 CoS 和 NiS 沉淀由于晶体结构发生改变而难溶于稀酸。

铁、钴、镍都能形成多种配合物。Co(Ⅱ)和 Ni(Ⅱ)与过量的氨水反应分别生成土黄色的 $[Co(NH_3)_6]^{2+}$ 和蓝色的 $[Ni(NH_3)_6]^{2+}$；在氧气存在情况下，$[Co(NH_3)_6]^{2+}$易被进一步氧化成红棕色的$[Co(NH_3)_6]^{3+}$：

$$CoCl_2 + NH_3\cdot H_2O \longrightarrow Co(OH)Cl + NH_4Cl$$

$$Co(OH)Cl + 5NH_3 + NH_4^+ \longrightarrow [Co(NH_3)_6]^{2+}(土黄色) + Cl^- + H_2O$$

$$4[Co(NH_3)_6]^{2+} + O_2 + 2H_2O \longrightarrow 4[Co(NH_3)_6]^{3+}(红棕色) + 4OH^-$$

Co(Ⅱ)的配合物不稳定，易被氧化为 Co(Ⅲ)的配合物；而 Ni(Ⅱ)的配合物较稳定。

Ni^{2+}与 NH_3能形成蓝色的$[Ni(NH_3)_6]^{2+}$，但其遇酸、遇碱、遇水稀释或受热均可发生分解反应：

$$[Ni(NH_3)_6]^{2+} + 6H^+ \longrightarrow Ni^{2+} + 6NH_4^+$$

$$[Ni(NH_3)_6]^{2+} + 2OH^- \longrightarrow Ni(OH)_2\downarrow + 6NH_3\uparrow$$

$$2[Ni(NH_3)_6]SO_4 + 2H_2O \longrightarrow Ni_2(OH)_2SO_4\downarrow + 10NH_3 + (NH_4)_2SO_4$$

Fe^{2+}与$[Fe(CN)_6]^{3-}$反应，或 Fe^{3+}与$[Fe(CN)_6]^{4-}$反应，都生成蓝色沉淀，可用于鉴定 Fe^{2+}和 Fe^{3+}。反应如下：

$$Fe^{3+} + K^+ + [Fe(CN)_6]^{4-} \longrightarrow KFe[Fe(CN)_6]\downarrow(蓝色)$$

$$Fe^{2+} + K^+ + [Fe(CN)_6]^{3-} \longrightarrow KFe[Fe(CN)_6]\downarrow(蓝色)$$

强碱能使铁蓝分解生成氢氧化物。

酸性溶液中，Fe^{3+}与 SCN^-的反应也用于鉴定 Fe^{3+}：

$$Fe^{3+} + nSCN^- \xlongequal{} [Fe(SCN)_n]^{3-n}$$

Co^{2+} 也能与 SCN^- 反应,生成不稳定的$[Co(SCN)_4]^{2-}$:

$$Co^{2+} + 4SCN^- \xlongequal{} [Co(SCN)_4]^{2-}$$

该配合物在丙酮等有机溶剂中较稳定,此反应可用于鉴定 Co^{2+}。

碱能破坏配离子$[Fe(SCN)_n]^{3-n}$及$[Co(SCN)_4]^{2-}$,生成相应的氢氧化物。所以这类反应不能在碱性溶液中进行。

在弱碱性条件下,Ni^{2+} 与丁二酮肟反应生成鲜红色的二(丁二酮肟)合镍(Ⅱ)沉淀,此螯合物在强酸性溶液中分解生成游离的丁二酮肟,在强碱性溶液中 Ni^{2+} 形成 $Ni(OH)_2$沉淀,所以此反应的合适酸度是 pH=5~10。此反应常用于鉴定 Ni^{2+}。

三、仪器和试剂

1. 仪器

试管、离心试管、离心机、酒精灯。

2. 试剂

HCl(浓、2 mol·L^{-1})、H_2SO_4(6 mol·L^{-1}、1 mol·L^{-1})、H_2S(饱和)、NaOH(6 mol·L^{-1}、2 mol·L^{-1})、$NH_3 \cdot H_2O$(浓、6 mol·L^{-1}、2 mol·L^{-1})、$FeCl_3$(0.1 mol·L^{-1})、$CoCl_2$(0.1 mol·L^{-1})、$FeSO_4$(0.1 mol·L^{-1})、$NiSO_4$(0.1 mol·L^{-1})、KI(0.1 mol·L^{-1})、NH_4F(1 mol·L^{-1})、KSCN(0.1 mol·L^{-1})、$K_4[Fe(CN)_6]$(0.1 mol·L^{-1})、$K_3[Fe(CN)_6]$(0.1 mol·L^{-1})、$(NH_4)_2Fe(SO_4)_2$(0.1 mol·L^{-1})、H_2O_2(3%)溶液,$(NH_4)_2Fe(SO_4)_2$(s)、KSCN(s)、溴水、碘水、丁二酮肟、正戊醇、CCl_4。

3. 材料

碘化钾-淀粉试纸等。

四、基本操作

试管的使用、滴管的使用、离心管的使用。

五、实验步骤

1. 铁、钴、镍氢氧化物的制备和性质

(1) 在含有 2 mL 蒸馏水的试管中加入 3 滴 6 mol·L^{-1} H_2SO_4溶液,利用酒精灯加热煮沸以除去溶液中的氧气,冷却后加入少量$(NH_4)_2Fe(SO_4)_2$固体。在另一试管中加 2 mL 6 mol·L^{-1} NaOH 溶液,用酒精灯加热煮沸,待溶液冷却后,用长滴管迅速吸取试管中的 NaOH 溶液,将滴管口插入盛有$(NH_4)_2Fe(SO_4)_2$溶液的试管底部,慢慢放出 NaOH 溶液(整个操作过程尽量避免引入空气),观察在 NaOH 放出的瞬间产物的颜色及变化,摇匀反应物后分为两份:一份加入 2 mol·L^{-1} HCl 溶液,观察沉淀是否溶解；另一份放置一段时间，观察沉淀颜色有何变化（产物留作下面实验用）。解释现象，写出相关的反应方程式。

(2) 向盛有 0.5 mL 0.1 mol・L^{-1} $CoCl_2$溶液的试管中滴加 2 mol・L^{-1} NaOH 溶液，直至生成粉红色沉淀。将沉淀分为两份，一份加入 2 mol・L^{-1} HCl 溶液，观察沉淀是否溶解；另一份放置至实验结束，观察沉淀颜色变化。解释现象，写出相关的反应方程式。

(3) 用 0.1 mol・L^{-1} $NiSO_4$溶液代替 $CoCl_2$溶液，重复实验(2)。

根据实验(1)～(3)，比较 $Fe(OH)_2$、$Co(OH)_2$和 $Ni(OH)_2$的还原性强弱。

(4) 向前面实验保留下来的 $Fe(OH)_3$沉淀中加入浓盐酸，用碘化钾-淀粉试纸检验逸出的气体，观察有何变化。解释现象，写出有关反应方程式。

(5) 向上述制得的 $FeCl_3$溶液中依次加入 0.1 mol・L^{-1} KI 溶液和 CCl_4，充分振荡后静置，观察并解释现象，写出相关的反应方程式。

(6) 向一支试管中依次加入 5 滴 0.1 mol・L^{-1} $CoCl_2$溶液、几滴溴水和 2 mol・L^{-1} NaOH 溶液，振荡试管并观察现象。离心分离，在沉淀中滴加浓盐酸，并用碘化钾-淀粉试纸检查逸出的气体。解释现象，写出有关反应方程式。

(7) 用 0.1 mol・L^{-1} $NiSO_4$溶液代替 $CoCl_2$溶液，重复实验(6)。

根据实验(4)～(7)，比较 Fe(Ⅲ)、Co(Ⅲ)、Ni(Ⅲ)的氧化性强弱。

2. 铁、钴、镍硫化物的性质

(1) 在三支试管中分别加入 2 滴 0.1 mol・L^{-1} $FeSO_4$、$CoCl_2$和 $NiSO_4$溶液，再各加 2 滴饱和 H_2S溶液，观察有无沉淀。然后加入 2 mol・L^{-1} NH_3・H_2O 溶液，观察现象。离心分离，在沉淀中滴加 2 mol・L^{-1} HCl 溶液，观察并解释现象，写出相关的反应方程式。

(2) 在含 2 滴 0.1 mol・L^{-1} $FeCl_3$溶液的试管中滴加饱和 H_2S溶液，观察并解释现象，写出相关的反应方程式。

3. 铁、钴、镍配合物的生成和离子鉴定

(1) Fe^{3+}、Co^{2+}、Ni^{2+}与 NH_3・H_2O 的反应。

① 向 0.5 mL 0.1 mol・L^{-1} $FeCl_3$溶液中滴入 6 mol・L^{-1} NH_3・H_2O 溶液，有何现象？沉淀能否溶于过量氨水中？

② 向盛有 0.5 mL 0.1 mol・L^{-1} $CoCl_2$溶液的试管中滴加浓氨水至生成的沉淀刚好溶解，静置，观察溶液颜色有何变化，解释实验现象，写出相关的反应方程式。

③ 向盛有 1 mL 0.1 mol・L^{-1} $NiSO_4$溶液的试管中滴加 6 mol・L^{-1} NH_3・H_2O 溶液至产生的沉淀溶解，观察所得溶液的颜色。把溶液分成两份，一份加入 2 mol・L^{-1} NaOH 溶液，另一份加入 1 mol・L^{-1} H_2SO_4溶液，观察有何变化，解释原因，写出相关

的反应方程式。

(2) Fe^{3+}、Co^{2+} 与 SCN^- 的反应。

① 向一支试管中加入 2 滴 0.1 mol·L^{-1} $FeCl_3$溶液,用水稀释至 2 mL,然后加 1 滴 0.1 mol·L^{-1} KSCN 溶液,观察溶液颜色变化。再滴加 1 mol·L^{-1} NH_4F 溶液至颜色褪去,解释现象。该实验用于鉴定 Fe^{3+}。

② 向盛有 0.5 mL 0.1 mol·L^{-1} $CoCl_2$溶液的试管中加少量 KSCN 固体,再加少量正戊醇,混合均匀,观察水相及有机相颜色的变化。

③ 向盛有 0.5 mL 新配制的$(NH_4)_2Fe(SO_4)_2$溶液的试管中加入碘水,摇匀振荡后,将溶液均匀分在两支试管中,两支试管中各加数滴 KSCN 溶液,然后再在其中一份溶液中加几滴 3% H_2O_2溶液,对比两支试管中的现象,并解释原因。

(3) Fe^{3+} 和 Fe^{2+} 的鉴定。

在点滴板的一凹穴中加 1 滴 0.1 mol·L^{-1} $FeCl_3$溶液和 1 滴 0.1 mol·L^{-1} $K_4Fe(CN)_6$溶液;往另一凹穴中加 1 滴 0.1 mol·L^{-1} $(NH_4)_2Fe(SO_4)_2$溶液和 1 滴 0.1 mol·L^{-1} $K_3Fe(CN)_6$溶液,观察产物的颜色和状态。

(4) 镍螯合物的生成(Ni^{2+} 的鉴定)。

在点滴板上依次加 1 滴 0.1 mol·L^{-1} $NiSO_4$溶液、1 滴 2 mol·L^{-1} $NH_3 \cdot H_2O$ 溶液和 1 滴镍试剂(丁二酮肟的酒精溶液),观察产物的颜色和状态。

六、注意事项

制备$(NH_4)_2Fe(SO_4)_2$溶液用的水要除氧。滴加 NaOH 溶液时,滴管插入$(NH_4)_2Fe(SO_4)_2$溶液中至试管底部,操作过程中应避免引入空气。

七、实验讨论

(1) 如果想观察纯 $Fe(OH)_2$ 的白色,原料硫酸亚铁铵应不含 Fe^{3+},如何检出和除去$(NH_4)_2Fe(SO_4)_2$中的 Fe^{3+}?

(2) 根据实验结果,比较 Fe(Ⅱ)、Co(Ⅱ)和 Ni(Ⅱ)的还原性强弱,以及 Fe(Ⅲ)、Co(Ⅲ)和 Ni(Ⅲ)的氧化性强弱。

(3) 从配合物的生成电极电势解释$[Fe(CN)_6]^{4-}$能把 I_2还原成 I^-,而 Fe^{2+} 则不能的原因。

(4) 为什么$[Co(H_2O)_6]^{2+}$很稳定,而$[Co(NH_3)_6]^{2+}$很容易被氧化?配离子的形成对离子的氧化还原性有何影响?举例说明原因。

(5) 为什么不用 Co(Ⅲ)和 Ni(Ⅲ)直接制备 $Co(OH)_3$ 和 $Ni(OH)_3$,而是通过在碱性条件下氧化 Co(Ⅱ)和 Ni(Ⅱ)来制备?

(6) 设计方案检测溶液中是否含 Fe^{3+}、Co^{2+} 和 Ni^{2+}。

八、参考文献

[1] 郎建平，卞国庆. 无机化学实验[M]. 2 版. 南京：南京大学出版社，2013.

实验 21　ds 区金属（铜、银、锌、镉、汞）

一、实验目的

(1) 学习铜、银、锌、镉、汞的氢氧化物和氧化物的性质。

(2) 掌握 Cu(Ⅰ)与 Cu(Ⅱ)、Hg(Ⅰ)与 Hg(Ⅱ)化合物的性质及相互转化条件。

(3) 掌握铜、银、锌、镉、汞硫化物的生成和溶解性。

(4) 学习 Cu^{2+}、Ag^{+}、Zn^{2+}、Cd^{2+}、Hg^{2+} 的鉴定方法。

二、实验原理

ds 区元素包括ⅠB 族的 Cu、Ag、Au 和ⅡB 族的 Zn、Cd、Hg 六种元素，它们的价层电子构型为 $(n-1)d^{10}ns^{1\sim2}$，它们的许多性质与 d 区元素相似，而与相应的主族ⅠA 和ⅡA 族元素相差较大。

$Cu(OH)_2$ 显碱性，溶于酸，但其又有微弱的酸性，溶于较浓（6 mol · L^{-1}）的 NaOH 溶液。AgOH 为白色沉淀，在水中极易脱水转变为棕黑色的 Ag_2O。Ag_2O 能溶于 HNO_3 和 $NH_3 \cdot H_2O$。$Zn(OH)_2$ 呈两性，$Cd(OH)_2$ 呈两性偏碱性。$Hg(OH)_2$ 和 $Hg_2(OH)_2$ 不稳定，极易脱水转变为相应的氧化物。HgO 不溶于碱；Hg_2O 不稳定，易发生歧化反应生成 HgO 和 Hg。

Cu(Ⅱ)、Ag(Ⅰ)和 Hg(Ⅱ)的一些化合物具有一定的氧化性。例如，Cu^{2+} 能将 I^- 氧化成 I_2，并生成白色的 CuI 沉淀：

$$2Cu^{2+} + 4I^- = 2CuI\downarrow(\text{白色}) + I_2$$

$[Cu(OH)_4]^{2-}$ 和 $[Ag(NH_3)_2]^+$ 都能与醛类或糖类发生氧化还原反应，分别生成 Cu_2O 和 Ag：

$$2[Cu(OH)_4]^{2-} + C_6H_{12}O_6 \longrightarrow Cu_2O\downarrow(\text{暗红色}) + C_6H_{12}O_7 + 4OH^- + 2H_2O$$

$$2[Ag(NH_3)_2]^+ + C_6H_{12}O_6 + 3OH^- \longrightarrow 2Ag\downarrow + C_6H_{11}O_7^- + 4NH_3 + 2H_2O$$

Cu^+ 在水中不稳定，易发生歧化反应生成 Cu^{2+} 和 Cu 单质。Cu(Ⅰ)的卤化物如 CuCl 和 CuI 等难溶于水，其通过反应生成的配离子 $[CuCl_2]^-$ 和 $[CuI_2]^-$ 等能够较稳定地存在于水溶液中。加热条件下，通过 $CuCl_2$ 溶液与铜屑及浓盐酸反应可制得 $[CuCl_2]^-$；在反应液中逐渐加水稀释，可以观察到白色沉淀析出：

$$Cu^{2+} + Cu + 4Cl^- = 2[CuCl_2]^-$$

$$2[CuCl_2]^- = 2CuCl\downarrow(\text{白色}) + 2Cl^-$$

在 CuCl 和 CuI 沉淀中加入 $NH_3 \cdot H_2O$ 可生成无色的$[Cu(NH_3)_2]^+$，其可很快被氧气氧化为深蓝色的$[Cu(NH_3)_4]^{2+}$：

$$CuCl+2NH_3 = [Cu(NH_3)_2]^+(\text{无色})+Cl^-$$

$$4[Cu(NH_3)_2]^+ +O_2+8NH_3+2H_2O = 4[Cu(NH_3)_4]^{2+}(\text{深蓝色})+4OH^-$$

在弱酸性或中性溶液中，Cu^{2+} 与 $K_4[Fe(CN)_6]$反应生成红棕色的 $Cu_2[Fe(CN)_6]$沉淀，此反应可用于鉴定 Cu^{2+}。$Cu_2[Fe(CN)_6]$在碱性溶液中能发生分解反应。

$$2Cu^{2+}+[Fe(CN)_6]^{4-} = Cu_2[Fe(CN)_6]\downarrow(\text{红棕色})$$

Ag^+ 与稀盐酸反应生成 AgCl 白色沉淀，当加入过量的 $NH_3 \cdot H_2O$ 后，白色沉淀又将溶解，转变成可溶性的$[Ag(NH_3)_2]^+$，继续加入稀硝酸又可以观察到白色沉淀产生，利用该过程可以鉴定 Ag^+：

$$AgCl+2NH_3 \cdot H_2O = [Ag(NH_3)_2]^+ +Cl^- +2H_2O$$

$$[Ag(NH_3)_2]^+ +Cl^- +2H^+ = AgCl\downarrow(\text{白色})+2NH_4^+$$

铜、银、锌、镉、汞的硫化物是具有特殊颜色的难溶物。黑色的 Ag_2S 溶于浓硝酸。白色的 ZnS 难溶于水和醋酸而溶于稀盐酸。黄色的 CdS 难溶于稀盐酸而易溶于 6 $mol \cdot L^{-1}$ HCl溶液。通常用 Cd^+ 与 H_2S 生成 CdS 来鉴定 Cd^{2+}。黑色的 HgS 只溶于王水和 Na_2S 溶液。

$$3Ag_2S+2NO_3^- +8H^+ = 6Ag^+ +2NO\uparrow +3S\downarrow +4H_2O$$

$$3HgS+12HCl+2HNO_3 = 3H_2[HgCl_4]+2NO\uparrow +3S\downarrow +4H_2O$$

$$HgS+S^{2-} = [HgS_2]^{2-}$$

Cu^+、Cu^{2+}、Ag^+、Zn^{2+}、Cd^{2+}、Hg^{2+} 与过量 $NH_3 \cdot H_2O$ 反应都能生成氨合物。无色的$[Cu(NH_3)_2]^+$ 易被氧气氧化为深蓝色的$[Cu(NH_3)_4]^{2+}$。但在没有大量 NH_4^+ 存在的情况下，Hg^{2+} 和 Hg_2^{2+} 与过量 $NH_3 \cdot H_2O$ 反应并不生成氨配离子：

$$HgCl_2+2NH_3 = HgNH_2Cl\downarrow(\text{白色})+NH_4Cl$$

$$Hg_2Cl_2+2NH_3 = HgNH_2Cl\downarrow(\text{白色})+Hg(\text{黑色})+NH_4Cl$$

$$2Hg(NO_3)_2+4NH_3+H_2O = HgO \cdot HgNH_2NO_3\downarrow(\text{白色})+3NH_4NO_3$$

$$2Hg_2(NO_3)_2+4NH_3+H_2O = HgO \cdot HgNH_2NO_3\downarrow(\text{白色})+2Hg(\text{黑色})+3NH_4NO_3$$

Hg^{2+} 和 Hg_2^{2+} 与 I^- 反应分别生成难溶于水的 HgI_2 和 Hg_2I_2 沉淀。红色的 HgI_2 溶于过量的 KI 生成$[HgI_4]^{2-}$：

$$HgI_2+2KI = K_2[HgI_4]$$

黄绿色的 Hg_2I_2 与过量 KI 反应生成$[HgI_4]^{2-}$ 和 Hg：

$$Hg_2I_2+2KI = K_2[HgI_4]+Hg$$

$HgCl_2$ 与 $SnCl_2$ 反应生成白色的 Hg_2Cl_2，Hg_2Cl_2 可与过量的 $SnCl_2$ 反应生成黑色

的 Hg，此过程可用于鉴定 Hg^{2+} 或 Sn^{2+}：

$$Sn^{2+} + 2HgCl_2 + 4Cl^- = Hg_2Cl_2 \downarrow (\text{白色}) + [SnCl_6]^{2-}$$

$$Sn^{2+} + Hg_2Cl_2 + 4Cl^- = 2Hg \downarrow (\text{黑色}) + [SnCl_6]^{2-}$$

在碱性条件下，Zn^{2+} 与二苯硫腙反应生成粉红色的螯合物，此反应可用于鉴定 Zn^{2+}。

三、仪器和试剂

1. 仪器

试管、离心试管、离心机、水浴锅、点滴板。

2. 试剂

NaOH(40%、6 mol·L^{-1}、2 mol·L^{-1})、$NH_3 \cdot H_2O$(浓、2 mol·L^{-1})、HCl(浓、6 mol·L^{-1}、2 mol·L^{-1})、H_2SO_4(1 mol·L^{-1})、HNO_3(浓、2 mol·L^{-1})、HAc(2 mol·L^{-1})、Na_2S(0.1 mol·L^{-1})、$CuSO_4$(0.1 mol·L^{-1})、$CuCl_2$(1 mol·L^{-1})、$AgNO_3$(0.1 mol·L^{-1})、$ZnSO_4$(0.1 mol·L^{-1})、$CdSO_4$(0.1 mol·L^{-1})、$Hg(NO_3)_2$(0.1 mol·L^{-1})、$Hg_2(NO_3)_2$(0.1 mol·L^{-1})、$Na_2S_2O_3$(0.5 mol·L^{-1})、NH_4Cl(1 mol·L^{-1})、$K_4[Fe(CN)_6]$(0.1 mol·L^{-1})、$SnCl_2$(0.1 mol·L^{-1})、KI(0.1 mol·L^{-1})、葡萄糖(10%)溶液，二苯硫腙的四氯化碳溶液，Cu(s)。

四、基本操作

称量、离心分离。

五、实验步骤

1. 铜、银、锌、镉、汞的氢氧化物或氧化物的制备和性质

(1) 铜、锌和镉的氢氧化物。

分别向三支试管中加入 3 滴 0.1 mol·L^{-1} $CuSO_4$ 溶液、$ZnSO_4$ 溶液和 $CdSO_4$ 溶液，然后滴加 2 mol·L^{-1} NaOH 溶液，观察实验现象。将各试管中的沉淀均分为两份，一份加 1 mol·L^{-1} H_2SO_4 溶液，另一份继续滴加 2 mol·L^{-1} NaOH 溶液，观察实验现象，解释原因，写出相关的反应方程式。

(2) 银和汞的氧化物。

① 氧化银。

向一支离心试管中依次加入 0.5 mL 0.1 mol·L^{-1} $AgNO_3$ 溶液和 2 mol·L^{-1} NaOH 溶液，观察实验现象。离心分离并洗涤沉淀，将沉淀分成两份，一份加 2 mol·L^{-1} HNO_3 溶液，另一份加 2 mol·L^{-1} $NH_3 \cdot H_2O$ 溶液，观察实验现象，解释原因，写出相关的反应方程式。

② 氧化汞。

向一支离心试管中依次加入1～2滴0.1 mol·L^{-1} $Hg(NO_3)_2$溶液和2 mol·L^{-1} NaOH溶液，混合均匀，观察实验现象。将沉淀分成两份，一份加2 mol·L^{-1} HNO_3溶液，另一份加40% NaOH溶液，观察现象，解释原因，写出相关的反应方程式。

2. Cu(Ⅰ)化合物的制备和性质

(1) 向一支离心试管中加入6滴0.1 mol·L^{-1} $CuSO_4$溶液，然后滴加6 mol·L^{-1} NaOH溶液至生成的蓝色沉淀溶解成深蓝色溶液，再加入1 mL 10%葡萄糖溶液，混合均匀，水浴加热几分钟，观察实验现象。离心分离，沉淀洗涤后分为两份：一份加入1 mL 1 mol·L^{-1} H_2SO_4溶液混合均匀，静置片刻，观察有何变化；另一份加入1 mL浓氨水，混合均匀后观察现象。静置一段时间后，观察有何变化，解释原因，写出相关的反应方程式。

(2) 向一支试管中依次加入2 mL 1 mol·L^{-1} $CuCl_2$溶液、1 mL浓盐酸和少量铜屑，加热沸腾至溶液呈深棕色。取2滴上述溶液，用5 mL去离子水稀释，如有白色沉淀产生，则迅速将溶液倒入盛有20 mL去离子水的小烧杯中(铜屑水洗后回收)，观察实验现象。离心分离，沉淀洗涤两次后分为两份，一份加浓盐酸，另一份加浓氨水，观察实验现象，解释原因，写出相关的反应方程式。

(3) 向一支盛有5滴0.1 mol·L^{-1} $CuSO_4$溶液的试管中滴加0.1 mol·L^{-1} KI溶液，边滴加边振荡至溶液变为棕黄色(CuI为白色沉淀，I_2溶于KI呈黄色)，再加适量0.5 mol·L^{-1} $Na_2S_2O_3$溶液以除去生成的I_2，观察实验现象，解释原因并写出相关的反应方程式。

3. 银镜反应

向盛有1 mL 0.1 mol·L^{-1} $AgNO_3$溶液的试管中滴加2 mol·L^{-1} $NH_3·H_2O$溶液至生成的沉淀刚好溶解，再加2 mL 10%的葡萄糖溶液，混合均匀，放在水浴锅中加热片刻，观察实验现象。倒掉溶液并加2 mol·L^{-1} HNO_3溶液使银溶解。写出相关的反应方程式。

4. 铜、银、锌、镉、汞硫化物的制备和性质

在六支试管中分别加入1滴0.1 mol·L^{-1} $CuSO_4$、$AgNO_3$、$ZnSO_4$、$CdSO_4$、$Hg(NO_3)_2$和$Hg_2(NO_3)_2$溶液，再滴加0.1 mol·L^{-1} Na_2S溶液，观察实验现象。离心分离，观察生成的CuS和Ag_2S在浓硝酸中、ZnS在2 mol·L^{-1} HCl溶液中、CdS在6 mol·L^{-1} HCl溶液中、HgS在王水中的溶解性。

5. 铜、银、锌、汞氨合物的制备

向四支试管中分别加2滴0.1 mol·L^{-1} $CuSO_4$、$AgNO_3$、$ZnSO_4$、$Hg(NO_3)_2$溶液，然后各逐滴加入2 mol·L^{-1} $NH_3·H_2O$溶液，观察现象。加入过量的2 mol·L^{-1}

$NH_3 \cdot H_2O$ 溶液时又有何现象？解释实验现象并写出相关的反应方程式。

6. 汞盐与 KI 的反应

(1) 向盛有 2 滴 0.1 $mol \cdot L^{-1}$ $Hg(NO_3)_2$溶液的试管中逐滴加入 0.1 $mol \cdot L^{-1}$ KI 溶液，观察实验现象。继续滴加 0.1 $mol \cdot L^{-1}$ KI 溶液至沉淀刚好消失，然后加几滴 6 $mol \cdot L^{-1}$ NaOH 溶液和 1 滴 0.1 $mol \cdot L^{-1}$ NH_4Cl 溶液，观察实验现象，解释原因，写出相关的反应方程式。

(2) 向盛有 2 滴 0.1 $mol \cdot L^{-1}$ $Hg_2(NO_3)_2$溶液的试管中逐滴加入 0.1 $mol \cdot L^{-1}$ KI 溶液至过量，观察实验现象，解释原因，写出相关的反应方程式。

7. Cu^{2+} 的鉴定

在点滴板上依次加 1 滴 0.1 $mol \cdot L^{-1}$ $CuSO_4$溶液、1 滴 2 $mol \cdot L^{-1}$ HAc 溶液和 1 滴 0.1 $mol \cdot L^{-1}$ $K_4[Fe(CN)_6]$溶液，观察实验现象，解释原因，写出相关的反应方程式。

8. Zn^{2+} 的鉴定

向一支试管中依次加入 2 滴 0.1 $mol \cdot L^{-1}$ $ZnSO_4$ 溶液、5 滴 6 $mol \cdot L^{-1}$ NaOH 溶液和 0.5 mL 二苯硫腙的四氯化碳溶液，混合均匀，观察水层和四氯化碳层颜色的变化，解释原因，写出相关的反应方程式。

9. Hg^{2+} 的鉴定

向盛有 2 滴 0.1 $mol \cdot L^{-1}$ $Hg(NO_3)_2$溶液的试管中滴加 0.1 $mol \cdot L^{-1}$ $SnCl_2$溶液，观察实验现象，解释原因，写出相关的反应方程式。

六、注意事项

银镜反应中，沉淀生成后，$NH_3 \cdot H_2O$ 溶液滴加速度要慢，且边滴加边振荡至沉淀刚好溶解。

七、实验讨论

(1) 总结铜、银、锌、镉、汞氢氧化物的酸碱性。

(2) 在制备 CuI 时，加 $Na_2S_2O_3$ 溶液的作用是什么？若其加入过量，会产生什么现象？为什么？

(3) 至少采用两种方法鉴别硝酸汞、硝酸亚汞和硝酸银溶液。

(4) 用 $K_4[Fe(CN)_6]$鉴定 Cu^{2+} 时若加入 $NH_3 \cdot H_2O$ 或 NaOH 溶液会发生什么反应？

(5) 总结 Cu^{2+}、Ag^{+}、Zn^{2+}、Cd^{2+}、Hg^{2+}、Hg_2^{2+} 与 $NH_3 \cdot H_2O$ 溶液的反应。

(6) 总结铜、银、锌、镉、汞硫化物的溶解性。

(7) 如何分离 AgCl、$PbCl_2$ 和 Hg_2Cl_2？

八、知识链接

1. 汞的使用及处理

(1) 如果汞洒落在桌上或地上,必须尽可能收集起来,并用硫粉盖在洒落的地方,使汞转变成不挥发的硫化汞。含汞离子的废液不能随意弃去,要回收到指定的容器中集中处理。

(2) 含汞废液处理。

① 化学沉淀法:在含 Hg^{2+} 的废液中加 Na_2S 或通入 H_2S,形成 HgS 沉淀。为防止形成 HgS_2^{2-},可加入少量 $FeSO_4$,使过量的 S^{2-} 与 Fe^{2+} 反应生成 FeS 沉淀。过滤后,残渣可回收或深埋,溶液 pH 调至 6～8 后再排放。

② 离子交换法:利用阳离子交换树脂把 Hg^{2+} 和 Hg_2^{2+} 交换于树脂上,然后再回收利用(此法较为理想,但成本较高)。

③ 还原法:利用镁粉、铝粉、铁粉、锌粉等还原性金属将 Hg^{2+} 和 Hg_2^{2+} 还原为单质 Hg。

2. 镉的性质及废液处理

镉在自然界中含量很低,镉常与锌、铅等矿物共生。镉污染环境后,通过食物链进入人体,可在人体内富集,引起慢性中毒。10 mg 的镉即可引起急性镉中毒,导致恶心、呕吐、腹泻和腹痛。

含镉废液处理:加入消石灰等碱性试剂,使所含的金属离子形成氢氧化物沉淀而除去。

九、参考文献

[1] 郎建平,卞国庆. 无机化学实验[M]. 2 版. 南京:南京大学出版社,2013.

第五章 分析化学实验部分

实验1 滴定分析基本操作练习

一、实验目的

(1) 学习滴定分析常用仪器的正确洗涤及使用方法。

(2) 通过滴定操作的练习，能够正确判断酚酞、甲基橙指示剂终点的到达。

(3) 初步掌握酸碱指示剂的选择方法。

二、实验原理

滴定分析是将已知准确浓度的标准溶液(滴定剂)滴加到待测组分的溶液中至反应恰好完全，然后根据所消耗滴定剂的体积和浓度求被测组分含量的方法。

酸碱滴定中常用盐酸和氢氧化钠溶液作为滴定剂。由于浓盐酸易挥发，浓度不确定，氢氧化钠在空气中易吸收水分和二氧化碳，因此盐酸和氢氧化钠标准溶液无法直接配制，须采用间接法配制。例如，欲配制一定浓度的氢氧化钠溶液，先称取氢氧化钠固体将其配制成近似浓度的溶液，然后称取基准物质对其进行标定，从而确定氢氧化钠溶液的准确浓度，或者用已知准确浓度的标准溶液对氢氧化钠溶液进行标定。

以 0.1 $mol \cdot L^{-1}$ NaOH 溶液滴定 0.1 $mol \cdot L^{-1}$ HCl 溶液为例，反应如下：

$$NaOH + HCl = NaCl + H_2O$$

化学计量点时 pH=7.0，滴定突跃范围为 4.3～9.7。在这一范围可采用甲基橙、甲基红、酚酞等指示剂来指示终点。

本实验分别选取酚酞和甲基橙作为酸碱滴定指示剂，甲基橙(MO)的变色范围为 3.1(橙色)～4.4(黄色)，酚酞(PP)的变色范围为 8.0(无色)～9.6(红色)，通过自行配制的 HCl 溶液和 NaOH 溶液相互滴定。在滴定分析实验中，能否正确判断滴定终点是影响滴定分析准确度的重要因素之一。一定浓度的 HCl 溶液与 NaOH 溶液进行相互滴定时，若使用同一种指示剂指示终点，不断改变被滴定溶液的体积，则滴定剂的用量也随之变化，但它们相互反应的体积之比应基本不变。因此在不知道 HCl 和 NaOH 溶液准确浓度的情况下，利用酸碱滴定指示剂大多数是可逆的特点，通过

计算 V_{HCl}/V_{NaOH} 体积比的精确度，可以训练实验者的滴定操作技术和对判断终点掌握的能力。

通过观察滴定剂滴落处附近溶液颜色改变的快慢可以判断终点是否临近；接近终点时，控制滴定剂半滴半滴或一滴一滴地加入，直至溶液颜色发生明显变化，立刻停止滴定，此时即为滴定终点。在实验中每遇到一种新的指示剂，均应如此反复练习，以学会正确掌握终点颜色的变化。V_{HCl}/V_{NaOH} 体积比可由下式计算：

$$c_1V_1 = c_2V_2$$

$$\frac{c_1}{c_2} = \frac{V_2}{V_1}$$

三、仪器和试剂

1. 仪器

量筒、烧杯、试剂瓶、锥形瓶、滴定管、电子天平。

2. 试剂

浓盐酸、NaOH(s，分析纯)、酚酞指示剂(0.2%乙醇溶液)、甲基橙指示剂(0.2%水溶液)。

四、基本操作

称量、滴定。

五、实验步骤

1. 酸碱溶液的配制

(1) 0.1 mol·L^{-1} HCl 溶液的配制：在通风橱中用洁净的小量筒量取 4.2～4.5 mL浓盐酸，注入 500 mL 去离子水中，摇匀，装入试剂瓶中，贴上标签。

(2) 0.1 mol·L^{-1} NaOH 溶液的配制：称取 2.0 g NaOH 固体于 100 mL 烧杯中，加入蒸馏水使其溶解完全，然后转移到 500 mL 试剂瓶中，加水稀释至 500 mL，盖上塞子，摇匀，贴上标签备用。

2. 酸碱溶液的相互滴定

(1) 分别用 0.1 mol·L^{-1} HCl 溶液与 0.1 mol·L^{-1} NaOH 溶液润洗滴定管 2～3 次，每次 5～10 mL。然后将 HCl 溶液和 NaOH 溶液分别装入滴定管中，排除气泡，调节液面至 0.00 mL 附近，静置 1 min 后，记下初读数。

(2) 用 0.1 mol·L^{-1} HCl 溶液滴定 0.1 mol·L^{-1} NaOH 溶液：从滴定管中放出约 25 mL 0.1 mol·L^{-1} NaOH 溶液于 250 mL 锥形瓶中，向其中滴加甲基橙指示剂 1～2 滴，然后用 0.1 mol·L^{-1} HCl 溶液滴定锥形瓶中的 NaOH 溶液，直至瓶中的溶液由黄色突变为橙色，即为滴定终点，记下滴定消耗的 HCl 溶液体积。平行滴定三次，计算体积比 V_{HCl}/V_{NaOH}，要求平均相对偏差在±0.2%以内。

(3) 用 0.1 mol·L^{-1} NaOH 滴定 0.1 mol·L^{-1} HCl 溶液：从滴定管中放出 25 mL 0.1 mol·L^{-1} HCl 溶液于锥形瓶中，向其中加入酚酞指示剂 1～2 滴，然后用 0.1 mol·L^{-1} NaOH 溶液滴定 HCl 溶液，直至瓶中的溶液由无色突变为微红色，30 s 不褪色即为终点，记录消耗的 NaOH 溶液体积。平行滴定三次，计算体积比 V_{HCl}/V_{NaOH}，要求平均相对偏差在±0.2%以内。

六、数据记录与处理

(1) 用 0.1 mol·L^{-1} HCl 溶液滴定 0.1 mol·L^{-1} NaOH 溶液。将实验数据填入表 5-1。

表 5-1　数据记录表

记录项目	实验序号		
	1	2	3
$V_{NaOH,初}$/mL			
$V_{NaOH,终}$/mL			
V_{NaOH}/mL			
$V_{HCl,初}$/mL			
$V_{HCl,终}$/mL			
V_{HCl}/mL			
V_{HCl}/V_{NaOH}			
V_{HCl}/V_{NaOH}的平均值			
$\overline{d}_r$/%			

(2) 用 0.1 mol·L^{-1} NaOH 溶液滴定 0.1 mol·L^{-1} HCl 溶液。将实验数据填入表 5-2。

表 5-2　数据记录表

记录项目	实验序号		
	1	2	3
$V_{HCl,初}$/mL			
$V_{HCl,终}$/mL			
V_{HCl}/mL			
$V_{NaOH,初}$/mL			
$V_{NaOH,终}$/mL			
V_{NaOH}/mL			
V_{HCl}/V_{NaOH}			
V_{HCl}/V_{NaOH}的平均值			
$\overline{d}_r$/%			

七、注意事项

(1) 滴定管使用前后应进行洗涤,洗净的标准是管内壁不挂水珠。

(2) 滴定操作及终点判断:

① 体积读数要读至小数点后两位。

② 控制滴定速度,点滴成线,不要成流水线。

③ 临近终点时,应采用半滴操作和洗瓶冲洗。

④ 每次滴定都须将酸、碱溶液重新装至滴定管的零刻度线附近。

(3) 酸碱指示剂本身为弱酸或弱碱,用量过多则会产生误差。此外,高浓度的指示剂变色也不灵敏。在进行平行实验时,每次滴定时指示剂用量和终点颜色的判断都要相同。

(4) 应正确书写实验报告(分析数据和结果的处理,有效数字,单位,计算式,误差分析)。

(5) 注意台面整洁,仪器放置整齐。

八、实验讨论

(1) 实验过程中,滴定管和锥形瓶是否需要用滴定剂润洗?为什么?

(2) HCl 和 NaOH 标准溶液能否用直接配制法配制?为什么?

(3) 滴定至临近终点加入半滴的操作如何进行?

九、知识链接

植物油广泛存在于自然界中,可以从植物的胚芽、种子、果实中得到,如豆油、蓖麻油、菜子油等。植物油的主要成分是脂肪酸和甘油反应生成的酯,脂肪酸中含有多种不饱和酸,如蓖麻油酸、芥酸等。检验植物油的品质及食用安全性的一个非常重要的指标是酸价。酸价也称为酸度,是对混合物或化合物中游离羧酸基团数目的一个计量标准,可以用中和 1 g 化学物质所需要氢氧化钾的毫克数来表示。通常,将一定质量的样品溶于定量的有机溶剂中,再用已知浓度的 KOH 标准溶液滴定上述试样,以酚酞指示剂来确定滴定终点,以此测量酸价。目前,实验室(尤其是中小企业)测定酸价的方法普遍是酸碱滴定法。之所以采用酸碱滴定法,主要是其具有操作简便且成本低廉等优点。

十、参考文献

[1] 武汉大学. 分析化学实验[M]. 5 版. 北京:高等教育出版社,2015.

[2] 马葱,刘钟栋. 酸碱滴定法在植物油质量检测中应用的改进[J]. 中国食品添加剂分析测试,2018(2):188-195.

实验 2　标准溶液的配制与标定

一、实验目的

(1) 了解标定酸碱的基准试剂和方法。

(2) 学习并掌握盐酸与氢氧化钠标准溶液的配制与标定方法。

(3) 学习减量法称量操作，进一步练习滴定分析的基本操作。

二、实验原理

浓盐酸容易挥发，氢氧化钠有很强的吸水性并能吸收空气中的 CO_2，因此不能用它们来直接配制具有准确浓度的标准溶液，HCl 和 NaOH 标准溶液只能采用间接法配制，再通过标定确定它们的准确浓度。

标定盐酸的基准物质常用无水碳酸钠和硼砂等，其中无水碳酸钠(Na_2CO_3)易制得纯品，是一种较好的基准物质。其标定反应如下：

$$Na_2CO_3 + 2HCl \longrightarrow 2NaCl + H_2O + CO_2\uparrow$$

当滴定反应进行完全时，溶液 pH 约为 3.9，此时可选用混合指示剂(如溴甲酚绿-甲基红混合液)或单一指示剂(如甲基橙)指示滴定终点，终点颜色为由绿色变为暗红色或由黄色变为橙色。

标定碱溶液的基准物质比较多，常用的有邻苯二甲酸氢钾($KHC_8H_4O_4$)、草酸($H_2C_2O_4 \cdot 2H_2O$)等。邻苯二甲酸氢钾因具有摩尔质量较大且易制得纯品，在空气中不吸湿等优点，是一种较好的基准物质。它与 NaOH 溶液的反应如下：

$$C_6H_4(COOK)(COOH) + NaOH \longrightarrow C_6H_4(COOK)(COONa) + H_2O$$

反应产物邻苯二甲酸钾钠盐为二元弱碱，在水溶液中显微碱性，可选用酚酞作指示剂。

三、仪器和试剂

1. 仪器

烧杯、量筒、称量瓶、锥形瓶、滴定管(50 mL)、电子天平、托盘天平。

2. 试剂

无水 Na_2CO_3、邻苯二甲酸氢钾(KHP)、浓盐酸(密度 1.19 $g \cdot mL^{-1}$)、NaOH(s)、甲基橙(或溴甲酚绿-甲基红混合液)指示剂、酚酞指示剂。

四、基本操作

溶液的配制、称量、滴定。

五、实验步骤

1. 0.1 mol·L^{-1}HCl 溶液的配制与标定

(1) 0.1 mol·L^{-1} HCl 溶液的配制：在通风橱中用洁净的小量筒量取 4.2～4.5 mL 浓盐酸，注入 500 mL 去离子水中，摇匀，装入试剂瓶中，贴上标签。

(2) 0.1 mol·L^{-1} HCl 溶液的标定：将称量瓶洗涤并烘干，准确称取 0.11～0.15 g基准试剂无水 Na_2CO_3三份于250 mL锥形瓶中。分别用 20～30 mL 水溶解后，加入 1～2 滴甲基橙指示剂，用待标定的 0.1 mol·L^{-1} HCl 溶液滴定至溶液由黄色突变为橙色即为终点，记下所消耗的 HCl 溶液体积。平行滴定三次，计算 HCl 溶液的准确浓度。

2. 0.1 mol·L^{-1} NaOH 溶液的配制与标定

(1) 0.1 mol·L^{-1} NaOH 溶液的配制：称取 2.0 g NaOH 固体于 100 mL 烧杯中，加入蒸馏水使其溶解完全，然后转移到 500 mL 试剂瓶中，加水稀释至 500 mL，盖上塞子，摇匀，贴上标签备用。

(2) 0.1 mol·L^{-1} NaOH 溶液的标定：准确称取三份 0.5～0.6 g 邻苯二甲酸氢钾于三个 250 mL 的锥形瓶中，分别用 20～30 mL 水溶解，滴入 1～2 滴酚酞指示剂，用待标定的 0.1 mol·L^{-1} NaOH 溶液滴定至溶液由无色突变为微红色，半分钟内不褪色，即为终点。平行滴定三次，计算 NaOH 溶液的准确浓度。

六、数据记录与处理

(1) 数据记录(以 0.1 mol·L^{-1} HCl 溶液的标定为例)。将实验数据填入表 5-3。

表 5-3 数据记录表

记录项目	实验序号		
	1	2	3
$m_{Na_2CO_3}$/g			
$V_{HCl,终}$/mL			
$V_{HCl,初}$/mL			
V_{HCl}/mL			
c_{HCl}/(mol·L^{-1})			
$\bar{c}_{HCl}$/(mol·L^{-1})			
$\bar{d}_r$/%			

(2) 盐酸标准溶液的浓度计算式：

$$c_{HCl}=\frac{2\times\frac{m_{Na_2CO_3}}{105.99}\times 1\ 000}{V_{HCl}}$$

式中，c_{HCl}为盐酸标准溶液的物质的量浓度，$mol \cdot L^{-1}$；$m_{Na_2CO_3}$为无水碳酸钠的质量，g；V_{HCl}为盐酸溶液的用量，mL；105.99为无水碳酸钠的摩尔质量，$g \cdot mol^{-1}$。

七、注意事项

(1) 接近终点前，要将锥形瓶壁的溶液用少量蒸馏水冲洗下来，否则将增大误差。

(2) 称量瓶需要完全冷却才能进行称量操作。

(3) 用无水Na_2CO_3标定HCl溶液时，反应本身由于产生H_2CO_3会使滴定突跃不明显，致使指示剂颜色变化不够敏锐。因此，当滴定到指示剂甲基橙由黄色变为橙色（若是甲基红，颜色由黄色变为红色）时，最好加热煮沸溶液，并摇动溶液以赶走CO_2来加速H_2CO_3分解，待冷却后再进行滴定。

(4) 无水碳酸钠具有吸湿性，使用前需在270 ℃～300 ℃加热灼烧1 h左右，然后保存于干燥器中备用。

(5) 邻苯二甲酸氢钾通常在105 ℃～110 ℃下干燥2 h后备用。若干燥温度过高，则其脱水成为邻苯二甲酸酐而引起误差。

八、实验讨论

(1) 如何计算基准物质的称量范围？称得过多或过少对标准溶液浓度有何影响？

(2) 溶解基准物质无水Na_2CO_3或邻苯二甲酸氢钾时加入的水量是否需要十分准确？是用量筒量取还是用移液管移取？

(3) 称取氢氧化钠及邻苯二甲酸氢钾各用什么天平？为什么？

九、知识链接

在酸碱滴定中，滴定剂一般都是常见的强酸或强碱，如HCl、H_2SO_4或NaOH标准溶液。由于这些试剂价廉易得，加之酸碱滴定法操作简便，分析速度快且结果准确，因此被广泛地应用于实际生产中，许多工业产品如烧碱、纯碱、硫酸铵和碳酸氢铵等一般都采用酸碱滴定法测定其主要成分的含量。在农业方面，土壤和肥料中氮、磷含量的测定，以及饲料、农产品品质的评定等，也经常用到酸碱滴定法。例如，在有关化工产品中总氮含量的测定中，我国将蒸馏-酸碱滴定法列为标准方法(GB/T 23952—2009)。GB/T 6365—2006规定了用酸碱滴定法来测定表面活性剂中游离碱度或游离酸度的方法。

十、参考文献

[1] 李厚金，石建新，邹小勇. 基础化学实验[M]. 2版. 北京：科学出版社，2015.

[2] 南京大学大学化学实验教学组. 大学化学实验[M]. 北京：高等教育出版社，1999.

[3] 北京大学化学系分析化学教学组. 基础分析化学实验[M]. 2 版. 北京：北京大学出版社，2003.

实验 3　氮肥中氨态氮的测定(甲醛法)

一、实验目的

(1) 了解酸碱滴定法的应用及弱酸强化原理。

(2) 掌握甲醛法测定氮肥中氨态氮的基本原理和方法。

(3) 熟练掌握移液管及容量瓶的使用。

(4) 巩固滴定及称量操作。

二、实验原理

肥料中的氮通常以氨态(NH_4^+ 或 NH_3)、硝酸态(NO_3^-)和有机态($—CONH_2$)形式存在，根据三种状态的性质不同，其分析方法也不尽相同。其中，甲醛法主要适用于铵盐中氨态氮的测定，该方法简便快捷，生产实际中应用较广。

铵盐中 NH_4^+ 的酸性太弱($K_a=5.6\times10^{-10}$)，无法用 NaOH 标准溶液直接滴定，一般采用甲醛法或蒸馏法进行间接测定。由于甲醛法简便快速，在工农业生产和实验室中被广泛采用。该方法基于甲醛与铵盐作用，定量生成质子化六亚甲基四胺和游离的 H^+，反应式如下：

$$4NH_4^+ + 6HCHO = (CH_2)_6N_4H^+ + 3H^+ + 6H_2O$$

生成的$(CH_2)_6N_4H^+$($K_a=7.1\times10^{-6}$)和 H^+ 可用 NaOH 标准溶液直接滴定，计量点时产物水溶液呈微碱性，可选用酚酞作指示剂，滴定至溶液呈现稳定的微红色，即为终点。

三、仪器和试剂

1. 仪器

滴定管(50 mL)、容量瓶(100 mL)、锥形瓶(250 mL)、移液管(25 mL)、电子天平、托盘天平。

2. 试剂

邻苯二甲酸氢钾(KHP，分析纯)、酚酞指示剂、甲基红指示剂、$(NH_4)_2SO_4$ 试样、0.1 $mol\cdot L^{-1}$ NaOH 标准溶液(同本章实验 2)、甲醛(40%)。

四、基本操作

溶液的配制、称量、滴定管的使用、容量瓶及移液管的使用。

五、实验步骤

1. 0.1 mol·L^{-1} NaOH 标准溶液的配制与标定

见本章实验 2。

2. $(NH_4)_2SO_4$试样中氮含量的测定

准确称取 0.6～0.7 g $(NH_4)_2SO_4$试样于小烧杯中，加入 20～30 mL 水溶解后，定量转移入 100 mL 容量瓶中，加水稀释至标线，摇匀。

工业品$(NH_4)_2SO_4$中含有游离酸，在滴定前需中和除去。移取 25.00 mL 试液于 250 mL 锥形瓶中，加入 1 滴甲基红指示剂，若呈黄色，则说明铵盐中不含游离酸；若呈红色，说明铵盐中含有游离酸，此时用 NaOH 溶液滴定至溶液由红色变为黄色（pH＞6.2，不记消耗 NaOH 溶液的体积）以除去其中的游离酸。

加入 10 mL 已中和的 1∶1 甲醛溶液，再加入 2 滴酚酞指示剂，摇匀，静置 2 min，使其反应完全。用 0.1 mol·L^{-1} NaOH 标准溶液滴定至溶液呈微红色，半分钟内不褪色即为终点。平行测定三份，分别计算试样中氮的百分含量及相对平均偏差，相对平均偏差应小于 0.2%。

六、数据记录与处理

(1) 0.1 mol·L^{-1} NaOH 标准溶液的配制与标定（见本章实验 2）。

(2) $(NH_4)_2SO_4$试样中氮含量的测定。将实验数据填入表 5-4。

表 5-4　数据记录表

记录项目	实验序号		
	1	2	3
$c_{NaOH}/(mol \cdot L^{-1})$			
$m_{试样}/g$			
$V_{试液}/mL$			
$V_{NaOH,终}/mL$			
$V_{NaOH,初}/mL$			
V_{NaOH}/mL			
$w_N/\%$			
$\overline{w}_N/\%$			
$\overline{d}_r/\%$			

(3) 氮含量的计算：

$$w_N = \frac{c_{NaOH} \cdot V_{NaOH} \cdot 10^{-3} \cdot M_N}{m_{试样} \cdot \dfrac{25.00}{250.00}} \times 100\%$$

七、注意事项

(1) 甲醛因被空气氧化常含有微量甲酸，该部分甲酸应除去，否则会产生正误差，所以应事先中和。处理方法如下：取原装甲醛(40%)的上层清液于烧杯中，用水稀释一倍，加入 1～2 滴 0.2%酚酞指示剂，用 0.1 mol·L^{-1} NaOH 溶液中和至甲醛溶液呈淡红色。

(2) 甲醛与铵盐在室温下反应较慢，可将溶液加热至 40 ℃，但不可超过 60 ℃，否则$(CH_2)_6N_4$会发生分解。

(3) 试样滴定过程中溶液颜色变化：红→黄→淡红。

(4) 临近终点时，NaOH 溶液应半滴半滴加入以免过终点，且要用洗瓶及时淋洗锥形瓶内壁。

八、实验讨论

(1) 铵盐中氮的测定为何不采用 NaOH 直接滴定法？

(2) 若试样为 NH_4Cl、NH_4NO_3、NH_4HCO_3，是否都可以用甲醛法测定其氮含量？为什么？

(3) $(NH_2)_2CO$(尿素)的氮含量怎么测定？

九、知识链接

氮肥是农业生产中需要量最大的化肥品种，它对提高作物产量、改善农产品的质量具有重要作用。元素氮是植物体内氨基酸的组成部分，是构成蛋白质的成分，也是叶绿素和许多酶的成分。叶绿素是作物进行光合作用必需的物质，而酶是作物体内各种物质转化的催化剂。核蛋白、植物碱也都含有氮。因此，氮在作物营养方面具有极其重要的作用。甲醛法主要适用于硫酸铵、氯化铵等氮肥中氨态氮含量的测定，此类肥料还可以使用蒸馏后滴定法进行氮含量测定，而碳酸氢铵与氨水中氮的测定一般采用酸量法。对于硝态氮的测定，在生产和实验室中可以采用铁粉还原法和德瓦达合金还原法。氮以有机态存在的肥料主要是尿素，测定方法有尿素酶法和蒸馏后滴定法。

十、参考文献

[1] 陈红军. 肥料中各种形态氮的测定方法[J]. 精细化工中间体，2004，35(3)：59-61.

[2] 刘峰，张远成，付国妮. 铵态氮肥含氮量的测定[J]. 河南化工，2012，29(7，8)：56-58.

[3] 闵良，姚文华，徐国良，等. 全自动凯氏定氮仪测定复合肥料中的总氮含量[J]. 湖北农业科学，2012，51(1)：175-176，201.

实验4 混合碱的分析

一、实验目的

(1) 进一步熟练掌握滴定操作和滴定终点的判断方法。

(2) 掌握双指示剂法测定混合碱的组成及各组分含量的原理和方法。

(3) 了解二元弱碱滴定过程中指示剂的选择。

二、实验原理

混合碱是碳酸钠与氢氧化钠(Na_2CO_3与NaOH)或碳酸钠与碳酸氢钠(Na_2CO_3与$NaHCO_3$)的混合物,其各组分的含量可以采用双指示剂法进行分析测定。

1. 由Na_2CO_3和NaOH组成的混合碱

在混合碱溶液中加入酚酞作为指示剂,用HCl标准溶液滴定至溶液呈无色。此时,溶液中的Na_2CO_3只被滴定成$NaHCO_3$,而所含NaOH完全被中和,反应方程式如下:

$$NaOH + HCl = NaCl + H_2O$$

$$Na_2CO_3 + HCl = NaCl + NaHCO_3$$

溶液颜色由红色变无色时即为第一滴定终点,此时消耗HCl溶液的体积记录为V_1(mL)。

然后加入第二种指示剂甲基橙,用HCl标准溶液继续滴定至$NaHCO_3$被中和成H_2CO_3,反应方程式如下:

$$NaHCO_3 + HCl = NaCl + H_2O + CO_2\uparrow$$

溶液颜色由黄色突变为橙色即为第二滴定终点,消耗HCl标准溶液的体积记录为V_2(mL)。V_2是滴定$NaHCO_3$所用的HCl溶液体积。

由反应式可以看出$V_2 < V_1$,根据化学计量关系可知Na_2CO_3消耗HCl标准溶液的体积应为$2V_2$,而NaOH消耗HCl标准溶液的体积则是$(V_1 - V_2)$,因此根据下列公式可以求得混合碱中NaOH和Na_2CO_3的含量:

$$w_{Na_2CO_3} = \frac{2 \cdot c_{HCl} \cdot V_2 \cdot 10^{-3} \cdot M_{Na_2CO_3}}{2 \cdot m_s} \times 100\%$$

$$w_{NaOH} = \frac{c_{HCl} \cdot (V_1 - V_2) \cdot 10^{-3} \cdot M_{NaOH}}{m_s} \times 100\%$$

式中,c_{HCl}是HCl标准溶液的浓度;w表示物质的百分含量;m_s是混合碱的质量,单位为g。

2. 由 Na_2CO_3 和 $NaHCO_3$ 组成的混合碱

以酚酞作为指示剂，用 HCl 标准溶液滴定至溶液呈无色即为第一滴定终点。此时，Na_2CO_3 被滴定成 $NaHCO_3$，所用 HCl 标准溶液的体积记为 V_1(mL)，反应方程式如下：

$$Na_2CO_3 + HCl = NaCl + NaHCO_3$$

然后加入甲基橙指示剂，用 HCl 标准溶液继续滴定至溶液中的 $NaHCO_3$ 完全反应，此时溶液的颜色由黄色突变为橙色，即为第二滴定终点，记录下消耗 HCl 标准溶液的体积 V_2(mL)。其中 V_2 包含第一步 Na_2CO_3 被滴定生成 $NaHCO_3$ 所消耗的 HCl 标准溶液体积。反应方程式如下：

$$NaHCO_3 + HCl = NaCl + H_2O + CO_2\uparrow$$

由化学反应式可以看出 $V_1 < V_2$，并且根据化学计量关系可知 Na_2CO_3 消耗 HCl 标准溶液的体积为 $2V_1$，$NaHCO_3$ 消耗 HCl 标准溶液的体积则是 $(V_2 - V_1)$，因此根据下列公式可以求出混合碱中 Na_2CO_3 和 $NaHCO_3$ 的含量：

$$w_{Na_2CO_3} = \frac{2 \cdot c_{HCl} \cdot V_1 \cdot 10^{-3} \cdot M_{Na_2CO_3}}{2 \cdot m_s} \times 100\%$$

$$w_{NaHCO_3} = \frac{c_{HCl} \cdot (V_2 - V_1) \cdot 10^{-3} \cdot M_{NaHCO_3}}{m_s} \times 100\%$$

由以上讨论可知，如果混合碱体系由未知样品组成，则可以根据 V_1 和 V_2 的关系确定混合碱组成及各组分的含量。

三、仪器和试剂

1. 仪器

烧杯、滴定管、移液管、锥形瓶、容量瓶、电子天平。

2. 试剂

0.1 mol·L^{-1} HCl 溶液、无水 Na_2CO_3 基准物质、混合碱试样、酚酞指示剂(0.2%乙醇溶液)、甲基橙指示剂(0.2%水溶液)。

四、基本操作

溶液的配制、称量、滴定管的使用、容量瓶及移液管的使用。

五、实验步骤

1. 0.1 mol·L^{-1} HCl 溶液的配制与标定

见本章实验 2。

2. 混合碱组成的分析测定

准确称取混合碱试样 1.5～2.0 g 于 100 mL 小烧杯中，加适量的蒸馏水使试样完全溶解呈清液，将其定量转移至 250 mL 容量瓶中，用少量蒸馏水洗涤烧杯 3～4 次并且将洗涤液全部转移到容量瓶中，然后继续加水至离刻度线 1 cm 处，改用滴管或洗瓶小心滴加至溶液凹液面与刻度线齐平，充分摇匀，静置备用。

移取 25.00 mL 混合碱试液于锥形瓶中，加 1～2 滴酚酞指示剂，以 0.1 mol·L^{-1} HCl 标准溶液进行滴定，边滴边摇动锥形瓶，滴定至溶液的红色恰好褪去变为无色，此为第一滴定终点，记录所消耗 HCl 标准溶液的体积 V_1；再向锥形瓶中加入第二种指示剂甲基橙 1～2 滴，用 0.1 mol·L^{-1} HCl 标准溶液继续滴定至锥形瓶中的溶液由黄色突变为橙色，即为第二滴定终点，记录消耗 HCl 标准溶液体积 V_2。平行测定三次，判断混合碱的组成并计算其含量。

六、数据记录与处理

(1) 0.1 mol·L^{-1} HCl 溶液浓度的标定(见本章实验 2)。

(2) 混合碱组成的测定。将实验数据填入表 5-5。

表 5-5 数据记录表

记录项目	实验序号		
	1	2	3
c_{HCl}/(mol·L^{-1})			
试样质量 m_s/g			
混合碱体积/mL			
$V_{HCl,初}$/mL			
$V_{HCl,终1}$/mL			
$V_{HCl,终2}$/mL			
V_1/mL			
V_2/mL			
$w_{Na_2CO_3}$/%			
$\overline{w}_{Na_2CO_3}$/%			
w_{NaHCO_3}(或 w_{NaOH})/%			
$\overline{w}_{NaHCO_3}$(或 $\overline{w}_{NaOH}$)/%			
$\overline{d}_{r1}$/%			
$\overline{d}_{r2}$/%			

七、注意事项

(1) 第一滴定终点溶液颜色的变化为红色到无色，若滴定速度过快，容易造成溶液中 HCl 局部过量，导致 $HCl + NaHCO_3 = NaCl + H_2O + CO_2\uparrow$ 的反应提前发生。

因此滴定速度宜适中，摇动要均匀。

(2) 第二滴定终点溶液颜色的变化为黄色到橙色。滴定过程中，将锥形瓶中的溶液充分摇动，防止溶液中 CO_2 过饱和而导致终点提前到达。

八、实验讨论

(1) 第一化学计量点测定的准确性高吗？为什么？

(2) 判断下列各组情况中混合碱的组成(双指示剂法)：

① $V_1=0, V_2>0$。

② $V_1>0, V_2=0$。

③ $V_1>V_2$。

④ $V_1<V_2$。

⑤ $V_1=V_2$。

(3) 测定混合碱时到达第一滴定终点前由于滴定速度太快，摇动不均匀而致使 HCl 局部过浓，使 $NaHCO_3$ 迅速转变为 H_2CO_3 而引起 CO_2 的损失。这种情况对分析结果有何影响？

九、知识链接

国内大多数企业生产双氧水一般采用蒽醌法。在该生产工艺过程中，有一道碱洗工序，也就是用有机相萃取双氧水，然后用碱洗涤有机相，即将有机相通过装有碳酸钾(K_2CO_3)的碱塔，从而使有机相生产回用。而碱塔中的碳酸钾吸收酸后会生成碳酸氢钾($KHCO_3$)，在生产时需要测定碱塔内 K_2CO_3 和 $KHCO_3$ 的含量，可以采用双指示剂法测定混合碱的组成及各组分的含量。

十、参考文献

[1] 华中师范大学，东北师范大学，陕西师范大学，等. 分析化学实验[M]. 4 版. 北京：高等教育出版社，2015.

[2] 武汉大学. 分析化学实验(上册)[M]. 5 版. 北京：高等教育出版社，2011.

[3] 杨文静，黎学明，李武林，等. 混合碱滴定分析[J]. 实验室研究与探索，2013，32(8)：20-21，33.

实验 5　食醋中总酸度的测定

一、实验目的

(1) 进一步熟悉移液管的使用。

(2) 掌握食醋中总酸度的测定原理和方法。

(3) 掌握强碱滴定弱酸的原理，突跃范围以及指示剂的选择原则。

二、实验原理

食醋的主要成分是醋酸(CH_3COOH，有机弱酸，$K_a=1.8\times10^{-5}$)，其含量约为3.5～5.0 g /100 mL，此外还含有少量其他弱酸(如乳酸等)。CH_3COOH 与 NaOH 的反应产物为弱酸强碱盐 CH_3COONa，化学计量点时呈弱碱性，pH 约为8.7。反应方程式如下：

$$CH_3COOH + NaOH \longrightarrow CH_3COONa + H_2O$$

以 0.10 mol·L^{-1} NaOH 滴定 0.10 mol·L^{-1} HAc 为例，滴定突跃在弱碱性范围内(7.74～9.70)。如果选择酸性范围内变色的指示剂(如甲基橙)，当指示剂发生变色时，溶液呈弱酸性，则会导致滴定不完全，引起较大的滴定误差。因此利用 NaOH 标准溶液作为滴定剂测定食醋中总酸量时，可以选择酚酞作为指示剂，食醋中的总酸度 ρ_{HAc} 用每 100 mL 食醋含 CH_3COOH 的克数表示：

$$\rho_{HAc}=\frac{c_{NaOH}\cdot V_{NaOH}\cdot 10^{-3}\cdot M_{HAc}}{V_s}\times 100$$

三、仪器和试剂

1. 仪器

烧杯、滴定管、移液管、锥形瓶、容量瓶、电子天平。

2. 试剂

食醋、0.1 mol·L^{-1} NaOH 溶液、邻苯二甲酸氢钾基准物质、酚酞指示剂(0.2%乙醇溶液)。

四、基本操作

定容、滴定。

五、实验步骤

1. 0.1 mol·L^{-1} NaOH 溶液的配制与标定

见本章实验 2。

2. 食醋中总酸度的测定

用移液管准确移取食醋试样 25.00 mL 于 250 mL 容量瓶中，加蒸馏水稀释至刻度线处，摇匀，静置待用。

再用洁净的移液管吸取上述稀释后的食醋试样 25.00 mL，移入 250 mL 锥形瓶中，加入 25 mL 蒸馏水及 1～2 滴酚酞指示剂，摇匀。用标定好的 0.1 mol·L^{-1} NaOH 溶液滴定锥形瓶中的试液至微红色，此时即为滴定终点，记录所消耗的 NaOH 标准溶液的体积。平行测定 3 次，计算食醋中的总酸量(g/100 mL)。

六、数据记录与处理

(1) 0.1 mol·L^{-1} NaOH 溶液浓度的标定。将实验数据填入表 5-6。

表 5-6　数据记录表

记录项目	实验序号		
	1	2	3
$m_{KHC_8H_4O_4}$/g			
$V_{NaOH,初}$/mL			
$V_{NaOH,终}$/mL			
V_{NaOH}/mL			
c_{NaOH}/(mol·L^{-1})			
$\bar{c}_{NaOH}$/(mol·L^{-1})			
$\bar{d}_r$/%			

(2) 食醋中总酸度的测定。将实验数据填入表 5-7。

表 5-7　数据记录表

记录项目	实验序号		
	1	2	3
c_{NaOH}/(mol·L^{-1})			
V_s/mL			
$V_{NaOH,初}$/mL			
$V_{NaOH,终}$/mL			
V_{NaOH}/mL			
ρ_{HAc}/(g/100 mL)			
$\bar{\rho}_{HAc}$/(g/100 mL)			
$\bar{d}_r$/%			

七、注意事项

(1) 食醋中醋酸的浓度较大,因此必须稀释后再滴定。

(2) 关于食醋的选择:① 陈醋或熏醋由于颜色较深不利于滴定终点的判断,可稀释后用活性炭进行脱色后再滴定;② 香醋和白醋可以直接稀释后滴定,白醋滴定终点的判断较明显。

(3) 注意食醋取后应立即将试剂瓶盖盖好,防止挥发。

(4) 数据处理时注意最终结果的表示方式。

八、实验讨论

(1) 用 NaOH 标准溶液测定食醋的总酸度时,为什么选用酚酞作指示剂?

(2) 为什么要将食醋稀释后再测定食醋中的总酸度?

(3) 本实验中若使用甲基红作指示剂,对测定结果会产生什么影响?

九、知识链接

食醋是以粮食作为原料酿造而成的一种酸性调味品,在中国历史上源远流长。

《东医宝鉴》中记录:"醋,主面光悦,驻颜而长泽肌肤。"现代医学证明,醋具有美容养颜和养生保健的功效。食醋中的主要成分是醋酸,此外还含有少量有机酸和植物色素。在贮存的过程中,有机酸与醇生成各种酯,可以增加食醋的风味。因此,食醋中总酸度的含量是食醋品质的重要指标。国家标准规定,固态发酵食醋、液态发酵食醋总酸度不小于3.5 g/100 mL。因此食醋中总酸度的测定在企业生产中很重要。目前,食醋中总酸度测定时普遍采用酚酞作为指示剂,也可以采用间甲酚紫作为指示剂。

十、参考文献

[1] 华中师范大学,东北师范大学,陕西师范大学,等.分析化学实验[M].4版.北京:高等教育出版社,2015.

[2] 王英华,魏士刚,徐家宁.基础化学实验[M].2版.北京:高等教育出版社,2015.

[3] 武汉大学.分析化学实验(上册)[M].5版.北京:高等教育出版社,2011.

实验6 EDTA标准溶液的配制与标定

一、实验目的

(1) 掌握常用标定EDTA溶液的原理和方法。

(2) 学习配位滴定的原理和特点。

(3) 了解常用金属指示剂的特点,熟悉二甲酚橙、钙指示剂的使用及终点变化。

二、实验原理

常温下乙二胺四乙酸在水中溶解度较低,因而不适合配制成标准溶液用于滴定分析,通常用乙二胺四乙酸二钠盐($Na_2H_2Y \cdot 2H_2O$,简称EDTA)来代替。EDTA标准溶液的配制可以采用间接法,即先配成近似浓度的溶液,再用基准物质进行标定。标定EDTA溶液的基准物质有Zn、Cu、ZnO、$CaCO_3$、$MgSO_4 \cdot 7H_2O$、$ZnSO_4 \cdot 7H_2O$等金属、金属氧化物及盐类。在分析中,为了提高测定的准确度,减小系统误差,通常选用与待测成分相同的化合物作基准物质,从而使标定条件与滴定条件较为一致。比如,用EDTA测定Ca^{2+}、Mg^{2+}含量时,最好选择$CaCO_3$或$MgSO_4 \cdot 7H_2O$作基准物质。

用$CaCO_3$标定EDTA时,首先配制钙标准溶液,然后用移液管移取一定量钙标准溶液于锥形瓶中,调节溶液的pH≥12.0,加入钙指示剂,用EDTA溶液滴定使溶液由酒红色变为纯蓝色,即为终点(若溶液中有Mg^{2+}存在,则颜色变化更敏锐),其变色原理如下:

在滴定前调节溶液的 $pH \geqslant 12$，加入钙指示剂（H_3Ind），其解离出的 $HInd^{2-}$ 显纯蓝色，可以与 Ca^{2+} 形成较稳定的酒红色的配离子 $CaInd^-$：

$$HInd^{2-}(\text{纯蓝色}) + Ca^{2+} \rightleftharpoons CaInd^-(\text{酒红色}) + H^+$$

随着滴定剂 EDTA 溶液的不断加入，EDTA 与 Ca^{2+} 形成比 $CaInd^-$ 配离子更稳定的 CaY^{2-} 配离子。在临近滴定终点时，$CaInd^-$ 将不断转化为 CaY^{2-}，而 $HInd^{2-}$ 则游离出来：

$$CaInd^-(\text{酒红色}) + H_2Y^{2-} + OH^- \rightleftharpoons CaY^{2-}(\text{无色}) + HInd^{2-}(\text{纯蓝色}) + H_2O$$

由于 CaY^{2-} 配离子是无色的，所以滴定终点时溶液颜色由酒红色突变为纯蓝色。

测定 Pb^{2+}、Bi^{3+} 含量时，一般选择 Zn、ZnO 或 $ZnSO_4 \cdot 7H_2O$ 作基准物质，以二甲酚橙（XO）作为滴定指示剂。当溶液的 pH 为 5～6 时，二甲酚橙本身显黄色，而与 Zn^{2+} 形成的配合物则呈紫红色。由于 EDTA 与 Zn^{2+} 形成配合物的稳定性比二甲酚橙与 Zn^{2+} 形成的配合物的稳定性更高，因此当 EDTA 滴定溶液接近终点时，EDTA 可以将二甲酚橙与 Zn^{2+} 形成的配合物中的 Zn^{2+} 置换出来，此时二甲酚橙变为游离状态，溶液颜色由紫红色突变为黄色，其变色原理如下：

$$XO(\text{黄色}) + Zn \rightleftharpoons Zn-XO(\text{紫红色})$$

$$Zn-XO(\text{紫红色}) + EDTA \rightleftharpoons Zn-EDTA(\text{无色}) + XO(\text{黄色})$$

三、仪器和试剂

1. 仪器

烧杯、聚乙烯瓶、容量瓶、移液管、锥形瓶、滴定管、电子天平。

2. 试剂

乙二胺四乙酸二钠（s）、$CaCO_3$（s，优级纯）、HCl 溶液（1∶1、1∶5）、钙指示剂、Mg^{2+} 溶液（0.5%）、NaOH 溶液（10%）、$ZnSO_4 \cdot 7H_2O$（s，优级纯）、六亚甲基四胺溶液（200 $g \cdot L^{-1}$）、二甲酚橙指示剂（0.2%水溶液）。

四、基本操作

溶液的配制、称量、溶解、定容、容量瓶及移液管的使用、滴定管的使用。

五、实验步骤

1. 0.02 $mol \cdot L^{-1}$ EDTA 溶液的配制

称取 4.0 g 乙二胺四乙酸二钠于 500 mL 烧杯中，加入蒸馏水温热使其溶解完全，转入试剂瓶（若长期保存则需转入聚乙烯瓶）中，用水稀释至 500 mL，摇匀，贴上标签待用。

2. 以 $CaCO_3$ 为基准物质标定 EDTA

（1）配制 0.02 $mol \cdot L^{-1}$ Ca^{2+} 标准溶液。准确称量 105 ℃～110 ℃干燥后的 $CaCO_3$ 0.50～0.55 g 于 100 mL 烧杯中，加入少量蒸馏水润湿，盖上表面皿，然后缓慢

滴加 1∶1 HCl 溶液(约 5 mL)使其溶解。待完全溶解后,加热至近沸腾,冷却后淋洗表面皿,加入少量蒸馏水稀释,定量转移到 250 mL 容量瓶中,用蒸馏水稀释至刻度线处定容,摇匀,静置,计算 Ca^{2+} 标准溶液的准确浓度。

(2) EDTA 溶液浓度的标定。用移液管移取 25.00 mL Ca^{2+} 标准溶液于 250 mL 锥形瓶中,加入 25 mL 蒸馏水、1 mL 0.5% Mg^{2+} 溶液、10% NaOH 溶液 5 mL 至锥形瓶中,调节溶液 pH 为 12 左右,再加入少量钙指示剂,摇匀后用 EDTA 溶液滴定至溶液由酒红色变为纯蓝色,即为终点,记录消耗 EDTA 溶液的体积。平行滴定三次,计算 EDTA 标准溶液的浓度,要求相对平均偏差小于 0.2%。

3. 以 $ZnSO_4 \cdot 7H_2O$ 为基准物质标定 EDTA

(1) 配制 0.02 mol·L^{-1} Zn^{2+} 标准溶液。准确称取 $ZnSO_4 \cdot 7H_2O$ 1.2～1.5 g 于 100 mL 烧杯中,加入适量蒸馏水溶解后,定量转移到 250 mL 容量瓶中,用蒸馏水稀释至刻度线处定容,摇匀,静置,计算 Zn^{2+} 标准溶液的准确浓度。

(2) EDTA 溶液浓度的标定。准确移取 25.00 mL Zn^{2+} 标准溶液于锥形瓶中,加入 25 mL 蒸馏水、2 mL 1∶5 HCl 溶液、10 mL 200 g·L^{-1}六亚甲基四胺溶液和 2 滴二甲酚橙指示剂,摇匀后用 EDTA 溶液滴定至溶液由紫红色变为亮黄色,即为终点,记录消耗 EDTA 溶液的体积。平行滴定三次,计算 EDTA 标准溶液的浓度,要求相对平均偏差小于 0.2%。

六、数据记录与处理

0.02 mol·L^{-1} EDTA 溶液的标定(以 $CaCO_3$ 为基准物质)。将实验数据填入表 5-8。

表 5-8 数据记录表

记录项目	实验序号		
	1	2	3
m_{CaCO_3}/g			
$c_{Ca^{2+}}$/(mol·L^{-1})			
$V_{Ca^{2+}}$/mL			
$V_{EDTA,初}$/mL			
$V_{EDTA,终}$/mL			
V_{EDTA}/mL			
c_{EDTA}/(mol·L^{-1})			
$\bar{c}_{EDTA}$/(mol·L^{-1})			
$\bar{d}_r$/%			

七、注意事项

(1) 配位滴定操作时应注意滴定速度。配位反应的速度较慢(不像酸碱反应能在瞬间完成),故滴定时加入 EDTA 溶液的速度不能太快,特别是临近终点时,应逐滴加入,并充分振摇。

(2) 根据 EDTA 要滴定的对象选择合适的基准物质标定 EDTA 溶液。

八、实验讨论

(1) 用 HCl 溶液溶解 $CaCO_3$ 基准物质时,操作中应注意什么?

(2) 如果用 HAc - NaAc 缓冲溶液,能否用铬黑 T 作指示剂? 为什么?

(3) 以二甲酚橙为指示剂,用 Zn^{2+} 标定 EDTA 溶液浓度的实验中,溶液的 pH 应控制在多少?

(4) 配位滴定为什么要在缓冲溶液中进行?

九、知识链接

EDTA 是一种广泛使用的具有代表性的有机螯合剂,也是重要的化工原料,在感光材料、日用化学、医药、食品等行业都有着重要应用。例如,EDTA 可用作彩色感光材料冲洗加工的漂白定影液、化妆品添加剂、合成橡胶聚合引发剂、血液抗凝剂、稳定剂、洗涤剂、染色助剂等。此外,由于 EDTA 分子中有六个配位能力很强的配位原子,可以和大多数碱金属、过渡金属等形成稳定的配合物,因此被广泛用作水处理剂、锅炉清洗剂、核酸酶与蛋白酶的抑制剂、洗涤用品添加剂及分析试剂。

1. 锅炉去垢

EDTA 由于自身稳定性好,与水中的金属离子能形成稳定的螯合物,所以可以用来进行水的软化和锅炉去垢,这也是近年来除采用阳离子交换树脂外较为常用的水的软化方法。EDTA 与金属离子配位后,形成的螯合物水溶性好,不会腐蚀生产设备,因而在这方面的使用越来越广泛。

2. 作洗涤用品添加剂

洗涤剂中加入少量 EDTA 后,可以增加表面活性剂和生成泡沫的稳定性,增强洗涤剂的洗净力、起泡力、浸透力和乳化力,提高洗涤效果。此外,EDTA 可以作为护肤品、烫发护发剂等的稳定剂。

3. 造纸业

EDTA 在造纸业中有着十分重要的作用。造纸用的主要原料纤维素一般含有少量金属离子,这些离子的存在会使纸张变色且容易破损,所以在造纸过程中必须除去金属离子。在纸浆中加入 EDTA 可以将金属离子螯合除去,既可以避免纸张变色破裂,又可以防止微量金属离子催化磺酸木质素等。此外,EDTA 的存在还避免了纸浆中的脂肪酸等转换成不溶性松脂沉淀。

4. 食品业

食品级的 EDTA 纯度较高，可达 99%以上，可作食品的抗氧化剂与品质改良剂，可以有效防止油脂氧化、食品褐变以及乳化食品等，被广泛用于饮料、乳制品、罐装及瓶装食品等方面，属于国际核准的食品添加物(如美国 FDA)。

十、参考文献

[1] 华中师范大学，东北师范大学，陕西师范大学，等. 分析化学实验[M]. 4 版. 北京：高等教育出版社，2015.

[2] 王英华，魏士刚，徐家宁. 基础化学实验[M]. 2 版. 北京：高等教育出版社，2015.

[3] 武汉大学. 分析化学实验(上册)[M]. 5 版. 北京：高等教育出版社，2011.

[4] 刘旭，尹国华，卢冬梅，等. EDTA 的合成及其应用综述[J]. 山东化工，2015，44(24)，50-52.

实验 7　工业用水总硬度的测定

一、实验目的

(1) 了解水的硬度表示方法。

(2) 掌握水的硬度的测定方法和原理。

(3) 初步了解配位滴定方法及其应用。

二、实验原理

水的总硬度是指水中钙、镁的总量，是水质的重要指标。通常含较多量 Ca^{2+}、Mg^{2+}、Fe^{2+}、Fe^{3+} 的水称为硬水，其中 Ca^{2+}、Mg^{2+} 是硬水中最常见的离子，水的硬度可用水样中钙、镁离子的总浓度表示，离子浓度高的水叫硬水，离子浓度低的水叫软水。硬水常常给生活和工业生产带来不便。例如，Ca^{2+}、Mg^{2+} 与肥皂反应生成不溶于水的盐，其结果是使肥皂失去清洁功效，不溶的 Ca^{2+}、Mg^{2+} 的脂肪盐还会形成水垢沾在容器或衣物上。工业用水的硬度指标是锅炉能否安全、经济运行的重要影响因素，锅炉给水硬度不符合要求，会在其受热面上结垢，使炉壁传热性能降低，增加燃料消耗；此外，还会产生腐蚀、爆管，甚至引起爆炸事故。

水的总硬度测定一般采用配位滴定法。取一定量水样，在 pH≈10 的氨性缓冲溶液中，以铬黑 T(EBT)为指示剂，用 EDTA 标准溶液直接测定 Ca^{2+}、Mg^{2+} 总量，即可计算水的硬度。水样中 Fe^{3+}、Al^{3+}、Cu^{2+}、Pb^{2+}、Zn^{2+} 等干扰离子可用三乙醇胺来掩蔽。

反应式如下：

滴定前 Ca(Mg)+In(蓝色)══CaIn(MgIn)(酒红色)

滴定中 Ca(Mg)+Y══CaY(MgY)

终点时 CaIn(MgIn)(酒红色)+Y══CaY(MgY)+In(蓝色)

设水样体积为 V_{H_2O}(mL),EDTA 标准溶液的浓度为 c($mol \cdot L^{-1}$),滴定消耗 EDTA 溶液体积为 V_{EDTA}(mL),可用下式计算水的硬度:

$$\text{硬度}(°)=\frac{c_{EDTA} \cdot V_{EDTA} \times \frac{M_{CaO}}{1000}}{V_{H_2O}} \times 10^5$$

水的总硬度以(°)计,1°表示 1 L 水中含 10 mg CaO。

三、仪器和试剂

1. 仪器

滴定管、滴定夹、烧杯、电炉、表面皿、量筒、电子天平、聚乙烯瓶、称量瓶、容量瓶、移液管、洗耳球、锥形瓶、滴管、洗瓶。

2. 试剂

乙二胺四乙酸二钠、$CaCO_3$(s,分析纯)、HCl 溶液(1∶1)、铬黑 T 指示剂($5\ g \cdot L^{-1}$)、氨性缓冲溶液(pH=10)。

四、基本操作

试剂的取用、溶液的配制、滴定。

五、实验步骤

1. $0.01\ mol \cdot L^{-1}$ EDTA 标准溶液的配制与标定

见本章实验 6。

2. 工业用水总硬度的测定

准确移取 100.00 mL 工业用水于锥形瓶中,加入 5 mL 氨性缓冲溶液,再加入 3～4滴铬黑 T 指示剂,在不断摇动下,用 $0.01\ mol \cdot L^{-1}$ EDTA 标准溶液滴定至溶液由酒红色变为纯蓝色即为终点,记下消耗的 EDTA 标准溶液体积,平行测定三次,计算工业用水的总硬度。

六、数据记录与处理

(1) $0.02\ mol \cdot L^{-1}$ EDTA 溶液的标定(见本章实验 6)。

(2) 工业用水总硬度的测定。将实验数据填入表 5-9。

表 5-9　数据记录表

记录项目	实验序号		
	1	2	3
V_{H_2O}/mL			
c_{EDTA}/(mol·L^{-1})			
$V_{EDTA,初}$/mL			
$V_{EDTA,终}$/mL			
V_{EDTA}/mL			
水的硬度/°			
硬度平均值/°			
$\bar{d}_r$/%			

七、注意事项

(1) 加入的指示剂要控制好量，不能太多。

(2) 滴定时，Fe^{3+}、Al^{3+}的干扰可用三乙醇胺掩蔽，须控制 pH<4。

(3) Cu^{2+}、Pb^{2+}、Zn^{2+}等重金属离子可用 KCN、Na_2S 进行掩蔽。

(4) 滴定接近终点时，标准溶液缓慢滴入，并且须充分摇动。

八、实验讨论

(1) 配位滴定为什么要加入缓冲溶液？

(2) 配位滴定法与酸碱滴定法相比有哪些不同点？

(3) 怎样分别测定水中 Ca^{2+} 和 Mg^{2+} 的含量？

(4) 为什么滴定 Ca^{2+}、Mg^{2+} 总量时要控制 pH≈10，而滴定 Ca^{2+} 分量时要控制 pH 为 12～13？若在 pH>13 时测 Ca^{2+}，对结果有何影响？

九、知识链接

天然水中常常含有易形成沉淀的二价或二价以上的金属离子（如 Ca^{2+}、Mg^{2+}、Fe^{3+}、Mn^{2+} 等），但形成硬度的物质主要是钙、镁离子，二者的总量通常被认为是水的总硬度。按水中存在的阴离子种类可将硬度分为碳酸盐硬度和非碳酸盐硬度。碳酸盐硬度是指水中钙、镁的重碳酸盐与碳酸盐（重碳酸钙、碳酸钙、重碳酸镁、碳酸镁）的含量，此类硬度在水沸腾时从溶液中析出而产生沉淀，称为暂时硬度。非碳酸盐硬度是指水中钙、镁的硫酸盐、氯化物（硫酸钙、氯化钙、硫酸镁、氯化镁）等的含量，由于此类硬度在水沸腾时不能析出沉淀，称为永久硬度。

工业用水包括工业生产过程中的生产用水、间接冷却水、工艺用水、锅炉用水等。工业用水的水质需达到工业用水标准方可用于工业生产。工业用水水源的水质硬度往往较高，需要进行软化、除盐等深度处理方可使用。常用的水硬度软化处理方法有离子交换法、膜分离法、石灰法、化学试剂法等。

十、参考文献

[1] 范艳斌. 循环水/高盐水/中水回用技术研究及应用[J]. 精细与专用化学品，2016，24(4)：33-37.

[2] 李亚丽，王小锋. 工业用水总硬度在线检测方法探索[J]. 南京晓庄学院学报，2013(3)：57-60.

[3] 朱霞石. 新编大学化学实验(二)：基本操作[M]. 2 版. 北京：化学工业出版社，2016.

[4] 武汉大学. 分析化学实验(上册)[M]. 5 版. 北京：高等教育出版社，2011.

[5] 谢练武，郭亚平. 无机及分析化学实验[M]. 北京：化学工业出版社，2017.

实验 8　铅铋混合溶液中铅、铋的连续测定

一、实验目的

(1) 掌握铅、铋连续测定的原理和方法。

(2) 掌握二甲酚橙(XO)指示剂终点颜色的判断。

(3) 了解混合液中金属离子连续滴定的条件选择。

二、实验原理

Pb^{2+}、Bi^{3+} 都可以和 EDTA 形成稳定的配合物，Pb(Ⅱ)-EDTA 及 Bi(Ⅲ)-EDTA 的 $\lg K$ 值分别是 27.94 和 18.04。由于 $\Delta\lg K>5$，因而可以通过控制酸度的方式在同一试液中连续滴定 Pb^{2+} 和 Bi^{3+} 测定其含量。Pb^{2+}、Bi^{3+} 混合液连续测定时，一般以二甲酚橙(XO)为指示剂，二甲酚橙在 $pH<6$ 时显黄色，在 $pH>6.3$ 时显红色。而二甲酚橙与 Pb^{2+}、Bi^{3+} 生成配合物的颜色均是紫红色，并且 Pb(Ⅱ)-XO 及 Bi(Ⅲ)-XO 的稳定性比 Pb^{2+}、Bi^{3+} 和 EDTA 所形成的配合物要低。

通常在 $pH=0.7\sim1$ 时测定 Bi^{3+} 含量，在 $pH=5\sim6$ 时测定 Pb^{2+} 含量。在 Pb^{2+} 和 Bi^{3+} 混合液中，首先用 HNO_3 调节溶液的 $pH=1$，以二甲酚橙为指示剂，用 EDTA 标准溶液滴定 Pb^{2+}、Bi^{3+} 混合液，临近滴定终点时溶液颜色由紫红色突变为亮黄色，即为测定 Bi^{3+} 含量的终点。然后，加入六亚甲基四胺调节体系的 pH 为 5～6，此时溶液中的 Pb^{2+} 与二甲酚橙生成紫红色的配合物 Pb(Ⅱ)-XO，继续用 EDTA 标准溶液滴定，直至溶液颜色由紫红色突变为亮黄色，此为测定 Pb^{2+} 含量的滴定终点。

三、仪器和试剂

1. 仪器

烧杯、滴定管、移液管、锥形瓶、容量瓶、电子天平。

2. 试剂

乙二胺四乙酸二钠、HCl 溶液（1∶1、1∶5）、$ZnSO_4 \cdot 7H_2O$（优级纯）、六亚甲基四胺溶液（200 $g \cdot L^{-1}$）、二甲酚橙指示剂（0.2%水溶液）、含 Pb^{2+}、Bi^{3+} 各约为 0.010 $mol \cdot L^{-1}$的混合液、HNO_3溶液（0.10 $mol \cdot L^{-1}$）。

四、基本操作

溶液的配制、定容、滴定。

五、实验步骤

1. 0.02 $mol \cdot L^{-1}$ EDTA 溶液的配制与标定

见本章实验 6。

2. Pb^{2+}、Bi^{3+} 混合液的测定

准确移取 25.00 mL Pb^{2+}、Bi^{3+} 混合液于 250 mL 锥形瓶中，加入 0.1 $mol \cdot L^{-1}$ HNO_3溶液 10 mL，再加入二甲酚橙指示剂 1～2 滴，摇匀后用 EDTA 标准溶液进行滴定，边滴边摇动锥形瓶，直至溶液颜色由紫红色变为亮黄色，即为测定 Bi^{3+} 含量的终点，记录 EDTA 标准溶液消耗的体积为 V_1。然后加入六亚甲基四胺溶液至溶液呈稳定的紫红色后（约 5 mL），再过量 5 mL，此时溶液的 pH 约为 5～6。用 EDTA 标准溶液继续滴定，直至溶液颜色由紫红色变为亮黄色，即为测定 Pb^{2+} 含量的终点，记录 EDTA 标准溶液消耗的体积为 V_2。平行测定三次，计算混合液中 Pb^{2+}、Bi^{3+} 的含量，以 $g \cdot L^{-1}$或 $mg \cdot mL^{-1}$表示。

六、数据记录与处理

(1) 0.02 $mol \cdot L^{-1}$ EDTA 溶液浓度的标定（见本章实验 6）。

(2) Pb^{2+}、Bi^{3+} 混合液的测定。将实验数据填入表 5-10。

表 5-10　数据记录表

记录项目	实验序号		
	1	2	3
$V_{试}$/mL	25.00		
$V_{EDTA,1初}$/mL			
$V_{EDTA,1终}$/mL			
V_1/mL			
$V_{EDTA,2初}$/mL			
$V_{EDTA,2终}$/mL			

续表

记录项目	实验序号		
	1	2	3
V_2/mL			
$\rho_{Bi^{3+}}$/(g·L^{-1})			
$\bar{\rho}_{Bi^{3+}}$/(g·L^{-1})			
$\bar{d}_{r1}$/%			
$\rho_{Pb^{2+}}$/(g·L^{-1})			
$\bar{\rho}_{Pb^{2+}}$/(g·L^{-1})			
$\bar{d}_{r2}$/%			

七、注意事项

(1) 注意标定 EDTA 以及测定 Pb^{2+}、Bi^{3+} 含量时，临近终点时颜色的判断和操作，应慢滴多摇，控制半滴操作。

(2) 测 Bi^{3+} 含量时，滴定前及滴定初不要多用水冲洗锥形瓶，以防 Bi^{3+} 水解。

(3) 标定 EDTA 溶液以及测定 Pb^{2+} 含量时，终点如果不明显，可以适当加热(50 ℃～60 ℃)，使终点易于分辨。

八、实验讨论

(1) 滴定 Pb^{2+} 时为什么用六亚甲基四胺调节溶液 pH 为 5～6，而不用醋酸钠？

(2) 配位滴定中，准确分别滴定的条件是什么？

(3) 能否将混合液分成等量的两份，一份控制溶液的 pH 为 5～6 测定混合液中 Pb^{2+}、Bi^{3+} 总量，另一份的 pH 调节为 1 左右测定 Bi^{3+} 总量？

九、知识链接

铅铋合金是一种重要的工业材料，在许多领域有着广泛的应用。在医疗领域，铅铋合金可以用于制作特定形状的防辐射专用挡块；在模具制造领域，可用于铸造制模等；在电子电气、自动控制领域，可用作保险材料以及制成热敏元件、火灾报警装置等；在做金相试样时，可以用作嵌镶剂以及制作液力偶合器。铅铋合金中各元素的含量直接影响合金的性能，铅铋含量的高低成为评价其品质的重要指标。用配位滴定法可以测定合金中的铅铋含量，滴定终点突跃敏锐，易于观察掌握；合金中少量铁及铜的干扰可以分别用抗坏血酸及硫脲掩蔽。因此，该方法具有操作简便、快速、准确等优点，此外，重现性和选择性也较好。

十、参考文献

[1] 华中师范大学，东北师范大学，陕西师范大学，等. 分析化学实验[M]. 4 版. 北京：高等教育出版社，2015.

[2] 武汉大学.分析化学实验(上册)[M].5 版.北京：高等教育出版社，2011.
[3] 盛勤芳.铅、铋混合液配制方法的探索与改进[J].科技视界，2014(34)：262.

实验 9 水泥中铁、铝含量的连续测定

一、实验目的

(1) 了解在同一试样中进行多组分测定的系统分析方法。

(2) 掌握难溶试样的分解方法。

(3) 掌握通过控制酸度分别测定铁、铝含量的方法。

二、实验原理

水泥是一类重要的人造硅酸盐材料，也是人类社会的主要建筑材料，其熟料中的 CaO、SiO_2、Al_2O_3 和 Fe_2O_3 成分占总量的 95% 以上，这些物质中的金属离子都能与 EDTA 形成稳定的配合物，但稳定性有较明显的区别，因此可以通过控制试液滴定酸度，分别测定出各种金属离子的含量。

Fe^{3+} 的测定：控制溶液的 pH 为 1.5～2.5，则溶液中共存的 Al^{3+}、Ca^{2+}、Mg^{2+} 等不干扰测定。指示剂为磺基水杨酸，其水溶液呈无色，Fe^{3+} 与 EDTA 形成的配合物呈黄色，因此终点时溶液由紫红色变为微黄色。

Al^{3+} 的测定：采用返滴定法。在滴定 Fe^{3+} 后的溶液中加入过量的 EDTA 标准溶液，调节溶液的 pH 为 4 左右并加热煮沸，使 Al^{3+} 与 EDTA 充分反应后，以 PAN 为指示剂，用 $CuSO_4$ 标准溶液返滴定过量的 EDTA。反应如下：

滴定前：$Al^{3+} + H_2Y^{2-} = AlY^- + 2H^+$

返滴定反应：$Cu^{2+} + H_2Y^{2-} = CuY^{2-} + 2H^+$

终点反应：$Cu^{2+} + PAN = Cu\text{-}PAN$

三、仪器和试剂

1. 仪器

电子天平、烧杯、容量瓶、电热板、移液管、锥形瓶、滴定管。

2. 试剂

水泥样品、$NH_4Cl(s)$、浓 HNO_3、EDTA、$CuSO_4 \cdot 5H_2O$、3 $mol \cdot L^{-1}$ H_2SO_4 溶液、6 $mol \cdot L^{-1}$ HCl 溶液、氨水、HAc－NaAc 缓冲溶液、磺基水杨酸、PAN 指示剂。

四、基本操作

移液、定容、滴定。

五、实验步骤

1. 试样的制备

准确称取约 0.25 g 水泥样品置于干燥的 250 mL 烧杯中，加入 2 g 固体 NH_4Cl，混匀压碎，搅拌 20 min，加入 15 mL 6 mol · L^{-1} 的 HCl 溶液和 3～5 滴浓硝酸，充分搅拌均匀，使所有深灰色试样变为浅黄色糊状物，盖上表面皿于预热好的沙浴中熔解 20～30 min(试样中无黑色颗粒)。熔解完全后加入 100 mL 热水继续加热至沸腾，冷却后转移至 250 mL 容量瓶中，不溶物也一并转移，定容至 250 mL 并充分摇匀。

2. 0.01 mol · L^{-1} EDTA 溶液的配制与标定

见本章实验 6。

3. 0.01 mol · L^{-1} 铜溶液的配制与标定

(1) 配制 0.01 mol · L^{-1} 铜溶液。将 1.25 g $CuSO_4 \cdot 5H_2O$ 置于烧杯中，加入 10 mL 3 mol · L^{-1} H_2SO_4 溶液和 200 mL 水使其溶解完全，转移至小口试剂瓶中，加水稀释至500 mL，贴上标签备用。

(2) 标定。移取 25.00 mL EDTA 标准溶液置于锥形瓶中，加入 15 mL HAc-NaAc 缓冲溶液，加热至 75 ℃～85 ℃，加入 5 滴 PAN 指示剂，以 0.01 mol · L^{-1} 铜溶液滴定至紫红色即为终点，记录消耗的铜溶液体积。平行测定三次，计算铜溶液的准确浓度。

4. Fe^{3+} 含量的测定

移取试液 25.00 mL 于锥形瓶中，在 50 ℃～60 ℃ 水浴中加热约 10 min，以 1∶1 氨水调节 pH 至 1.5～2.5，加 10 滴磺基水杨酸指示剂，趁热用 0.01 mol · L^{-1} EDTA 标准溶液滴定至溶液由紫红色变为黄色即为终点，记录消耗的 EDTA 标准溶液体积。平行测定三次，计算水泥试样中 Fe^{3+} 的含量。

5. Al^{3+} 含量的测定

在测定完 Fe^{3+} 的溶液中准确加入 25.00 mL EDTA 标准溶液，再加入 10 mL HAc-NaAc 缓冲溶液，调节溶液 pH 为 4 左右，将溶液煮沸 1～2 min，稍微冷却至 90 ℃后加入 5 滴 PAN，以 0.01 mol · L^{-1} 铜标准溶液滴定至紫红色(溶液颜色变化：黄色→黄绿色→紫红色)，记录铜标准溶液消耗的体积(临近终点时应剧烈摇动溶液，并缓慢滴定)。平行测定三次，计算水泥试样中 Al^{3+} 的含量。

六、数据记录与处理

(1) 0.01 mol · L^{-1} EDTA 溶液浓度的标定(见本章实验 6)。

(2) 0.01 mol · L^{-1} 铜溶液浓度的标定。将实验数据填入表 5-11。

表 5-11　数据记录表

记录项目	实验序号		
	1	2	3
$c_{EDTA}/(mol \cdot L^{-1})$			
V_{EDTA}/mL			
$V_{Cu^{2+},初}/mL$			
$V_{Cu^{2+},终}/mL$			
$V_{Cu^{2+}}/mL$			
$c_{Cu^{2+}}/(mol \cdot L^{-1})$			
$\bar{c}_{Cu^{2+}}/(mol \cdot L^{-1})$			
$\bar{d}_r/\%$			

(3) Fe^{3+} 含量的测定。将实验数据填入表 5-12。

表 5-12　数据记录表

记录项目	实验序号		
	1	2	3
试样质量 m_s/g			
$c_{EDTA}/(mol \cdot L^{-1})$			
$V_{试}/mL$	25.00		
$V_{EDTA,初}/mL$			
$V_{EDTA,终}/mL$			
V_{EDTA}/mL			
$w_{Fe_2O_3}/\%$			
$\bar{w}_{Fe_2O_3}/\%$			
$\bar{d}_r/\%$			

(4) Al^{3+} 含量的测定。将实验数据填入表 5-13。

表 5-13　数据记录表

记录项目	实验序号		
	1	2	3
试样质量 m_s/g			
$V_{试}/mL$	25.00		

续表

记录项目	实验序号		
	1	2	3
$c_{EDTA}/(mol\cdot L^{-1})$			
V_{EDTA}/mL	25.00		
$V_{Cu^{2+},初}/mL$			
$V_{Cu^{2+},终}/mL$			
$V_{Cu^{2+}}/mL$			
$w_{Al_2O_3}/\%$			
$\overline{w}_{Al_2O_3}/\%$			
$\overline{d}_r/\%$			

七、注意事项

(1) 通过计算可知，滴定 Fe^{3+} 允许的最高酸度为 1.5。当 pH 小于 1.5 时，Fe^{3+} 形成螯合物的条件稳定常数小，不满足准确滴定的条件，致使结果偏低。当 pH 大于 3 时，Fe^{3+} 水解形成 $Fe(OH)_3$，往往无滴定终点。

(2) 磺基水杨酸为指示剂滴定 Fe^{3+} 时，温度以 60 ℃～70 ℃较为适宜，当温度高于 75 ℃时，Al^{3+} 也能与 EDTA 形成螯合物，使测定 Fe^{3+} 的结果偏高，测定 Al^{3+} 的结果偏低。当温度低于 50 ℃时，反应速率缓慢，不易确定终点。

(3) EDTA 溶液浓度的标定：在 pH＝3.5 的 HAc－NaAc 缓冲溶液介质中，以 PAN 为指示剂，用 $CuSO_4$ 标准溶液滴定至紫红色。

八、实验讨论

(1) 在 Fe^{3+}、Al^{3+}、Ca^{2+}、Mg^{2+} 共存时，是否能用 EDTA 标准溶液控制酸度法滴定 Fe^{3+}？滴定时酸度范围是多少？为什么？

(2) 为何要用返滴定法测定 Al^{3+}？

(3) 如何消除 Fe^{3+}、Al^{3+} 对 Ca^{2+}、Mg^{2+} 测定的影响？

九、知识链接

水泥是重要的建筑材料，广泛应用于土木建筑、水利、国防等工程。工业生产过程中常常对水泥生产中的原料、半成品、成品和废渣等进行分析，以指导、监控生产工艺过程，保证产品质量。水泥生料中的铁、铝含量的测定是对水泥生料进行率值控制的重要依据，它对确保水泥产品质量意义十分重大。

水泥中铁、铝含量的测定方法有很多，包括重量法、滴定法、光度法、等离子体发射光谱法等，由于铁、铝含量较高，同时滴定分析法具有快速简便、对仪器要求不高的特点，因此在 GB/T 176—2017 中将 EDTA 配位滴定法测定铁、铝含量列为基准法。

十、参考文献

[1] 华中师范大学，东北师范大学，陕西师范大学，等. 分析化学实验[M]. 4 版. 北京：高等教育出版社，2015.

[2] 武汉大学. 分析化学实验(上册)[M]. 5 版. 北京：高等教育出版社，2011.

[3] 李广超. 工业分析[M]. 2 版. 北京：化学工业出版社，2014.

实验 10　高锰酸钾溶液的配制与标定

一、实验目的

(1) 学习高锰酸钾标准溶液的配制和标定。

(2) 了解高锰酸钾法中的自身指示剂和自动催化作用。

(3) 掌握有色溶液在滴定管中的读数技巧。

二、实验原理

高锰酸钾($KMnO_4$)是实验室和工业生产中常用的强氧化剂，其氧化能力受溶液 pH 影响很大，在酸性介质中氧化能力最强，在弱酸性或中性介质中次之，在碱性溶液中氧化能力最弱。

市售的高锰酸钾试剂常含有少量的杂质，如二氧化锰及氯化物、硝酸盐等，同时由于 $KMnO_4$ 自身的强氧化性，易与水中少量的有机物质或空气中的还原性物质发生作用，因此不能采用直接法配制高锰酸钾标准溶液，应用间接法配制。如果长期使用，则应定期进行标定。

标定高锰酸钾的基准物质有多种，包括氧化物 As_2O_3、有机弱酸 $H_2C_2O_4 \cdot 2H_2O$、弱酸盐类 $Na_2C_2O_4$ 和单质纯铁丝等。其中 $Na_2C_2O_4$ 不含结晶水，性质稳定，易于提纯，因此最为常用。标定反应如下：

$$2MnO_4^- + 5C_2O_4^{2-} + 16H^+ \xlongequal{} 2Mn^{2+} + 10CO_2\uparrow + 8H_2O$$

该反应要在酸性、较高温度和有 Mn^{2+} 作催化剂的条件下进行。滴定初期，反应很慢，$KMnO_4$ 溶液必须逐滴加入，如过快，部分 $KMnO_4$ 在热溶液中将按下式分解而造成误差：

$$4KMnO_4 + 2H_2SO_4 \xlongequal{} 4MnO_2 + 2K_2SO_4 + 2H_2O + 3O_2\uparrow$$

在滴定过程中逐渐生成的 Mn^{2+} 有催化作用，结果使反应速率逐渐加快。在室温下，这个反应的速率缓慢，因此常将溶液加热至 75 ℃～85 ℃时进行滴定，以加快反应速率，但不应加热至沸腾，否则容易引起部分草酸分解。因为 $KMnO_4$ 溶液本身具有特殊的紫红色，极易察觉，当溶液中 $KMnO_4$ 浓度达到 $2\times10^{-6}\ mol \cdot L^{-1}$ 即可呈现稳定的微红色，故用它作为滴定剂时，不需要另加指示剂。

三、仪器和试剂

1. 仪器

0.1 mg 电子天平、称量瓶、容量瓶、移液管、棕色试剂瓶、锥形瓶、滴定管、水浴锅、玻璃砂芯漏斗。

2. 试剂

$KMnO_4$(分析纯)、$Na_2C_2O_4$(分析纯)、3 mol・L^{-1} H_2SO_4溶液、1 mol・L^{-1} $MnSO_4$溶液。

四、基本操作

称量、定容、移液、滴定、加热。

五、实验步骤

1. 0.02 mol・L^{-1} $KMnO_4$溶液的配制

称取高锰酸钾约 1.6 g 溶于 500 mL 水中，盖上表面皿，加热至沸并保持微沸状态 1 h，冷却后于室温下避光放置 1 周后，用微孔玻璃漏斗(3 号或 4 号)过滤，滤液贮于清洁带塞的棕色瓶中待标定。

2. 0.02 mol・L^{-1} $KMnO_4$溶液的标定

精确称取预先干燥过的 0.15～0.20 g $Na_2C_2O_4$基准物质三份，分别置于 250 mL 锥形瓶中，各加入 40 mL 蒸馏水和 10 mL 3 mol・L^{-1} H_2SO_4溶液使其溶解，水浴加热至锥形瓶口有蒸气冒出(约 75 ℃～85 ℃，也可以用电炉小心加热)，趁热用待标定的 $KMnO_4$溶液滴定。开始滴定时速度宜慢，在第一滴 $KMnO_4$溶液滴入后，不断摇动溶液，当紫红色褪去后再滴入第二滴。随着滴定的进行，由于溶液中产物 Mn^{2+} 的自身催化作用，滴定速度可适当加快，直至滴定的溶液呈微红色，半分钟不褪色即为终点。平行滴定 3 次，计算 $KMnO_4$溶液的浓度和相对平均偏差。

六、数据记录与处理

将实验数据填入表 5-14。

表 5-14 数据记录表

记录项目	实验序号		
	1	2	3
$m_{Na_2C_2O_4}$/g			
$V_{KMnO_4,初}$/mL			
$V_{KMnO_4,终}$/mL			
V_{KMnO_4}/mL			

续表

记录项目	实验序号		
	1	2	3
$c_{KMnO_4}/(mol \cdot L^{-1})$			
$\bar{c}_{KMnO_4}/(mol \cdot L^{-1})$			
$\bar{d}_r/\%$			

七、注意事项

(1) 蒸馏水中不可避免地含有少量还原性物质,易使高锰酸钾还原为二氧化锰。市售的高锰酸钾内含有粉状的二氧化锰能加速高锰酸钾分解,故通常需将 $KMnO_4$ 溶液加热煮沸,冷却后再放置一段时间,过滤沉淀物后待用。

(2) 在室温条件下,$KMnO_4$ 与 $Na_2C_2O_4$ 之间的反应速率缓慢,故加热提高反应速率,但是温度又不能太高,如温度超过 90 ℃则有部分草酸分解。

(3) 在滴定开始时,溶液的酸度约为 0.5～0.6 $mol \cdot L^{-1}$,滴定结束时约为 0.3 $mol \cdot L^{-1}$,这样可使反应正常进行,并防止二氧化锰的生成。滴定过程中如果出现棕色浑浊(MnO_2),应立即加入 H_2SO_4 溶液补救,使棕色浑浊消失。

(4) 滴定时开始速度一定要慢,第一滴高锰酸钾褪色很慢,在第一滴没有褪色前不要加第二滴,否则会出现棕色浑浊现象;待 Mn^{2+} 形成后,有加速作用,可加快滴定速度,但在近终点时应小心慢加。

(5) $KMnO_4$ 滴定终点的确定方法:溶液呈微红色且半分钟不褪色。$KMnO_4$ 在酸性介质中是强氧化剂,滴定到达终点的微红色溶液在空气中放置时,由于和空气中的还原性气体和灰尘作用而逐渐褪色。

(6) 由于高锰酸钾溶液颜色较深,液面凹下弧线不易看出,因此应从液面最高处读数。

(7) 过滤后玻璃砂芯漏斗及烧杯上沾有 MnO_2,要用硫酸-草酸过饱和溶液进行洗涤。

八、实验讨论

(1) 配制 $KMnO_4$ 溶液时为什么要将 $KMnO_4$ 水溶液煮沸一定时间?过滤时要注意什么?

(2) 用草酸钠标定 $KMnO_4$ 溶液时加入一定的硫酸,酸度过高或过低会有何影响?加热温度过高或过低又会有何影响?

(3) 滴定过程中为什么初始褪色较慢,后面褪色较快?

九、知识链接

高锰酸钾是一种强氧化剂,为紫红色晶体,可溶于水,遇乙醇即被还原。在化学品生产中，高锰酸钾广泛用作氧化剂。例如，高锰酸钾可用作制糖精、维生素C、异烟肼及安息香酸的氧化剂；在医药上可用作防腐剂、消毒剂、除臭剂及解毒剂；在水质净化及废水处理中可用作水处理剂，以氧化硫化氢、酚、铁、锰等多种污染物，控制臭味和脱色；在气体净化中，可除去痕量硫、砷、磷、硅烷、硼烷及硫化物；在采矿冶金方面，可用于从铜中分离钼，从锌和镉中除杂，以及作为化合物浮选的氧化剂；还可用于作特殊织物、蜡、油脂及树脂的漂白剂，防毒面具的吸附剂，木材及铜的着色剂等。

十、参考文献

[1] 李运涛. 无机及分析化学实验[M]. 北京：化学工业出版社，2010.

[2] 王凤云，丰利. 无机及分析化学实验[M]. 2版. 北京：化学工业出版社，2016.

[3] 孙建之，张存兰，杨敏，等. 分析化学实验[M]. 北京：化学工业出版社，2014.

[4] 李强国. 基础化学实验[M]. 南京：南京大学出版社，2012.

[3] 展海军，李建伟. 无机及分析化学实验[M]. 北京：化学工业出版社 2012.

[6] 王飞利，李蓉. 无机及分析化学实验[M]. 北京：中国石化出版社，2013.

[7] 张明晓. 分析化学实验教程[M]. 北京：科学出版社，2008.

实验11 工业过氧化氢含量的测定

一、实验目的

(1) 掌握高锰酸钾法滴定双氧水中 H_2O_2 含量的原理和方法。

(2) 加深对高锰酸钾自动催化反应及自身指示剂的了解和体会。

二、实验原理

过氧化氢，是除水外的另一种氢的氧化物。市售的一般是30%和3%的过氧化氢水溶液。过氧化氢不稳定，遇热、光及金属杂质会分解为水和氧气；在不同条件下具有氧化作用和还原作用，能氧化多种无机物和有机物，也能还原某些强氧化剂。过氧化氢是重要的化工产品，可用作氧化剂、漂白剂、消毒剂和清洗剂，还用于生产各种过氧化物。高浓度的过氧化氢可作为火箭燃料和氧源。由于过氧化氢具有广泛用途，生产中常需要测定它的含量。

在酸性介质中，过氧化氢与高锰酸钾发生氧化还原反应，根据高锰酸钾标准滴定溶液的消耗量，计算过氧化氢的含量。反应式如下：

$$5H_2O_2+2MnO_4^-+6H^+ = 2Mn^{2+}+5O_2\uparrow+8H_2O$$

开始时反应较慢，滴入第一滴 $KMnO_4$ 溶液褪色慢，待 Mn^{2+} 生成后，由于其催化作用而使反应速率加快，滴定至溶液呈现稳定的微红色，即为终点，以高锰酸钾自身为指示剂。

三、仪器和试剂

1. 仪器

0.1 mg 电子天平、称量瓶、容量瓶、吸量管、移液管、棕色试剂瓶、滴定管、水浴锅、锥形瓶、玻璃砂芯漏斗。

2. 试剂

30% H_2O_2溶液、3 mol·L^{-1} H_2SO_4溶液、0.01 mol·L^{-1} $KMnO_4$标准溶液、1 mol·L^{-1} $MnSO_4$溶液。

四、基本操作

称量、定容、移液、滴定、加热。

五、实验步骤

1. 0.01 mol·L^{-1} $KMnO_4$溶液的配制与标定

见本章实验 10。

2. H_2O_2含量的测定

用吸量管移取 1.00 mL 30% H_2O_2溶液置于 250 mL 容量瓶中，稀释至刻度，定容。用移液管准确移取 25.00 mL 溶液于 250 mL 锥形瓶中，加入 3 mol·L^{-1} H_2SO_4溶液 10 mL 和 1 滴 1 mol·L^{-1} $MnSO_4$溶液，用 0.01 mol·L^{-1} $KMnO_4$标准溶液滴定至微红色在 30 s 内不褪色即为终点。平行测定三次，计算试样中 H_2O_2的质量浓度(g·L^{-1})和相对平均偏差。

六、数据记录与处理

将实验数据填入表 5-15。

表 5-15　数据记录表

记录项目	实验序号		
	1	2	3
$V_{30\%\ H_2O_2}$/mL			
$V_{试液}$/mL			
$V_{KMnO_4,初}$/mL			
$V_{KMnO_4,终}$/mL			
V_{KMnO_4}/mL			
$\rho_{H_2O_2}$/(g·L^{-1})			
$\bar{\rho}_{H_2O_2}$/(g·L^{-1})			
$\bar{d}_r$/%			

七、注意事项

(1) H_2O_2具有强氧化性，对环境无污染，使用时应避免接触皮肤。

(2) H_2O_2受热易分解，滴定时不需加热。

(3) 若 H_2O_2中含有机物质，后者会消耗 $KMnO_4$，使测定结果偏高。这时，应改用碘量法或铈量法测定 H_2O_2。

八、实验讨论

(1) 氧化还原法测定 H_2O_2的原理是什么？

(2) 测定 H_2O_2含量时，为什么第一滴 $KMnO_4$标准溶液加入后褪色较慢，以后褪色较快？

(3) 用高锰酸钾法测定 H_2O_2时，能否用 HNO_3或 HCl 来控制溶液的酸度？为什么？

(4) 用 $KMnO_4$滴定 H_2O_2时，溶液能否加热？为什么？

九、知识链接

过氧化氢俗称双氧水，外观为无色透明液体，比重为 1.442 2(25 ℃)，熔点为−0.41 ℃，沸点为 150.2 ℃；溶于水、醇、醚，不溶于石油醚，性质极不稳定，遇到光、热、重金属和其他杂质时易分解，同时放出氧和热。过氧化氢有一定的腐蚀性，高浓度的过氧化氢能使有机物燃烧；与二氧化锰相互作用，可引起爆炸。由于过氧化氢几乎无污染，故被称为“最清洁”的化工产品。双氧水的用途分医用、军用和工业用三种，日常消毒用的是医用双氧水。医用双氧水可杀灭肠道致病菌、化脓性球菌、致病酵母菌，一般用于物体表面消毒。双氧水具有氧化作用，但医用双氧水浓度等于或低于 3%。用医用双氧水擦拭到创伤面会有灼烧感，表面被氧化成白色并冒气泡，用清水清洗一下即可，过 3～5 min 就可恢复原来的肤色。双氧水在化学工业中用作生产过硼酸钠、过碳酸钠、过氧乙酸、亚氯酸钠、过氧化硫脲等的原料，以及酒石酸、维生素等的氧化剂；在医药工业中用作杀菌剂、消毒剂，以及生产福美双杀虫剂和 401 抗菌剂的氧化剂；在印染工业中用作棉织物的漂白剂及还原染料染色后的发色剂。双氧水在生产金属盐类或其他化合物时可用于除去铁及其他重金属；也用于电镀液，可除去无机杂质，提高镀件质量；还用于羊毛、生丝、象牙、纸浆、脂肪等的漂白。高浓度的过氧化氢可用作火箭动力燃料。

十、参考文献

[1] 钟国清. 无机及分析化学实验[M]. 2 版. 北京：科学出版社，2015.

[2] 张犁黎. 无机及分析化学实验[M]. 2 版. 北京：化学工业出版社，2015.

[3] 陈立钢，廖丽霞，牛娜. 分析化学实验[M]. 北京：科学出版社，2015.

[4] 文建国，常慧，徐勇军，等. 基础化学实验教程[M]. 北京：国防工业出版社，2006.

[5] 张国臣. 过氧化氢生产技术[M]. 北京：化学工业出版社，2012.

[6] 李会，郭利. 化学分析技术[M]. 北京：化学工业出版社，2016.

[7] 李强国. 基础化学实验[M]. 南京：南京大学出版社，2012.

[8] 李玉芳，晓明. 过氧化氢的生产应用及市场[J]. 四川化工与腐蚀控制，2003，6(1)：42-48.

实验 12　硫代硫酸钠溶液的配制与标定

一、实验目的

(1) 掌握硫代硫酸钠溶液的配制和保存条件。

(2) 掌握碘量法的原理及测定条件。

(3) 了解淀粉指示剂的作用原理，掌握淀粉指示剂的正确使用方法。

(4) 了解使用碘量瓶的必要性和操作方法。

二、实验原理

结晶硫代硫酸钠($Na_2S_2O_3 \cdot 5H_2O$)容易风化、潮解，且易受空气和微生物等的作用而分解，因此不能直接配制成准确浓度的溶液。但其在微碱性溶液中较稳定，其标准溶液配制后也要妥善保存。

通常情况下，硫代硫酸钠分解的原因有：

1. 溶液的酸度

在中性和碱性溶液中，$Na_2S_2O_3$ 较稳定；当 pH<4.6 时极不稳定，溶液中含有的 CO_2 会促进 $Na_2S_2O_3$ 分解：

$$Na_2S_2O_3 + H_2O + CO_2 = NaHCO_3 + NaHSO_3 + S$$

此分解作用一般在配成溶液后的最初 10 天内发生，分解后一分子的 $Na_2S_2O_3$ 变成了一分子的 $NaHSO_3$。水中溶解的二氧化碳可促使 $Na_2S_2O_3$ 分解。故在配制溶液时加入 0.02% Na_2CO_3，使溶液的 pH=9～10，可防止 $Na_2S_2O_3$ 的分解。

2. 空气氧化作用

反应式如下：

$$2Na_2S_2O_3 + O_2 = 2Na_2SO_4 + 2S\downarrow$$

3. 微生物作用

空气及水中存在能使 $Na_2S_2O_3$ 分解的微生物，这是使 $Na_2S_2O_3$ 分解的主要原因。当溶液的 pH=9～10 时，微生物的活力较低。反应式如下：

$$Na_2S_2O_3 = Na_2SO_3 + S\downarrow$$

为避免微生物的分解作用，可加入少量的 HgI_2($10\ mg \cdot L^{-1}$)。

由于上述原因，为减少溶解在水中的CO_2和杀死水中微生物，应用新煮沸冷却后的蒸馏水配制溶液。因日光能促进$Na_2S_2O_3$溶液的分解，所以$Na_2S_2O_3$溶液最好保存在洁净的棕色试剂瓶中，放置于暗处7～14天，待溶液浓度趋于稳定后再进行标定，长期使用的溶液应定期标定。如果发现溶液变浑或析出硫，就应过滤后再标定或重新配制溶液。

标定$Na_2S_2O_3$溶液的基准物质有$K_2Cr_2O_7$、KIO_3、$KBrO_3$和纯铜等。通常使用$K_2Cr_2O_7$基准物质标定$Na_2S_2O_3$溶液的浓度，在酸性条件下$K_2Cr_2O_7$与过量KI作用，定量析出的I_2以淀粉为指示剂，用$Na_2S_2O_3$溶液滴定，有关反应方程式如下：

$$Cr_2O_7^{2-}+6I^-+14H^+ = 2Cr^{3+}+3I_2+7H_2O$$

$$I_2+2S_2O_3^{2-} = S_4O_6^{2-}+2I^-$$

这个方法是间接碘量法的应用实例。

$K_2Cr_2O_7$与KI的反应条件如下：

(1) 溶液的酸度愈大，反应速率愈快，但酸度太大时，碘容易被空气中的O_2氧化，所以酸度一般以0.2～0.4 mol·L^{-1}为宜。

(2) $K_2Cr_2O_7$与KI作用时，应将溶液贮于碘量瓶或磨口锥形瓶(塞好磨口塞)中，在暗处放置一定时间，待反应完全后再进行滴定。

(3) 滴定前须将溶液稀释以降低酸度，防止$Na_2S_2O_3$在滴定过程中遇强酸而分解，同时可以减缓I^-被空气氧化的速率。

(4) 所用KI溶液中不应含有KIO_3或I_2。如果KI溶液显黄色，则事先用$Na_2S_2O_3$溶液滴定至无色后再使用。若滴至终点后很快又转变为蓝色，便是KI与$K_2Cr_2O_7$的反应未进行完全，应另取溶液重新标定。

三、仪器和试剂

1. 仪器

0.1 mg电子天平、称量瓶、棕色试剂瓶、25 mL移液管、250 mL碘量瓶或具塞磨口锥形瓶、滴定管。

2. 试剂

$Na_2S_2O_3\cdot 5H_2O(s)$、KI(s)、$Na_2CO_3(s)$、$K_2Cr_2O_7(s)$、6 mol·L^{-1} HCl溶液、10% KI溶液、0.5%淀粉指示剂。

四、基本操作

称量、溶解、定容、移液、滴定。

五、实验步骤

1. 0.1 mol·L^{-1} $Na_2S_2O_3$溶液的配制

加热500 mL纯水至沸，并保持15 min左右，冷却待用。

称取 13 g $Na_2S_2O_3 \cdot 5H_2O$ 于烧杯中，用 500 mL 新煮沸的冷却纯水溶解，加入 0.1 g Na_2CO_3，搅拌，待固体溶解完全后转移至棕色试剂瓶中，在暗处放置 7～14 天后标定。

2. 用 $K_2Cr_2O_7$ 标准溶液标定 $Na_2S_2O_3$ 溶液浓度

准确称取 0.10～0.15 g 已烘干的 $K_2Cr_2O_7$（分析纯，在 150 ℃烘干 1～2 h）三份，分别放置在 250 mL 碘量瓶或带塞锥形瓶中，加入 20～25 mL 水使其溶解后，再加 10% KI 溶液 10 mL（或 1 g KI 固体）和 6 mol·L^{-1} HCl 溶液 5 mL，混合均匀后盖紧塞子，塞子周围加上适量水密封，于暗处放置 5 min 后，慢慢打开塞子，让密封水沿瓶塞流入碘量瓶，再用水将瓶口及塞子上的碘液洗入碘量瓶中。然后用 50 mL 水稀释，立即用 0.1 mol·L^{-1} $Na_2S_2O_3$ 溶液滴定至浅黄绿色，加入 0.5%淀粉指示剂 2 mL，继续滴定至溶液蓝色消失并变为亮绿色，即为终点。平行测定三次，根据 $K_2Cr_2O_7$ 的质量及消耗的 $Na_2S_2O_3$ 溶液体积，计算 $Na_2S_2O_3$ 溶液的浓度。

六、数据记录与处理

将实验数据填入表 5-16。

表 5-16 数据记录表

记录项目	实验序号		
	1	2	3
$m_{K_2Cr_2O_7}$/g			
$V_{Na_2S_2O_3,初}$/mL			
$V_{Na_2S_2O_3,终}$/mL			
$V_{Na_2S_2O_3}$/mL			
$c_{Na_2S_2O_3}$/(mol·L^{-1})			
$\bar{c}_{Na_2S_2O_3}$/(mol·L^{-1})			
$\bar{d}_r$/%			

七、注意事项

（1）$K_2Cr_2O_7$ 与 KI 的反应缓慢，在稀溶液中更慢，所以先在溶液中反应，并放置 5 min，待反应完全后再稀释。稀释的目的是降低酸度和 Cr^{3+} 的浓度，易于观察终点。

（2）溶液滴定结束放置后会变蓝色。如果不是很快回蓝（5～10 min），那就是由于空气的氧化作用所致。如果很快且不断变蓝，说明 $K_2Cr_2O_7$ 与 KI 的作用在滴定前进行不完全。

（3）在接近终点时才能加入淀粉指示剂，如果加入过早，大量的碘和淀粉反应形成蓝色配合物，被其吸附后碘很难很快与 $Na_2S_2O_3$ 反应，使滴定结果产生误差。

八、实验讨论

(1) 硫代硫酸钠溶液为什么要预先配制？为什么配制时要用刚煮沸过并已冷却的蒸馏水？为什么配制时要加少量碳酸钠？

(2) 用碘量法测定时，加入过量 KI 的目的是什么？过多或过少有什么影响？

(3) 标定 $Na_2S_2O_3$溶液时，应在什么介质中进行？为什么？酸度大小对测定结果有何影响？

九、知识链接

硫代硫酸钠，又名次亚硫酸钠、大苏打、海波。它是常见的硫代硫酸盐，为无色透明的单斜晶体。硫代硫酸钠易溶于水，遇强酸反应产生硫和二氧化硫。硫代硫酸钠的生产方法有硫化钠法、多硫化钠法、亚硫酸钠法等多种，生产原料除少数地区用硫黄、片碱外，绝大部分生产厂是利用当地的苯酚、硫化染料、农药、制药、焦化厂及有关化工厂的副产、下脚废料、废水、废气综合利用回收生产。硫代硫酸钠的应用领域主要有印染、造纸、制革、橡胶和农药等行业；在临床上可用于氰化物及腈类中毒，砷、铋、碘、汞、铅等中毒的治疗，还可用于治疗皮肤瘙痒症、慢性皮炎、慢性荨麻疹、药疹、疥疮、癣症等。

十、参考文献

[1] 李荣. 无机与分析化学实验[M]. 北京：机械工业出版社，2014.

[2] 李运涛. 无机及分析化学实验[M]. 北京：化学工业出版社，2010.

[3] 刘冰，徐强. 无机及分析化学实验[M]. 北京：化学工业出版社，2015.

[4] 高绍康. 大学化学实验[M]. 北京：化学工业出版社，2012.

[5] 邢宏龙. 无机与分析化学实验[M]. 上海：华东理工大学出版社，2009.

[6] 黄丹云. 基础化学实验技术[M]. 武汉：华中科技大学出版社，2014.

[7] 陈燕清，涂新满. 分析化学实验[M]. 北京：化学工业出版社，2014.

实验 13　铜盐中铜含量的测定

一、实验目的

(1) 掌握碘量法测定铜盐中铜含量的原理和方法。

(2) 通过实验理解沉淀转化原理。

(3) 掌握淀粉指示剂的使用方法，学习碘量法滴定终点的判断。

(4) 了解间接碘量法测定过程中误差的来源及减小方法。

二、实验原理

在弱酸性溶液中，Cu^{2+} 与过量的 I^- 发生反应，生成 CuI 沉淀，并定量析出 I_2，生成的 I_2 用 $Na_2S_2O_3$ 标准溶液滴定，以淀粉作指示剂，反应如下：

$$2Cu^{2+}+4I^- \xlongequal{} 2CuI\downarrow+I_2$$

$$I_2+2S_2O_3^{2-} \xlongequal{} 2I^-+S_4O_6^{2-}$$

反应需加入过量的 KI，一方面促使反应进行完全，另一方面使形成 I_3^-，以增加 I_2 的溶解度。另外，为了避免 CuI 沉淀吸附 I_3^- 造成所测结果偏低，需在近终点时加入 SCN^-（若提前加入，SCN^- 将与 Cu^{2+} 反应），使 CuI 沉淀转化成溶解度更小的 CuSCN，释放出被吸附的 I_2。

溶液的 pH 一般控制在 3.0～4.0 之间，酸度过高，空气中的氧气会氧化 I_2；酸度过低，Cu^{2+} 可能水解，使反应不完全，且反应速率变慢，终点拖长，一般采用稀 H_2SO_4 或 HAc 控制溶液的酸度。另外，Fe^{3+} 和 NO_3^- 能氧化 I^-，为消除 Fe^{3+} 的干扰，可加入 NaF 或 NH_4F，使形成稳定的 FeF_6^{3+}，对于 NO_3^- 则可在测定前加入硫酸，然后通过蒸发溶液除去。

三、仪器和试剂

1. 仪器

电子天平、滴定管、移液管、容量瓶、锥形瓶、烧杯、滴管、玻璃棒、洗瓶等。

2. 试剂

$CuSO_4\cdot 5H_2O$ 试样、0.1 mol·L^{-1} $Na_2S_2O_3$ 标准溶液（配制方法见本章实验12）、10% KI 溶液、10% KSCN 溶液、1 mol·L^{-1} H_2SO_4 溶液、0.5%淀粉指示剂。

四、基本操作

称量、溶解、定容、移液、滴定。

五、实验步骤

1. 试样的准备

准确称取铜盐试样 2.0～2.5 g，置于 100 mL 小烧杯中，加 10 mL 1 mol·L^{-1} H_2SO_4 溶液及少量水使试样溶解完全，定量转移至 100 mL 容量瓶中定容。

2. 铜含量的测定

准确移取 25.00 mL 上述制好的试样溶液于 250 mL 锥形瓶中，加入 10% KI 溶液 10 mL，立即用 0.1 mol·L^{-1} $Na_2S_2O_3$ 标准溶液滴定，直至溶液呈浅土黄色，然后加入 2 mL 0.5%淀粉指示剂，继续用 $Na_2S_2O_3$ 标准溶液滴定至溶液呈浅蓝色（或浅米色中带蓝色），加入 10 mL 10% KSCN 溶液并摇动锥形瓶（此时溶液蓝色加深），用 $Na_2S_2O_3$ 溶液继续滴定至蓝色刚好消失，呈乳白色或米色（为 CuSCN 悬浊液）即为终点。平行测定三次，计算铜盐试样中铜的质量分数和相对平均偏差。

六、数据记录与处理

将实验数据填入表 5-17。

表 5-17 数据记录表

记录项目	实验序号		
	1	2	3
$m_{试}$/g			
$V_{试}$/mL	25.00		
$V_{Na_2S_2O_3,初}$/mL			
$V_{Na_2S_2O_3,终}$/mL			
$V_{Na_2S_2O_3}$/mL			
w_{Cu}/%			
$\overline{w}_{Cu}$/%			
$\overline{d}_r$/%			

七、注意事项

(1) 淀粉指示剂不能早加，因滴定反应中产生大量的 CuI 沉淀，若淀粉与 I_2 过早地生成蓝色配合物，大量的 I_3^- 被 CuI 吸附，终点呈较深的灰黑色，不易于观察。

(2) 加入 KSCN 不能过早，且加入后要剧烈摇动溶液，以利于沉淀转化和释放出被吸附的 I_3^-。

(3) 滴定至终点后若很快变蓝，表示 Cu^{2+} 与 I^- 反应不完全，该份样品应弃去重做。若 30 s 之后又恢复蓝色，是空气氧化 I^- 生成 I_2 造成的，不影响结果。

八、实验讨论

(1) 测定铜含量时，为什么要加入过量的 KI？加入 KSCN 的作用是什么？

(2) 硫酸铜易溶于水，为什么溶解时要加硫酸？

(3) 请查看有关标准电极电势，说明为什么本实验中 Cu^{2+} 能够氧化 I^-。

(4) 若含铜溶液中存在 Fe^{3+}，对测定有何影响？如何消除这种影响？

九、知识链接

1. 铜盐测定的实际应用

随着采矿业和冶金工业的不断发展，对矿石中有用成分的测量精确度要求越来越高。铜在我国国民经济中占有重要地位，从采矿和冶金中提取铜，在生产和使用中均离不开准确分析测定其含量。除了间接碘量法之外，原子吸收分光光度法、萃取分光光度法、伏安法等仪器分析法也被广泛应用于铜含量的测定。

2. 间接碘量法

由于 I_2 的氧化性较弱，可以直接被 I_2 氧化的物质不是很多，因此直接碘量法应用范围较小。更多的情况是向样品溶液加入过量的 KI，样品中的待测物质将 I^- 按比例氧化成 I_2，此时再用硫代硫酸钠标准溶液滴定被氧化形成的 I_2，通过化学计量关系计算出待测样品含量。这种碘量法称为间接碘量法，又称置换碘量法。另外还有剩余碘量法，即还原性待测物质先与过量的标准碘溶液进行反应，剩余的碘则与标准硫代硫酸钠溶液反应，通过计算可测得还原性待测物的含量。

间接碘量法的误差主要由两个方面所导致，一是碘的挥发，二是测试环境的酸碱度影响。为了减少碘单质的挥发，我们可以采取加入过量 KI，使用碘量瓶和采用快滴慢摇的滴定方式进行。间接碘量法要求在中性或弱酸性环境中进行，若酸性太强，H^+ 将与 $S_2O_3^{2-}$ 反应生成 SO_2 和 S，且 I^- 易被空气中的氧气氧化；若在碱性环境中，I_2 与 OH^- 反应生成 I^- 和 IO_3^-，影响测试结果。因此在滴定开始前，控制溶液的 pH 非常重要。

十、参考文献

[1] 兰州大学化学化工学院. 大学化学实验：基础化学实验 I [M]. 兰州：兰州大学出版社，2004.

[2] 朱霞石. 新编大学化学实验(二)：基本操作[M]. 2 版. 北京：化学工业出版社，2016.

实验 14　碘溶液的配制与标定

一、实验目的

(1) 熟练掌握碘标准滴定溶液的配制以及保存方法。

(2) 掌握碘标准滴定溶液的标定方法、基本原理、反应条件和操作技术。

二、实验原理

单质碘可以通过升华法制得，但由于碘的挥发性，不宜用直接法配制碘标准溶液，而采用配制后标定的方法得到标准溶液。标定碘溶液可以选用基准物质 As_2O_3，该物质难溶于水，可溶于碱溶液，与 NaOH 反应生成的 Na_3AsO_3 可与 I_2 发生反应：

$$As_2O_3 + 6NaOH = 2Na_3AsO_3 + 3H_2O$$

$$AsO_3^{3-} + I_2 + H_2O = AsO_4^{3-} + 2I^- + 2H^+$$

该反应为可逆反应，溶液的酸碱度将影响反应进行的方向和完全程度，可加 $NaHCO_3$ 使溶液呈中性或微碱性，上述反应能定量地向右进行。但溶液的 pH 不能过高，否则 I_2 会发生歧化反应，通常维持 pH 在 8 左右。在酸性溶液中，反应则向左进行，即AsO_4^{3-}氧化I^-析出I_2。

As_2O_3俗称砒霜或信石，是一种剧毒物质，且较难溶于水，因此实验室中大都用已知准确浓度的$Na_2S_2O_3$标准溶液标定碘溶液，反应为：

$$2Na_2S_2O_3+I_2 = 2NaI+Na_2S_4O_6$$

该反应以淀粉为指示剂，滴定终点溶液颜色由无色突变为蓝色。

三、仪器和试剂

1. 仪器

托盘天平、电子天平、滴定管、移液管、容量瓶、锥形瓶、烧杯、滴管、洗耳球、玻璃棒、洗瓶等。

2. 试剂

固体试剂I_2(分析纯)、固体试剂KI(分析纯)、As_2O_3(分析纯)、6mol·L^{-1} NaOH溶液、4% $NaHCO_3$溶液、0.5 mol·L^{-1} H_2SO_4溶液、1.0 mol·L^{-1} HCl溶液、0.5%淀粉指示剂、1%淀粉指示剂、10 g·L^{-1}酚酞指示剂、0.1 mol·$L^{-1}$$Na_2S_2O_3$标准溶液。

四、基本操作

称量、溶解、定容、移液、滴定。

五、实验步骤

1. 0.05 mol·L^{-1}碘溶液的配制

分别称取6.5 g I_2和10 g KI于两个小烧杯中，将KI分4～5次加入装有I_2的小烧杯中，每次加水5～10 mL，用玻璃棒轻轻搅拌，使碘逐渐溶解。待碘粒全部溶解后将溶液转入棕色试剂瓶中，加水稀释至500 mL，摇匀，贴上标签待标定。

2. 碘溶液的标定

(1) 用As_2O_3标定。准确称量0.11～ 0.15 g As_2O_3置于250 mL锥形瓶中，然后加入10 mL 6 mol·L^{-1} NaOH溶液并微热溶液，待As_2O_3完全溶解后，加1滴酚酞指示剂，加入0.5 mol·L^{-1} H_2SO_4溶液或1.0 mol·L^{-1} HCl溶液至溶液由红色变为无色，再加入25 mL 4% $NaHCO_3$溶液和1 mL 1%淀粉指示剂，用碘标准溶液滴定至溶液刚好出现蓝色，即为终点。平行滴定3次，根据碘溶液的用量及As_2O_3的质量计算碘标准溶液的浓度。

(2) 用$Na_2S_2O_3$标准溶液标定。准确移取$Na_2S_2O_3$标准溶液25.00 mL，置于250 mL锥形瓶中，加入25 mL水及2 mL 0.5%淀粉指示剂，用碘溶液滴定至溶液呈现稳定的蓝色即为终点，记录消耗的碘溶液的体积。平行滴定3次，计算碘标准溶液的浓度。

六、数据记录与处理

以用0.1 mol·$L^{-1}$$Na_2S_2O_3$标准溶液标定为例，将实验数据填入表5-18。

表 5-18　数据记录表

记录项目	实验序号		
	1	2	3
$c_{Na_2S_2O_3}$/(mol·L^{-1})			
$V_{Na_2S_2O_3}$/mL	25.00		
$V_{I_2,初}$/mL			
$V_{I_2,终}$/mL			
V_{I_2}/mL			
c_{I_2}/(mol·L^{-1})			
$\bar{c}_{I_2}$/(mol·L^{-1})			
$\bar{d}_r$/%			

七、注意事项

(1) 碘易挥发且见光易分解,浓度变化较快,应用棕色瓶保存放置暗处,并要特别注意密封,滴定时碘溶液尽量装在棕色滴定管中。

(2) 配制时碘先用碘化钾溶液溶解,溶解完全后再稀释。

(3) 滴定过程中,振动要轻,快滴慢摇,以避免碘挥发,但临近终点时,摇动应剧烈一点。

(4) 加入 $NaHCO_3$溶液时,应用小表面皿盖住瓶口,缓缓加入,以免发泡剧烈而引起溅失,反应完毕,将表面皿上的附着物用洗瓶冲洗至锥形瓶中。

八、实验讨论

(1) 配制碘溶液时为什么要加 KI? 用间接法滴定碘溶液的浓度时,如何避免碘的挥发?

(2) 为什么用碘溶液滴定 $Na_2S_2O_3$标准溶液时,要先加入淀粉指示剂? 而用 $Na_2S_2O_3$滴定碘溶液时必须在临近终点之前才加入?

(3) 写出 As_2O_3与 I_2的化学计量关系,标定时先用 H_2SO_4或 HCl 中和的作用是什么? 中和后的溶液能否不加 $NaHCO_3$?

九、知识链接

1. 碘的应用

碘是一种活泼的非金属元素。碘及其化合物在生产、生活和科技等方面都有重要应用。例如,复方碘溶液通常应用于伴有甲亢的甲状腺肿及高功能腺瘤患者术前准备阶段,主要作用是抑制甲状腺组织释放甲状腺激素,减轻甲亢症状,降低基础代谢率,从而降低术后甲状腺危象的发生率。

2. 碘量法

碘量法是一种常见的氧化还原滴定法，基于碘单质的氧化性或 I^- 的还原性来测定物质含量。淀粉是碘量法最常用的指示剂，极微量的碘和淀粉结合能立即形成深蓝色的物质，用于指示滴定终点。碘量法分为直接碘量法和间接碘量法，间接碘量法又分为剩余碘量法和置换碘量法。碘标准溶液通常被应用于直接碘量法和剩余碘量法。

碘量法是使用最广泛的氧化还原滴定法之一，可用于测定水中溶解氧、游离氯、总氯含量，气体中硫化氢、二氧化硫等还原气体含量，食品中维生素 C、葡萄糖等物质的含量；另外，还可以测定溶液中氧化性金属离子的浓度，如 Cu^{2+} 的浓度等。因此，碘量法是环境、食品、医药、冶金、化工等领域最为常用的监测方法之一。

十、参考文献

[1] 郎建平，卞国庆. 无机化学实验[M]. 2 版. 南京：南京大学出版社，2013.

[2] 李强国. 基础化学实验[M]. 南京：南京大学出版社，2012.

实验 15　直接碘量法测定维生素 C 的含量

一、实验目的

(1) 进一步了解直接碘量法的原理。

(2) 掌握维生素 C 的测定方法。

二、实验原理

维生素 C 又称抗坏血酸，是所有具有抗坏血酸活性化学物质的统称，分子式为 $C_6H_8O_6$，摩尔质量为 176.12 g·mol^{-1}。抗坏血酸没有羟基，其酸性来自与羰基相邻的烯二醇的羟基。

维生素 C 的测定方法有滴定分析法、分光光度法和荧光法等。本实验利用维生素 C 的还原性，用氧化还原滴定分析法中的直接碘量法进行测定，主要反应为：

$$C_6H_8O_6 + I_2 = C_6H_6O_6 + 2HI$$

抗坏血酸分子中的二烯醇与 I_2 反应，生成二酮基，反应定量完成，可用于定量测定。为使具有相当强还原性的抗坏血酸不被空气氧化，该反应应在 HAc 介质中进行。

三、仪器和试剂

1. 仪器

托盘天平、电子天平、滴定管、移液管(25 mL)、容量瓶、锥形瓶等。

2. 试剂

KI(分析纯)、I_2(分析纯)、0.10 mol·L^{-1} $Na_2S_2O_3$标准溶液、6 mol·L^{-1} HAc 溶液、5 g·L^{-1}淀粉指示剂溶液、维生素 C 片、果蔬样品(如猕猴桃、草莓、辣椒、西红柿等)。

四、基本操作

称量、定容、移液、滴定、加热、干燥、溶解。

五、实验步骤

1. 0.05 mol·L^{-1}碘标准溶液的配制与标定

见本章实验 14。

2. 维生素 C 含量的测定

取 10 片维生素 C 片剂于研钵中,研细并混合均匀。准确称取已研细的粉末样品 0.2~0.4 g 置于 250 mL 锥形瓶中,加入 100 mL 煮沸后放冷的蒸馏水和 10 mL 6 mol·L^{-1} HAc溶液,摇动锥形瓶使之溶解。加入 2 mL 5 g·L^{-1}淀粉指示剂溶液,立即用 0.05 mol·L^{-1}碘标准溶液滴定至溶液呈稳定的蓝色,记录用去碘标准溶液的体积(mL)。平行测定三次,计算试样中维生素 C 的质量分数。

3. 果蔬样品中维生素 C 含量的测定

称取 100 g 左右的猕猴桃样品(称准至 0.01 g,或草莓 200 g、辣椒 100 g、西红柿 300 g)于研钵中,加入 6 mol·L^{-1} HAc 溶液 5 mL,加入 1 勺砂子,研磨。将提取液经装有脱脂棉的漏斗过滤至 100 mL 容量瓶中。接着加入 5 mL 6 mol·L^{-1} HAc 溶液继续研磨、过滤,按此操作反复抽提 4 次左右,滤液并入容量瓶。用少量 6 mol·L^{-1} HAc 溶液润洗研钵、玻璃棒、残渣等,洗液同样并入容量瓶中,再用 6 mol·L^{-1} HAc 溶液定容。

移取 25.00 mL 上述提取液于 250 mL 锥形瓶中,加入 2 mL 淀粉指示剂溶液,立即用浓度为 0.05 mol·L^{-1}的碘标准溶液进行滴定,速度不能太快,边滴定边晃动,使碘溶液与试样溶液充分混合。至锥形瓶中溶液呈蓝色,且在 30 s 内不褪色即为终点。平行测定三次,计算试样中维生素 C 的质量分数。

六、数据记录与处理

1. 数据记录

将实验数据填入表 5-19。

表 5-19 数据记录表

记录项目	实验序号		
	1	2	3
m_{Vc}/g			
$c_{I_2}/(mol \cdot L^{-1})$			
$V_{I_2,初}/mL$			
$V_{I_2,终}/mL$			
V_{I_2}/mL			
$w_{Vc}/\%$			
$\overline{w}_{Vc}/\%$			
$\overline{d}_r/\%$			

2. 数据处理

维生素 C(抗坏血酸)含量以质量分数表示：

$$w_{Vc}=\frac{cV\times 10^{-3}\times 176.12}{m}\times 100\%$$

式中，c 为碘标准溶液的浓度，$mol \cdot L^{-1}$；V 为样品消耗碘标准溶液的体积，mL；176.12 为维生素 C 的摩尔质量，$g \cdot mol^{-1}$；m 为试样的质量，g。

七、注意事项

(1) 蒸馏水中含有溶解氧，所以蒸馏水煮沸放冷后应及时用来溶解维生素 C 试样，以减少试样在测定前被氧化。

(2) 维生素 C 的还原性相当强，在空气中易被氧化，在碱性溶液中被氧化得更快，故本测定在 HAc 溶液中进行，使其受空气氧化的速度减慢。但试样溶解后，仍需立即进行滴定，同时应滴定完一份再溶解第二份试样。

(3) 若提取液呈较深颜色而影响滴定终点的观察，则可按每 10 mL 提取液加入 5 g白陶土吸附色素，充分搅拌后过滤，取其清液进行测定。

(4) 也可使用榨汁机制备果蔬样品。使用榨汁机榨取果浆时，应该用蒸馏水冲洗干净上面残留的果浆，防止结果偏低。

八、实验讨论

(1) 用直接碘量法测维生素 C 含量时，为什么要在 HAc 介质中进行？

(2) 溶解样品时，为什么要用新煮沸并冷却的蒸馏水？

(3) 碘量法的误差来源有哪些？应采取哪些措施以减少误差？

九、知识链接

维生素 C 又称抗坏血酸，是一种结构类似于葡萄糖的多羟基化合物(图 5-1)，分子中第 2 及第 3 位上两个相邻的烯醇式羟基极易解离而释放出 H^+，故具有酸的性质。维生素 C 具有很强的还原性，很容易被氧化成脱氢维生素 C，但其反应是可逆的，且抗坏血酸和脱氢抗坏血酸具有同样的生理功能，但脱氢抗坏血酸若继续氧化而生成二酮古乐糖酸，则反应不可逆而完全失去生理效能。

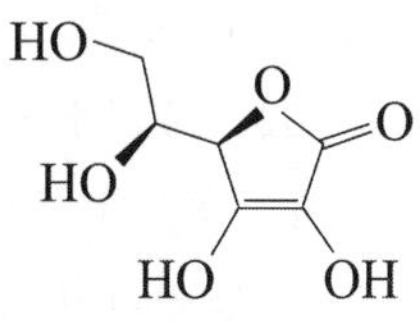

图 5-1 维生素 C 的结构式

天然存在的维生素 C 有 L 型和 D 型两种，后者无生物活性。维生素 C 是无色无味的片状晶体，易溶于水，不溶于有机溶剂；在酸性环境中稳定，遇空气中氧、热、光、碱性物质，特别是有氧化酶及痕量铜、铁等金属离子存在时，可促进其氧化破坏。氧化酶一般在蔬菜中含量较多，故蔬菜储存过程中维生素 C 都有不同程度的流失；但在某些果实中含有生物类黄酮，能保护其稳定性。

十、参考文献

[1] 蔡明招. 实用工业分析[M]. 广州：华南理工大学出版社，1999.

[2] 南京大学《无机及分析化学实验》编写组. 无机及分析化学实验[M]. 4 版. 北京：高等教育出版社，2006.

实验 16 树脂氯甲基化球体含氯量的测定

一、实验目的

(1) 掌握返滴定法测定氯离子的原理和方法。

(2) 练习准确判断铁铵矾作指示剂的滴定终点。

二、实验原理

氯球 KNO_3 和 NaOH 灼烧分解形成 KCl 和 NaCl，用过量的 $AgNO_3$ 可与其反应生成 AgCl，再用 KCNS 标准溶液返滴过量的 $AgNO_3$。

三、仪器和试剂

1. 仪器

电子天平、托盘天平、滴定管、移液管(25 mL)、容量瓶、锥形瓶等。

2. 试剂

氯甲基化球体、KNO_3(s)、NaOH(s)、0.1 mol・L^{-1} $AgNO_3$、0.1 mol・L^{-1} KSCN、甲醇、硝基苯、铁铵矾指示剂(30%)，酚酞指示剂、HNO_3(1：1)、HCl(5%)。

四、基本操作

称量、定容、移液、滴定、加热。

五、实验步骤

1. 样品预处理

取氯甲基化球体 5 g 左右，放入 250 mL 烧杯中，加入 30 mL 甲醇，充分搅拌 5 min，挥发出甲醇，再加入 30 mL 甲醇搅拌 5 min 后，倾倒出甲醇，再用 5% HCl 溶液和 30 mL 甲醇搅拌 5 min 后，倾倒出混合液，然后用纯净水洗涤（采用倾析法）至无氯离子为止（用 1 mL 洗涤液加 1 mL HNO_3溶液，加 2～3 mL $AgNO_3$溶液，观察有无浑浊现象），将样品抽滤，用滤纸擦拭干样品后，在红外干燥灯下烘干（灯高 15 cm，烘 50 min），然后在 $CaCl_2$干燥器中冷却至室温。

2. 样品分析

准确称取 0.200 0 g 样品放入镍坩埚中，加入 2 g KNO_3 和 2 g NaOH，仔细将其摇匀，然后再在表面上覆盖 0.5 g KNO_3，将坩埚盖盖好，用酒精喷灯小火加热约 2～3 min。待有黑烟冒出前，应事先将酒精喷灯火焰暂时撤除，待反应后再加热。冒黑烟时应用坩埚钳压紧坩埚盖，以防有分解物随黑烟冒出。打开坩埚盖，看是否完全分解，如有尚未分解的氯球或有黑色物质附于坩埚壁或盖上，应用坩埚钳取下倾斜，使其中的熔融物在火源下促使其继续分解，坩埚盖可直接用火烧，最后要求成为均一的澄清透明液体。然后用坩埚钳钳住坩埚，倾斜转动使熔融物遇冷凝固，均匀地凝固在坩埚壁的周围以利于进一步水浴加热。坩埚及坩埚盖放冷后放入 400 mL 烧杯中，在其中加入 150 mL 纯水，用电炉加热至沸腾，盖上表面皿以防沸出。固体物冲洗数次，使总液体体积在 200 mL 左右，在此水溶液中加 2 滴酚酞指示剂，用 1∶1 HNO_3 中和后，再加入 5 mL 1∶1 HNO_3使其呈酸性，然后加入硝基苯 2 mL，在搅拌下，慢慢加入 0.1 $mol \cdot L^{-1}$ $AgNO_3$溶液 20 mL，再加入 30%铁铵矾指示剂 1 mL，然后在搅拌下用 0.1 $mol \cdot L^{-1}$KSCN 滴定至溶液刚出微红色时，轻轻搅拌，当加入最后一滴 KSCN 溶液时不褪色即为终点。

六、数据记录与处理

1. 数据记录

将实验数据填入表 5-20。

表 5-20　数据记录表

记录项目	实验序号		
	1	2	3
m/g			
c_{AgNO_3}/(mol·L^{-1})			
c_{KSCN}/(mol·L^{-1})			
$V_{AgNO_3,终}$/mL			
$V_{AgNO_3,初}$/mL			
$V_{KSCN,终}$/mL			
$V_{KSCN,初}$/mL			
w_{Cl}/%			
$\overline{w}_{Cl}$/%			
$\overline{d}_r$/%			

2. 数据处理

树脂氯含量以质量分数表示：

$$w_{Cl}=\frac{(c_{AgNO_3}\times V_{AgNO_3}-c_{KSCN}\times V_{KSCN})\times 0.035\ 46}{样品量}\times 100\%$$

式中，0.035 46 为每摩尔氯球的质量，kg·mol^{-1}。

七、注意事项

(1) 在用酒精喷灯灼烧时，应避免速度过快。

(2) 进行返滴定时，溶液应调成酸性。

(3) 样品的加热分解，如果开始时温度过高，则由于反应剧烈而会导致测定结果偏低。若混合试剂带有少量湿润水，高温时易烧结使下一步溶解困难。为了既能保证结果有良好的精密度，又能防止混合物烧结反而加快分析的速度，实验中可先用酒精灯加热，再用酒精喷灯灼烧。

八、知识链接

苯乙烯-二乙烯苯聚合体的氯甲基化是合成离子交换树脂重要的中间体，而氯甲基化程度直接影响树脂的交换性能。本实验主要用于凝胶及大孔树脂白球氯含量的测定。

九、参考文献

[1] 王方. 当代离子交换技术[M]. 北京：化学工业出版社，1993.

[2] 何炳林，黄文强. 离子交换与吸附树脂[M]. 上海：上海科技教育出版社，1995.

第六章　综合实验部分

实验 1　碱式碳酸铜的制备

一、实验目的

(1) 掌握制备碱式碳酸铜的原理和方法。

(2) 通过实验探索制备碱式碳酸铜的实验条件。

(3) 初步学会实验方案设计，锻炼分析、解决实验问题的能力。

二、实验原理

碱式碳酸铜，又名孔雀石(铜绿)，是一种呈孔雀绿颜色的矿物原料。在自然界中，碱式碳酸铜是由铜与空气中的氧气、二氧化碳和水蒸气等物质反应而产生的，加热会分解成氧化铜、水和二氧化碳，溶于酸可生成相应的铜盐。碱式碳酸铜在自然界中以孔雀石的形式存在。在实验室中，碱式碳酸铜通常由可溶性盐和可溶性碳酸盐或碳酸氢盐制得。

反应离子方程式：

$$2Cu^{2+}+2CO_3^{2-}+H_2O = Cu_2(OH)_2CO_3\downarrow+CO_2\uparrow$$

$$2Cu^{2+}+4HCO_3^{-} = Cu_2(OH)_2CO_3\downarrow+3CO_2\uparrow+H_2O$$

三、仪器和试剂

1. 仪器

试管、水浴锅、蒸发皿、烧杯、布氏漏斗、抽滤瓶、玻璃棒、托盘天平等。

2. 试剂

五水合硫酸铜(分析纯)、碳酸钠(分析纯)。

四、基本操作

试管的使用、过滤。

五、实验步骤

1. 溶液的配制

配制 0.5 $mol\cdot L^{-1}$ $CuSO_4$溶液和 0.5 $mol\cdot L^{-1}$ Na_2CO_3溶液各 100 mL。

2. 反应温度的探求

取 8 支试管，其中 4 支各加入 2 mL $CuSO_4$溶液，另外 4 支各加入 2 mL Na_2CO_3溶液。从这两列试管中各取一支，将 4 对试管分别置于室温及 50 ℃、70 ℃和 90 ℃的恒温水浴中数分钟，然后将 $CuSO_4$溶液倒入 Na_2CO_3溶液中，振荡试管并继续在室温或水浴中反应。观察各试管中沉淀数量、颜色以及反应速率的区别，由实验结果确定制备反应的合适温度。

3. 反应物合适配比的探求

另取 8 支试管，其中 4 支加入 2 mL $CuSO_4$溶液，另外 4 支加入 1.6 mL、2 mL、2.4 mL和 2.8 mL Na_2CO_3溶液。将所有试管置于步骤 2 中确定的合适温度的水浴中数分钟，然后将 $CuSO_4$溶液倒入 Na_2CO_3溶液中，振荡并继续在水浴中反应。观察各试管中沉淀数量、颜色以及反应速率的区别，筛选出两种溶液的最佳比例。

4. 碱式碳酸铜的制备

分别取 50 mL $CuSO_4$溶液和一定体积的 Na_2CO_3溶液（通过步骤 3 确定的合适配比计算）于两个烧杯中，将两个烧杯同时放到步骤 2 确定的合适温度的水浴中加热，数分钟后，将 $CuSO_4$溶液倒入 Na_2CO_3溶液中，用玻璃棒不断搅拌，待沉淀完全后，减压抽滤，用蒸馏水洗涤沉淀数次，直到沉淀中不含硫酸根离子。将产品置于红外灯或烘箱（100 ℃）中烘干，冷却后称量，计算产率。

六、实验现象及数据

产品外观：

产品质量：

产率：

七、注意事项

（1）反应产物注意要洗涤干净，产物烘干要控制好时间和温度。烘干时温度过高会分解，烘干时间过短会出现产率超过 100％的现象。

（2）注意反应温度要适中。温度低于 60 ℃，所得沉淀颜色偏蓝；温度高于 80 ℃，所得沉淀颜色偏绿；温度高于 90 ℃，则会造成部分沉淀分解发黑。同时要注意反应过程中应恒温且不断搅拌。

（3）要控制溶液的 pH，pH 太低（$pH<7$）时要调高 pH，直到大于 8，否则会出现大量硫酸铜和未反应的溶液，造成产品品质不佳。

（4）反应过程中要注意溶液倾倒顺序，应将 $CuSO_4$溶液倒入 Na_2CO_3溶液中，不可颠倒。

八、实验讨论

（1）除反应物配比和反应温度，还有哪些因素对反应产物的质量会有影响？

(2) 请自行设计一个可以分析所制得的碱式碳酸铜质量的实验。

九、知识链接

碱式碳酸铜可用于分析试剂和有机催化剂的制作，以及烟火和颜料的生产；在农业上可用作杀虫剂和磷毒的解毒剂，还可用作种子的杀菌剂；在饲料中可用作铜的添加剂；在原油贮存中可作脱碱剂；也可用作生产铜化合物的原料；还可用于电镀、防腐及分析试剂等。

十、参考文献

[1] 郎建平，卞国庆. 无机化学实验[M]. 2 版. 南京：南京大学出版社，2013.

实验 2　煤中全硫的测定(艾氏卡法)

一、实验目的

(1) 熟悉煤中不同形态硫的测定方法。

(2) 掌握艾氏卡法的基本操作。

二、实验原理

艾氏卡重量法测煤中的含硫量是在坩埚内将空气干燥煤样和艾氏剂仔细混合均匀并灼烧，煤中各种形态的可燃硫均被氧化进而生成可溶性硫酸盐(Na_2SO_4 和 $MgSO_4$)，用过量的 $BaCl_2$ 滴定使 SO_4^{2-} 生成 $BaSO_4$ 沉淀，根据沉淀的质量计算原煤样中全硫的含量。

三、仪器和试剂

1. 仪器

电子天平(精确到 0.000 1 g)、马弗炉、瓷坩埚。

2. 试剂

艾氏剂(以 2 份重的化学轻质氧化镁与 1 份重的化学纯无水碳酸钠研细至小于 0.2 mm 后，混合均匀，保存在密闭容器中)、1∶1 HCl 溶液、10% $BaCl_2$ 溶液、0.2% 甲基橙指示剂、1% $AgNO_3$ 溶液。

四、基本操作

称量、高温灼烧、过滤。

五、实验步骤

(1) 称取质量约为 0.5 g(精确至 0.000 1 g)、粒径不大于 0.2 mm 的试样及 2 g 艾氏剂放置于 30 mL 瓷坩埚中，仔细将其混合均匀，再用 1 g(精准至 0.1 g)艾氏剂覆盖。

(2) 将盛有试样的坩锅移入通风情况良好的高温马弗炉中，在 1～2 h 内将炉温升至 800 ℃～850 ℃，并在该温度下加热 1～2 h。

（3）将坩埚从马弗炉中取出，待灼烧物冷却后，用玻璃棒将其移入 500 mL 烧杯中，用热水洗净，再加入 100～150 mL 热蒸馏水，并用玻璃棒捣碎灼烧物。若此时有黑色煤粒漂浮在液面上，则操作失败，测定作废。

（4）使用中速定性滤纸过滤，并用热蒸馏水连续冲洗不得少于 10 次，并控制体积约为 200 mL。

（5）将滤液煮沸 2～3 min，向滤液中加 2～3 滴甲基橙指示剂，滴加 HCl 溶液中和直至颜色变红，再加入 2 mL HCl 溶液，使溶液呈微酸性。

（6）溶液停止沸腾后，将 10 mL 质量浓度为 10％的 $BaCl_2$ 溶液慢慢滴加到热的溶液中，同时搅拌溶液，然后在略低于沸点的温度下保持 30 min。

（7）保温后，将沉淀用定量滤纸过滤，并用热蒸馏水洗至无氯离子。

（8）将带有沉淀的滤纸移入已经恒重的瓷坩埚中，先在低温条件下将滤纸灰化，然后在 800 ℃～850 ℃马弗炉中灼烧沉淀物大约 20 min。然后取出坩埚，在空气中稍冷却后，将其移至干燥器中干燥冷却至室温，称重并恒重。

（9）计算试样中的全硫含量。

六、数据记录与处理

将实验数据填入表 6-1。

表 6-1　数据记录表

记录项目	实验序号		
	1	2	空白
$m_{煤样}$/g			—
m_{BaSO_4}/g			
全硫质量分数 $S_{t,ad}$/%			—
全硫质量分数平均值 $\overline{S}_{t,ad}$/%			
$\overline{d}_r$/%			

$$S_{t,ad}=\frac{(m_{BaSO_4}-m_{空白})\times\dfrac{M_S}{M_{BaSO_4}}}{m_{煤样}}\times 100\%$$

式中，$S_{t,ad}$ 为一般分析试样中全硫质量分数，%；$m_{空白}$ 为空白试验的 $BaSO_4$ 质量，g；M_S 为硫的摩尔质量，$g\cdot mol^{-1}$；M_{BaSO_4} 为硫酸钡的摩尔质量，$g\cdot mol^{-1}$。

七、注意事项

（1）必须做空白试验。

（2）沉淀剂 $BaCl_2$ 必须过量；必须在通风下进行半熔，否则煤粒燃烧不完全而使部分硫不能转化为二氧化硫。

(3) 在用水抽提、洗涤时，要求溶液体积不宜过大，以免影响测定结果。

(4) 注意调节溶液酸度，使 CO_3^{2-} 转化为 CO_2 逸出。

(5) 在洗涤过程中，每次吸入蒸馏水前，应将洗液都滤干，这样洗涤效果较好。

(6) 在灼烧前不得残留滤纸，高温炉也应通风。

(7) 灼烧后的 $BaSO_4$ 在干燥器中冷却后应及时称量。

八、实验讨论

(1) 为什么必须在通风条件下进行半熔反应？

(2) 混合物的酸度调节至微酸性的意义是什么？

九、知识链接

煤是构成我国矿物燃料的主体，无论任何种类的煤中均含有硫，只是含量不同。硫的含量作为评价煤的质量和焦炭质量的重要技术指标之一，其测定在煤、焦分析中占有重要的位置。GB/T 214—2007 中明确规定：煤中全硫含量采用艾氏卡法、库仑滴定法、高温燃烧中和法测定。常用的检测方法是艾氏卡法(仲裁法)和库仑滴定法。

十、参考文献

[1] 李厚金，石建新，邹小勇. 基础化学实验[M]. 2 版. 北京：科学出版社，2015.

[2] 南京大学大学化学实验教学组. 大学化学实验[M]. 北京：高等教育出版社，1999.

[3] 蔡明招. 实用工业分析[M]. 广州：华南理工大学出版社，1999.

实验 3 复混肥中钾含量的测定

一、实验目的

(1) 熟悉化肥中钾含量的测定方法。

(2) 掌握沉淀重量法的原理、方法及基本操作。

二、实验原理

复混肥包括复合肥和混合肥。其中，复合肥是指在肥料制造中通过发生化学变化而形成的含有多种营养元素的化合物，而混合肥则是由几种肥料形成的混合物。

钾是肥料的三要素之一，其测定方法有四苯硼酸钠重量法、容量法和火焰光度法。四苯硼酸钠重量法和容量法适用于钾含量较高的肥料分析，火焰光度法一般用于测定微量钾。目前，我国对化肥中钾含量的测定以四苯硼酸钠重量法应用最广，该方法具有测定结果准确的特点，但耗时较长。

在四苯硼酸钠重量法中，加入甲醛溶液以消除试样中铵离子的干扰，加入乙二胺四乙酸二钠(EDTA)溶液以消除其他阳离子的干扰。钾离子与四苯硼酸钠在弱碱性介质中可发生反应并生成四苯硼酸钾沉淀，将沉淀进行过滤、干燥以及称重，根据沉淀的质量计算复混肥中钾的含量，分析结果用 K_2O 的质量分数表示。反应式如下：

$$K^+ + NaB(C_6H_5)_4 = KB(C_6H_5)_4 \downarrow + Na^+$$

三、仪器和试剂

1. 仪器

锥形瓶、容量瓶、烧杯、4 号玻璃坩埚式滤器(或砂芯漏斗)。

2. 试剂

100 g · L^{-1} EDTA 溶液、酚酞指示剂、200 g · L^{-1} NaOH 溶液、37%甲醛溶液、复混肥样品、20 g · L^{-1} 四苯硼酸钠、1.5 g · L^{-1} 四苯硼酸钠洗涤液。

四、基本操作

称量、过滤、滴定。

五、实验步骤

1. 试样溶液的制备

准确称取复混肥样品 2～5 g(含氧化钾约 400 mg)置于 250 mL 锥形瓶中，加入 150 mL 水，加热煮沸 20～40 min，待溶液冷却后将其转移到 250 mL 容量瓶中，定容、混匀并过滤，舍弃最初的滤液(约 50 mL)。

2. 试液处理

吸取上述滤液 25.00 mL 于 250 mL 锥形瓶中，加 100 g · L^{-1} EDTA 溶液 20 mL (含阳离子较多时可加 40 mL)，加 2～3 滴酚酞指示剂，滴加 200 g · L^{-1} NaOH 溶液至刚好出现红色时，再过量 1 mL。加入 37%甲醛溶液 5 mL，摇匀，盖上表面皿，在良好的通风橱内缓慢加热煮沸 15 min，然后冷却，若红色消失，再滴加 NaOH 溶液至红色。

3. 沉淀及过滤

在剧烈摇动下，逐滴滴加 20 g · L^{-1} 四苯硼酸钠沉淀剂(以过量 40%～60%为宜)，滴加完全后继续摇动锥形瓶 1 min，静置 15 min。在 120 ℃条件下恒重 4 号玻璃坩埚式滤器，并以此过滤器过滤沉淀。用 1.5 g · L^{-1} 四苯硼酸钠洗涤液洗涤沉淀 5～7 次，用蒸馏水洗涤 2～3 次，每次用量约 5 mL。

4. 干燥

将盛有沉淀的坩埚置于 120 ℃±5 ℃干燥箱中干燥 1.5 h，取出后置于干燥器内冷却，称重。

六、数据记录与处理

将实验数据填入表 6-2。

表 6-2 数据记录表

记录项目	实验序号		
	1	2	3
$m_{复混肥}/g$			
m_2/g			
m_1/g			
$w_{K_2O}/\%$			
$\overline{w}_{K_2O}/\%$			
$\overline{d}_r/\%$			

样品中钾含量以 K_2O 的质量分数表示，按下式计算：

$$w_{K_2O}=\frac{(m_2-m_1)\times 0.1314}{m_{复混肥}\times\frac{25.00}{250.00}}\times 100\%$$

式中，m_1 为空坩埚质量，g；m_2 为坩埚和四苯硼酸钾沉淀的质量，g；0.131 4 为四苯硼酸钾质量换算为 K_2O 质量的换算因数。

七、注意事项

(1) 试样的采取要均匀并且适量，采样量偏少则测定结果的代表性较差；采样量偏多则不仅会使测定结果偏高，还会增加四苯硼酸钠沉淀剂的加入量，从而增大误差产生的概率。

(2) 处理试液时应严格控制所加氢氧化钠溶液的量。加入氢氧化钠溶液可使溶液中生成氢氧化铵，从而消除溶液中氨的影响，因此氢氧化钠溶液要过量。

(3) 实验中如果使用全新坩埚，需先用 1∶1 盐酸煮沸几分钟，再用水洗净备用。

八、实验讨论

(1) 四苯硼酸钠重量法有哪些特点？适用于哪些肥料中钾的测定？

(2) 测定过程中铵离子有什么干扰？如何消除这种干扰？

九、知识链接

化肥在农业生产中占有重要位置，给农作物施用化肥可增产 40%～60%。中国农民施用化肥多停留在经验施肥的水平上。国内外农化专家普遍认为，在其他生产因素不变的情况下，为减少投入、增加产出、改善地力，获得更好的经济和社会效益，应掌握化肥中氮、磷、钾的含量测定方法，并以此指导施肥。我国现使用国家标准 GB/T 8574—2010 对复混肥料和掺混肥料中钾的含量进行测定。

十、参考文献

[1] 李厚金，石建新，邹小勇. 基础化学实验[M]. 2 版. 北京：科学出版社，2015.

[2] 王萍萍.基础化学实验教程[M].北京：科学出版社，2011.

[3] 北京大学化学系分析化学教学组.基础分析化学实验[M].2 版.北京：北京大学出版社，2003.

实验 4　土壤全磷的测定(分光光度法)

一、实验目的

(1) 掌握并熟练运用分光光度法测定土壤全磷的原理。

(2) 了解土壤磷在作物生长中的作用，对土壤磷肥力营养状况进行评价并合理施肥。

二、实验原理

1. 土壤全磷(P)

土壤全磷(P)是指自然土壤中所包含各种形态磷素的总和。土壤全磷含量的高低受土壤性质、成土作用和耕作施肥等多种因素的影响。土壤中的磷按存在形态可分为无机磷和有机磷两大类。无机磷主要以吸附态和钙、铁、铝等的磷酸盐为主；有机磷组成和结构较为复杂，呈现的形态较多，但大部分以高分子形态存在。

2. 土壤样品的分解($HClO_4$-H_2SO_4 消煮法)

$HClO_4$具有强酸性和强氧化性，能充分氧化有机质，彻底消解土壤中的矿物质。H_2SO_4的作用是提高反应温度，防止待测土壤样品消解过程中溶液蒸干。需指出的是，本法作用于一般土壤样品消解率可达 97%～98%，但对红壤性土壤消解率只有 95%左右。

3. 溶液中磷的测定(钼锑抗-硫酸比色法)

采用钼锑抗-硫酸体系测定。一定酸度下，正磷酸与钼酸盐配位形成磷钼杂多酸，反应式如下：

$$H_3PO_4 + 12H_2MoO_4 = H_3[PMo_{12}O_{40}] + 12H_2O$$

此体系试剂成分：钼酸铵浓度为 10 g · L^{-1}，H_2SO_4浓度为 5.5 mol · L^{-1}(H^+)，抗坏血酸浓度为 1.5 g · L^{-1}，酒石酸锑钾浓度为 0.5 g · L^{-1}。在样品磷含量较低时，一般采用测试结果更灵敏的钼蓝法，即在适宜试剂浓度下，加入一定量还原剂，使磷钼酸中的部分 Mo^{6+} 被还原为 Mo^{5+}，生成钼蓝，这是钼蓝比色法的基础。蓝色产生的强度、速度、稳定性等与采用的还原剂种类、试剂浓度、酸度以及干扰离子等因素有关。

抗坏血酸之所以作为还原剂，是因其能与 Fe^{3+} 配位，保持溶液的氧化还原势。添加的催化剂酒石酸锑钾能在常温下加速显色，提高反应灵敏度，简化操作手续，使该方法有利于大批量样品分析。

三、仪器和试剂

1. 仪器

土壤样品粉碎机、土壤筛、分析天平、镍(或银)坩埚、高温电炉、722 型分光光度计、容量瓶、移液管、漏斗、烧杯、研钵、无磷定性滤纸等。

2. 试剂

氢氧化钠、磷酸二氢钾、磷标准溶液(5 $mg \cdot L^{-1}$)、碳酸钠(10%)、无水乙醇、硫酸(3 $mol \cdot L^{-1}$,5%)、二硝基酚指示剂(0.2%)、钼锑抗试剂等。

四、基本操作

称量、溶解、定容、移液、分光光度计的使用。

五、实验步骤

1. 土壤样品制备

取风干后的待测土壤样品,用 1 mm 孔径筛筛选后,均匀铺开于牛皮纸上,划分为若干小方格。从每块方格中称取等量土样,进一步研磨,直至全部通过 0.149 mm 孔径筛,收集备用。

2. 熔样

称取自备样品 0.250 0±0.001 0 g,放入镍(或银)坩埚底部,切勿粘壁。加 3～4 滴无水乙醇润湿样品,再将 2 g 氢氧化钠平铺在样品上。将装有样品的坩埚放入高温电炉,升温至 400 ℃,关闭电源,15 min 后继续升温至 720 ℃,保温 15 min,取出冷却。加入 80 ℃水 10 mL,溶解熔块,定量转移至 100 mL 容量瓶内,用 3 $mol \cdot L^{-1}$ 硫酸溶液 10 mL 和水多次洗涤坩埚,洗涤液亦转入容量瓶内。待溶液冷却后定容至 100 mL。用无磷定性滤纸过滤或离心,同时做空白试验。

3. 标准曲线绘制

用移液管精确移取 5 $mg \cdot L^{-1}$ 磷标准溶液 0 mL、2 mL、4 mL、6 mL、8 mL、10 mL 于 50 mL 容量瓶中,同时加入与待测样品溶液等体积的空白溶液,滴加 2～3 滴二硝基酚指示剂。用 10% 碳酸钠或 5% 硫酸溶液调节样品至恰好显微黄色,用吸量管准确加入 5.00 mL 钼锑抗显色剂,加水定容,摇匀,即得含磷量为 0.0、0.2 $mg \cdot L^{-1}$、0.4 $mg \cdot L^{-1}$、0.6 $mg \cdot L^{-1}$ 等系列标准溶液。室温(15 ℃以上)下静置 30 min,波长选择 700 nm,测定其吸光度。以磷浓度($mg \cdot L^{-1}$)为横坐标,吸光度为纵坐标,绘制得到校准曲线。

4. 样品中磷含量的定量

显色:准确移取待测样品 2～10 mL(含磷 0.04～1.0 μg)于 50 mL 容量瓶中,加水稀释至总体积 3/5。滴加 2～3 滴二硝基酚指示剂,用 10% 碳酸钠或 5% 硫酸溶液调节样品溶液至刚显微黄色。精确加入钼锑抗显色剂 5 mL,摇匀,加水定容。室温(15 ℃以上)下静置 30 min,备用。

比色:将待测样品溶液放入分光光度计,选用波长 700 nm、1 cm 光径比色皿,以空白试验为参比液标定仪器零点,进行比色测定,读取吸光度。从校准曲线上得到对应的含磷量。

六、数据记录与处理

将实验数据填入表 6-3。

表 6-3 数据记录表

记录项目	样品溶液 V/mL	干土质量 m/g	吸取滤液体积 V_1/mL	显色溶液体积 V_2/mL	A_{700nm}			A_{700} 均值	待测液中磷的质量浓度 $\rho/(\mu g \cdot mL^{-1})$
					1	2	3		
实验组									

$$土壤全磷(P)量(g \cdot kg^{-1}) = c \times \frac{V}{m} \times \frac{V_1}{V_2} \times 10^{-3} \times \frac{100}{100-H}$$

式中,c 为校准曲线上查得的待测样品溶液中磷的含量,$\mu g \cdot mL^{-1}$;m 为称样量,g;V 为样品熔融后的定容体积,mL;V_1 为样品熔样定容后分取的体积,mL;V_2 为显色溶液定容体积,mL;10^{-3} 为将 μg 数换算为每 kg 土壤中含磷数(g)的换算因数;$\frac{100}{100-H}$ 为将风干土变换为烘干土的转换因数;H 为风干土壤样品中水分含量百分数。

七、注意事项

(1) 称样量要适当,过多则在计算土壤全磷含量时结果会偏小,使得平行样出现不平行的情况;样品量过少则容易导致测定数值偏大。

(2) 消煮时间一般在 45~60 min,时间过长或过短都会影响最终的测定结果。

(3) 定容浓度注意不要超过标线。

(4) 显色时间:一定要显色完全,一般为 30 min。

(5) 显色温度:15 ℃以上放置 30 min。

八、实验讨论

(1) 全磷测定过程中主要干扰有哪些?

(2) 相应干扰排除措施是什么?

(3) 二硝基酚指示剂加入的目的是什么?

(4) 为什么在消煮瓶口上加一个小漏斗?

(5) 消煮液的转移定容要注意什么?

九、知识链接

土壤中磷素含量高低对自然和农业系统所产生的影响仅次于氮素，远高于其他元素。从磷素的总体肥力水平看，自然界土壤磷素缺乏问题是全球面临的问题。如果土壤全磷含量低于作物生长的正常需要，则作物就极易缺磷；但是如果土壤磷素含量较高，则容易导致大量的有效磷进入水体造成水体污染，从而产生环境灾难。因此，探究精确、高效的土壤磷含量测试方法无论是对农业增产还是对生态环境保护都具有十分重要的意义。

十、参考文献

[1] 林大仪. 土壤学实验指导[M]. 北京：中国林业出版社，2004.

[2] 黄昌勇，徐建明. 土壤学[M]. 3 版. 北京：中国农业出版社，2010.

[3] 陈建勋，王晓峰. 植物生理学实验指导[M]. 广州：华南理工大学出版社，2015.

[4] 王豁，郑雅芬. 比色法测定土壤全磷中铁的干扰的消除[J]. 土壤通报，1964(2)：60.

[5] 鲍士旦. 土壤农化分析[M]. 3 版. 北京：中国农业出版社，2000.

实验 5　离子交换树脂交换容量的测定

一、实验目的

(1) 加深对离子交换基本理论的理解。

(2) 掌握离子交换树脂容量的测定方法。

二、实验原理

离子交换是一种特殊的固体吸附过程，它是由离子交换剂在电介质溶液中进行的。一般的离子交换剂是一种不溶于水的固体颗粒状物质，它能够从电介质溶液中吸取某种阳离子或阴离子，而把本身所含的另一种相同电荷符号的离子等当量地交换，释放到溶液中去。按照所交换的离子的种类，离子交换可以分为阳离子交换和阴离子交换两大类。

阳离子交换树脂以钠离子(钠型)或氢离子(氢型)置换溶液中的阳离子，从而将其去除掉。置换反应为：

钠型：$Na_2R + M^{2+} \longrightarrow MR + 2Na^+$

氢型：$H_2R + M^{2+} \longrightarrow MR + 2H^+$

其中，R 表示树脂基团，M^{2+} 表示阳离子。

阴离子置换反应：

$$R(OH)_2 + A^{2-} \longrightarrow RA + 2OH^-$$

阳离子交换能力大小：$Fe^{3+}>Al^{3+}>Ca^{2+}>Mg^{2+}>K^{+}>NH^{+}>Na^{+}>H^{+}>Li$。

阴离子交换能力大小：草酸根离子>柠檬酸根离子>$PO_4^{3-}>SO_4^{2-}>Cl^{-}>NO_3^{-}$。

实际上废水中通常含有多种阳离子和阴离子，实际交换过程复杂得多。

树脂性能的测定目前尚无统一规定，可根据需要对物理性状和化学性状进行测定。在应用中，用树脂的交换容量表示可交换的离子量，是树脂的重要技术指标。树脂的交换容量又分为全交换容量、平衡交换容量和工作交换容量。

本实验中测定的是实际工作交换容量。

三、仪器和试剂

1. 仪器

烧杯、容量瓶、移液管、锥形瓶、碱式滴定管等。

2. 试剂

阳离子交换树脂、1 mol·L^{-1} $CaCl_2$溶液、0.1 mol·L^{-1} HCl溶液、0.1 mol·L^{-1} NaOH标准溶液、1%酚酞试剂。

3. 材料

滤纸、pH试纸等。

四、基本操作

搅拌、滴定。

五、实验步骤

(1) 在加有3 g阳离子交换树脂的烧杯中加入300 mL HCl溶液，剧烈搅拌10 min，使树脂酸化完全、充分。

(2) 将上述混合物过滤，使阳离子交换树脂留在滤纸上，并用蒸馏水冲洗。

(3) 将带有阳离子交换树脂的漏斗插在容量瓶上，用$CaCl_2$溶液进行离子交换。用pH试纸测其滴下的滤液，当pH=6～7时，停止加入$CaCl_2$溶液。

(4) 将容量瓶中的滤液用水稀释至1 000 mL，且混合均匀。

(5) 用移液管移取50 mL稀释后的滤液于锥形瓶中，加入1～2滴酚酞试剂，用NaOH标准溶液标定。当溶液变红时停止滴定，记录所用NaOH溶液的体积。(该步骤重复3次，取3次所用NaOH溶液体积的平均值)

六、数据记录与处理

1. 数据记录

将实验数据填入表6-4。

表 6-4 数据记录表

记录项目	实验序号			平均值
	1	2	3	
滤液体积/mL				
NaOH 溶液体积/mL				

2. 计算交换容量

$$\text{交换容量 } E(\text{mg/g})=\frac{cV}{W}\times M_{\text{NaOH}}$$

其中，c 为 NaOH 溶液的浓度（$\text{mol}\cdot\text{L}^{-1}$），$V$ 为 NaOH 溶液的用量(mL)，W 为树脂质量(g)，M_{NaOH} 为 NaOH 的摩尔质量（$\text{g}\cdot\text{mol}^{-1}$）。

七、实验讨论

(1) 什么是离子交换树脂的交换容量？

(2) 为什么树脂层不能存在气泡？若有气泡如何处理？

(3) 怎样预处理树脂？怎样装柱？应分别注意什么问题？

八、知识链接

离子交换树脂是带有官能团（有交换离子的活性基团）、具有网状结构的不溶性高分子化合物，在水处理、食品工业、制药行业、合成化学和石油化学工业、环境保护及湿法冶金等方面有着广泛的应用。

九、参考文献

[1] 王方. 当代离子交换技术[M]. 北京：化学工业出版社，1993.

[2] 何炳林，黄文强. 离子交换与吸附树脂[M]. 上海：上海科技教育出版社，1995.

实验 6　海带中碘的提取及含量测定

一、实验目的

(1) 熟悉萃取、减压抽滤等基本操作。

(2) 掌握碘量法测定海带中碘含量的实验原理和方法。

二、实验原理

海带中的碘主要以碱金属碘化物和有机碘化物形式存在。利用灰化法将海带中的碘元素转化为 I^- 的形式，再用蒸馏水浸取过滤，得到含有 I^- 的溶液。用过量溴水氧化 I^-，I^- 被氧化为 IO_3^-（过量的溴可以煮沸除去）。然后在酸性条件下，加入过量的 KI 与 IO_3^- 反应生成 I_2，最后用 $Na_2S_2O_3$ 标准溶液滴定。

所涉及的化学反应如下：

$$I^- + 3Br_2 + 3H_2O \xlongequal{} IO_3^- + 6Br^- + 6H^+$$

$$IO_3^- + 5I^- + 6H^+ \xlongequal{} 3I_2 + 3H_2O$$

$$I_2 + 2S_2O_3^{2-} \xlongequal{} 2I^- + S_4O_6^{2-}$$

三、仪器和试剂

1. 仪器

烧杯、量筒、锥形瓶、碱式滴定管、表面皿、玻璃棒、漏斗、酒精灯、瓷坩埚、胶头滴管、电子天平、铁架台、泥三角、滴定管夹。

2. 试剂

海带、蒸馏水、1.0 mol·L^{-1}硫酸溶液、0.10 mol·L^{-1} KI 溶液、1%淀粉指示剂、0.01 mol·L^{-1}$Na_2S_2O_3$标准溶液、饱和溴水溶液。

3. 材料

滤纸、火柴。

四、基本操作

萃取、抽滤、滴定。

五、实验步骤

1. 海带中碘的提取

将市售海带洗净、烘干、粉碎。准确称取 5 g 左右海带样品，转入坩埚中，于酒精灯上完全灼烧至灰白色海带灰，冷却后转移至烧杯中，依次加 30 mL、20 mL、10 mL 蒸馏水浸取熬煮，每次浸取后抽滤。将滤液和浸取液一并转入锥形瓶中。

2. 氧化

向锥形瓶中加入适量 1.0 mol·L^{-1}硫酸溶液和饱和溴水溶液，振荡摇匀，此时溶液仍呈淡黄色。加热煮沸，淡黄色消失，随后继续加热 2 min，冷却至室温。加入5 mL 1 mol·L^{-1}硫酸溶液和 10 mL 0.10 mol·L^{-1} KI 溶液，摇匀后盖上表面皿，于阴暗处静置 10 min。

3. 海带中碘含量的分析

用 0.01 mol·L^{-1} $Na_2S_2O_3$ 标准溶液滴定至溶液由橙黄色变为浅黄色时，加入 2 mL 1%淀粉指示剂，摇匀后，继续滴定至溶液蓝色恰好消失，即为终点。平行测定三次，计算海带中碘的含量。

六、数据记录与处理

将实验数据填入表 6-5。

表 6-5 数据记录表

记录项目	实验序号		
	1	2	3
$m_{试样}$/g			
$c_{Na_2S_2O_3}$/(mol·L^{-1})			
$V_{Na_2S_2O_3,初}$/mL			
$V_{Na_2S_2O_3,终}$/mL			
$V_{Na_2S_2O_3}$/mL			
$\rho_{碘}$/(g·mL^{-1})			
$\bar{\rho}_{碘}$/(g·mL^{-1})			
$\bar{d}_r$/%			

七、实验讨论

(1) 为什么要将海带进行灼烧？灼烧后海带中的碘主要以何种形式存在？

(2) 海带样品溶液中锰离子的存在对碘的测定有无影响？为什么？

(3) 如何配制和保存 $Na_2S_2O_3$ 溶液？

(4) 用 $Na_2S_2O_3$ 标准溶液滴定样品溶液时，淀粉指示剂应何时加入？为什么？

八、知识链接

碘是人体的必需微量元素之一，健康成人体内碘的总量约为 30 mg(20～50 mg)，其中 70%～80%存在于甲状腺。甲状腺激素在促进人体的生长发育、维持机体的正常生理功能等方面起着十分重要的作用，人体中缺乏碘时会引起多种疾病。海带是含碘比较丰富的食品，目前测定海带中碘质量分数的方法有很多，概括起来可分为容量分析法、离子选择电极法、分光光度法、电化学法、中子活化法、ICP 光谱法、质谱法等。

九、参考文献

[1] 邱小香. 碘量法测定海带中碘的含量[J]. 信阳农业高等专科学校学报，2010，20(1)：120-121.

[2] 任红艳，程萍，李广洲. 化学教学论实验[M]. 3 版. 北京：科学出版社，2015.

实验 7　工业废水中化学需氧量的测定

一、实验目的

(1) 掌握酸性重铬酸钾法测定化学需氧量的原理和技术。

(2) 了解测定 COD 的意义。

二、实验原理

化学需氧量(COD)是指用适当氧化剂处理水样时,水样中需氧污染物所消耗的氧化剂的量,通常以相应的氧量(单位为 $mg \cdot L^{-1}$)来表示。COD 是表示水体或污水污染程度的重要综合性指标之一,是环境保护和水质控制中经常需要测定的项目。COD 数值越高,说明水体污染越严重。COD 的测定方法包括酸性高锰酸钾法、碱性高锰酸钾法和重铬酸钾法,本实验采用重铬酸钾法。具体方法为:在强酸性溶液中,准确加入过量的重铬酸钾标准溶液,加热回流,将水样中还原性物质(主要是有机物)氧化,过量的重铬酸钾以试亚铁灵作指示剂,用硫酸亚铁铵标准溶液回滴,根据所消耗的重铬酸钾标准溶液量计算水样的化学需氧量。

三、仪器和试剂

1. 仪器

回流装置、加热装置(电炉)、滴定管、锥形瓶、移液管、容量瓶等。

2. 试剂

重铬酸钾标准溶液($1/6\ K_2Cr_2O_7 = 0.250\ 0\ mol \cdot L^{-1}$)、试亚铁灵指示剂(1.458 g 邻菲罗啉、0.695 g 硫酸亚铁溶于 100 mL 水中)、$0.1\ mol \cdot L^{-1}$ 硫酸亚铁铵标准溶液、硫酸-硫酸银溶液(5 g 硫酸银加入 500 mL 浓硫酸中,放置 1～2 天,不时摇动使其溶解)、硫酸汞固体。

四、基本操作

溶液的配制、滴定、回流。

五、实验步骤

(1) 取 20 mL 混合均匀的水样置于 250 mL 磨口的回流锥形瓶中,准确加入 10.00 mL重铬酸钾标准溶液及数粒洗净的玻璃珠或沸石,连接磨口回流冷凝管,从冷凝管上口慢慢加入 30 mL 硫酸-硫酸银溶液,轻轻摇动锥形瓶使溶液混匀,加热回流 2 h(从溶液沸腾开始计时)。

(2) 冷却后用 90 mL 水从上部慢慢冲洗冷凝管壁,取下锥形瓶。溶液总体积不得低于 140 mL,否则因酸度太大,滴定终点不明显。

(3) 溶液再度冷却后,加 3 滴试亚铁灵指示剂,用硫酸亚铁铵标准溶液滴定,溶液的颜色由黄色经蓝绿色至红褐色即为终点，记录硫酸亚铁铵标准溶液的用量。

(4) 测定水样的同时，以 20.00 mL 重蒸馏水按同样步骤做空白试验，记录滴定空白时硫酸亚铁铵标准溶液的用量。

六、数据记录与处理

1. 数据记录

将实验数据填入表 6-6。

表 6-6 数据记录表

记录项目	实验序号		
	1	2	3
$c[(NH_4)_2FeSO_4]/(mol \cdot L^{-1})$			
$V_{试液}/mL$			
$V_{0,终}/mL$			
$V_{0,初}/mL$			
$V_{1,终}/mL$			
$V_{1,初}/mL$			
COD_{Cr}			
$\overline{COD_{Cr}}$			
$\bar{d}_r/\%$			

2. 数据处理

$$COD_{Cr}(O_2, mg \cdot L^{-1}) = \frac{(V_0 - V_1) \cdot c \times 8 \times 1\,000}{V}$$

式中，c 为硫酸亚铁铵标准溶液的浓度$(mol \cdot L^{-1})$，V_0 为滴定空白时硫酸亚铁铵标准溶液用量(mL)，V_1 为滴定水样时硫酸亚铁铵标准溶液用量(mL)，V 为水样的体积(mL)，8 为氧(1/2 O)的摩尔质量$(g \cdot mol^{-1})$。

七、注意事项

(1) 对于化学需氧量小于 $50\ mg \cdot L^{-1}$ 的水样，应改用 $0.025\,00\ mol \cdot L^{-1}$ 重铬酸钾标准溶液，回滴时用 $0.01\ mol \cdot L^{-1}$ 硫酸亚铁铵标准溶液。

(2) 水样加热回流后，溶液中重铬酸钾剩余量以加入量的 1/5～4/5 为宜。

(3) 回流冷凝管不能用软质乳胶管，否则容易老化、变形且冷却水不通畅。

(4) 滴定时不能剧烈摇动锥形瓶，瓶内试液不能溅出水花，否则影响测定结果。

八、实验讨论

(1) 哪些因素可以影响 COD 的鉴定结果？为什么？

(2) 可以采用哪些方法避免废水中 Cl^- 对测定结果的影响？

九、知识链接

化学需氧量是水质监测分析最常测定的项目，是评价水体污染的重要指标之一。对于工业废水的研究及污水处理厂效果评价来说，它是一个重要而相对易得的参数，表示水中还原性物质的多少。测定化学需氧量的标准方法有高锰酸钾法和重铬酸钾法，国家环保局颁发的《环境监测技术规范》规定：饮用水、水源地、地表水采用高锰酸钾法，工业废水、污染源采用重铬酸钾法。

十、参考文献

[1] 李厚金，石建新，邹小勇. 基础化学实验[M]. 2 版. 北京：科学出版社，2015.

[2] 南京大学大学化学实验教学组. 大学化学实验[M]. 北京：高等教育出版社，1999.

[3] 北京大学化学系分析化学教学组. 基础分析化学实验[M]. 2 版. 北京：北京大学出版社，2003.

实验 8　高锰酸盐指数的测定

一、实验目的

(1) 掌握酸性高锰酸钾法测定化学需氧量的原理和操作。

(2) 熟悉酸性高锰酸钾法实验条件的选择依据。

(3) 了解水环境污染与高锰酸盐指数之间的关系。

二、实验原理

高锰酸盐指数是水体受还原性物质污染程度的综合指标，以氧的 $mg \cdot L^{-1}$ 来表示。在一定条件下，水样中加入过量的高锰酸钾和硫酸，并在沸水浴中加热反应一定的时间，过量的高锰酸钾通过滴加草酸钠溶液进行还原，再滴加高锰酸钾溶液回滴过量的草酸钠，通过计算得到高锰酸盐指数值。反应方程式如下：

$$MnO_4^- + 8H^+ + 5e^- \longrightarrow Mn^{2+} + 4H_2O$$

$$2MnO_4^- + 5C_2O_4^{2-} + 16H^+ \longrightarrow 2Mn^{2+} + 10CO_2 + 8H_2O$$

三、仪器和试剂

1. 仪器

电子天平、仪器沸水浴装置、锥形瓶、滴定管、定时钟。

2. 试剂

0.01 $mol \cdot L^{-1}$ 高锰酸钾溶液、0.010 00 $mol \cdot L^{-1}$ 草酸钠标准溶液、硫酸溶液(1∶3)。

四、基本操作

溶液的配制、滴定。

五、实验步骤

(1) 混匀水样，移取 100 mL 置于 250 mL 锥形瓶中，加入 5 mL 硫酸(1∶3)，混匀。

(2) 向锥形瓶中加入 10.00 mL 0.01 mol·L^{-1}高锰酸钾溶液，摇匀并将其立即放入沸水浴中加热 30 min(自水浴中水沸腾起开始计时)，反应溶液的液面高度要低于沸水浴液面高度。

(3) 取下锥形瓶，趁热加入 10.00 mL 0.010 00 mol·L^{-1}草酸钠标准溶液，摇匀，立即用 0.01 mol·L^{-1}高锰酸钾溶液滴定至呈微红色，反应中消耗的高锰酸钾溶液体积记为 V_1(mL)。

(4) 高锰酸钾溶液浓度的标定：将上述已滴定完毕的溶液加热至约 70 ℃，准确加入 10.00 mL 0.010 00 mol·L^{-1}草酸钠标准溶液，再用 0.01 mol·L^{-1}高锰酸钾溶液滴定至呈现微红色，记录高锰酸钾溶液的消耗量，按照下式求得高锰酸钾溶液的校正系数(K)：

$$K=\frac{10.00}{V}$$

式中，V 为高锰酸钾溶液消耗量(mL)。

若水样经过稀释，应同时另取 100 mL 水，同水样操作步骤进行空白试验。

六、数据记录与处理

1. 数据记录

略。

2. 数据处理

(1) 水样不经稀释：

$$\text{高锰酸盐指数}(O_2,\text{mg}\cdot L^{-1})=\frac{[(10.00+V_1)K-10.00]\times c_{Na_2C_2O_4}\times 8\times 1\,000}{100.0}$$

式中，K 为校正系数，V_1为滴定水样时高锰酸钾溶液的消耗量(mL)，8 为氧(1/2 O)的摩尔质量(g·mol^{-1})。

(2) 水样经稀释：

$$\text{高锰酸盐指数}(O_2,\text{mg/L})=\frac{\{[(10.00+V_1)K-10.00]-[(10.00+V_0)K-10.00]f\}\times c_{Na_2C_2O_4}\times 8\times 1\,000}{V}$$

式中，V_0为空白试验中高锰酸钾溶液的消耗量(mL)，V 为分取水样量(mL)，f 为稀释的水样中含水的比值。例如，10.00 mL 水样，加入 90.00 mL 水稀释至 100 mL，则 $f=0.90$。

七、注意事项

(1) 高锰酸钾法测定高锰酸盐指数实验为条件严格的实验，测定过程中应该严格按照规定的条件进行规范操作，否则实验结果无法进行比较分析。

(2) 在酸性条件下，草酸钠和高锰酸钾的反应温度应保持在 70 ℃～85 ℃，所以滴定操作必须趁热进行；若溶液温度过低，则需适当加热。

八、实验讨论

(1) 哪些因素可以影响高锰酸盐指数的测定结果？为什么？

(2) 若水样中 Cl^- 的浓度大于 300 mg・L^{-1}，应如何消除干扰进行测定？

九、知识链接

以高锰酸钾溶液为氧化剂测得的化学耗氧量(以氧的 mg・L^{-1}来表示)在我国新的环境水质标准中已把该值称为高锰酸盐指数，而将酸性重铬酸钾法测得的值称为化学需氧量。国际标准化组织(ISO)建议高锰酸钾法仅限于测定地表水、饮用水和生活污水，不适用于测定工业废水。高锰酸钾法的测定结果较重铬酸钾法更符合客观实际。

十、参考文献

[1] 李厚金，石建新，邹小勇. 基础化学实验[M]. 2 版. 北京：科学出版社，2015.

[2] 南京大学大学化学实验教学组. 大学化学实验[M]. 2 版. 北京：高等教育出版社，1999.

[3] 北京大学化学系分析化学教学组. 基础分析化学实验[M]. 2 版. 北京：北京大学出版社，2003.

实验 9 工业乙醇中醛含量的测定

一、实验目的

(1) 掌握工业乙醇中醛含量测定的方法和原理。

(2) 掌握显色操作技能。

二、实验原理

乙醇是应用最广泛的一种醇，因其具有较为活泼的性质和广泛的溶解度，是有机合成的重要原料，可用于印刷、电子、五金、香料、化工合成等方面，也是农药、医药生产中的重要原料之一。

工业乙醇又称工业酒精，国家标准 GB/T 394.2—2008 将碘量法与比色法列为酒精通用分析方法中的标准分析方法，其中碘量法为仲裁分析方法，其原理为：酒精中的醛与 $NaHSO_3$ 发生加成反应，生成 α-羟基磺酸钠，剩余的 $NaHSO_3$ 与已知过量的 I_2 作用，其反应式为：

$$R—CHO + NaHSO_3 = R—CH(OH)(SO_3Na)$$

$$NaHSO_3 + I_2 + H_2O = NaHSO_4 + 2HI$$

加入过量的 $NaHCO_3$，使加成物 α-羟基磺酸钠发生分解，醛重新游离出来：

$$R—CH(OH)(SO_3Na) + 2NaHCO_3 = R—CHO + NaHSO_3 + Na_2CO_3 + CO_2\uparrow + H_2O$$

用碘标准溶液滴定分解释放出来的 $NaHSO_3$，便可以测出乙醇中的醛含量。

三、仪器和试剂

1. 仪器

滴定管、容量瓶、锥形瓶、碘量瓶、移液管、电子天平、托盘天平。

2. 试剂

$K_2Cr_2O_7$(s)、KI(s)、0.2 mol·L^{-1} $Na_2S_2O_3$溶液、0.1 mol·L^{-1} HCl 溶液、1 mol·L^{-1} $NaHCO_3$溶液、0.1 mol·L^{-1}碘标准溶液、0.01 mol·L^{-1}碘标准溶液、1%淀粉指示剂、12 g·L^{-1} $NaHSO_3$溶液。

四、基本操作

称量、定容、移取、滴定。

五、实验步骤

1. 配制 0.2 mol·L^{-1} $Na_2S_2O_3$溶液与 0.1 mol·L^{-1}碘标准溶液各 500 mL

见第五章实验 12 和第五章实验 14。

2. $Na_2S_2O_3$溶液的标定

见第五章实验 12。

3. 碘标准溶液的标定

准确移取 25.00 mL 配制好的碘标准溶液，置于碘量瓶中，加 50 mL 水，用 0.2 mol·L^{-1} $Na_2S_2O_3$溶液滴定至近终点(溶液呈现微黄色)时，加入 3～5 mL 淀粉指示剂，继续滴定至溶液蓝色消失。平行测定 3 次，计算碘溶液的准确浓度。

4. 工业乙醇中醛含量的测定

用移液管移取 25.00 mL 工业乙醇试液于 250 mL 碘量瓶中，加入 15 mL 去离子水、25 mL $NaHSO_3$溶液、12 mL HCl 溶液，摇匀，于暗处放置 30 min，其间时常摇动。取出，用 50 mL 水稀释，以 0.1 mol·L^{-1}碘标准溶液滴定至近终点，加入 1 mL 淀粉指示剂，改用 0.01 mol·L^{-1}碘标准溶液滴定至溶液颜色变为浅蓝紫色(以上所消耗标准溶液体积均不计数)。加入 33 mL $NaHCO_3$溶液，微开碘量瓶塞，摇荡瓶身半分钟，至溶液呈现无色，继续用 0.01 mol·L^{-1}碘标准溶液滴定至蓝紫色即为终点，记录数据。平行测定3次，计算工业乙醇试液中醛的含量。

六、数据记录与处理

将实验数据填入表6-7。

表6-7　数据记录表

记录项目	实验序号		
	1	2	3
$V_{试液}$/mL			
V_1/mL			
V_2/mL			
醛的含量/($mg \cdot L^{-1}$)			
醛含量的平均值/($mg \cdot L^{-1}$)			
相对平均偏差/%			

$$总醛=\frac{c(V_1-V_2)\times 44.05}{V_{试液}}(g \cdot L^{-1})$$

其中，c为碘标准溶液的浓度($mol \cdot L^{-1}$)，V_1为试样消耗碘标准溶液的体积(mL)，V_2为空白消耗碘标准溶液的体积(mL)，$V_{试液}$为试样的体积(mL)，44.05为乙醛的摩尔质量($g \cdot mol^{-1}$)。

七、注意事项

(1) 碘量法测定工业乙醇中醛含量时，液温一般不应低于25 ℃。

(2) 淀粉指示剂在乙醇溶液中随着含醇量的增加，显色灵敏度逐渐降低，当乙醇在水溶液中的含量高于50%时，淀粉指示剂不显蓝色，故在测定中需加水稀释试液以降低乙醇含量，从而提高淀粉的显色灵敏度。

(3) 由于光线能促进I^-的氧化，故在以碘标准溶液滴定过程中，应注意避光；另外，I^-在酸性溶液中易被空气中的氧所氧化，故在滴定时不宜剧烈振摇溶液，以减少被滴定液与空气的接触而加速空气对碘的氧化。

八、实验讨论

(1) 本实验中影响工业乙醇中醛测定准确性的因素有哪些？

(2) 加入$NaHCO_3$的作用是什么？是否可以不加入？

九、知识链接

1. 性状及用途

工业酒精，又称变性酒精、工业火酒，其纯度一般为95%和99%，主要用于印刷、电子、五金、香料、化工合成、医药合成等方面，也可用作清洗剂、溶剂，应用很广泛。

2. 标准

工业用乙醇应符合 GB/T 6820—2016《工业用乙醇》中的相关规定，见表 6-8。

表 6-8 技术指标

项 目	技术指标				
	95.0%乙醇		99.5%乙醇		
	优等品	一等品	合格品	优等品	一等品
色度/Hazen 单位(铂-钴色号)≤	5		10	5	
乙醇含量，φ/%≥	96.0	95.0		99.9	99.5
水分，w/%≤	—			0.10	0.50
酸含量(以乙酸计)/($mg \cdot L^{-1}$)≤	10	20	30	10	20
醛含量(以乙醛计)/($mg \cdot L^{-1}$)≤	10	15	20	10	15
甲醇/($mg \cdot L^{-1}$)≤	100	150	200	50	
异丙醇/($mg \cdot L^{-1}$)≤	50	100	150	200	
正丙醇/($mg \cdot L^{-1}$)≤	100	150	200	50	
乙酸酯①/($mg \cdot L^{-1}$)≤	100	200	—	200	
C4+C5 醇②($mg \cdot L^{-1}$)≤	20	50		20	50
高锰酸钾氧化时间/min≥	25	20	15	20	5
蒸发残渣($mg \cdot L^{-1}$)≤	20	25	30	20	25
硫酸试验色度/号≤	10	30	80	20	30
水混溶性试验	通过试验(1+9)	通过试验(1+19)	—	通过试验(1+9)	

注：① 乙酸酯指乙酸乙酯、乙酸异丙酯等酯类。
② C4+C5 醇指 2-丁醇、异丁醇、异戊醇、正戊醇等。

十、参考文献

[1] GB/T 6820—2016，工业用乙醇[S]. 北京：中国标准出版社，2016.

[2] GB/T 394.2—2008，酒精通用分析方法[S]. 北京：中国标准出版社，2008.

实验 10 硅酸盐水泥中氧化铁含量的测定

一、实验目的

(1) 熟悉测定硅酸盐中氧化铁含量的原理和方法。

(2) 进一步掌握配位滴定法的原理，特别是控制试液的酸度、温度及选择适当的掩蔽剂和指示剂等。

(3) 掌握水浴灼烧、熔融、加热、洗涤等操作技术。

二、实验原理

硅酸盐是硅、氧与其他化学元素(主要是铝、铁、钙、镁、钾、钠等)结合而成的化合物的总称,可分为天然硅酸盐和人造硅酸盐。天然硅酸盐在地壳中分布极广,是构成多数岩石和土壤的主要成分;同时由于其高熔点和稳定的化学性质,也是硅酸盐工业的主要原料。人造硅酸盐是以天然硅酸盐为原料,经加工而制得的工业产品,如水泥、陶瓷、玻璃和耐火材料等。硅酸盐制品和材料广泛应用于各种工业、科学研究及日常生活中。

普通硅酸盐水泥熟料主要由 CaO(62%～67%)、SiO_2(20%～24%)、Al_2O_3(4%～7%)、Fe_2O_3(2.5%～6%)组成,另外还含少量 MgO、SO_3、TiO_2 等氧化物。硅酸盐水泥中Fe_2O_3含量的测定方法有很多,目前常用的是 EDTA 滴定法(GB/T 176—2008 中规定的基准法)、重铬酸钾滴定法、原子吸收分光光度法和邻菲罗啉分光光度法(GB/T 176—2008 中规定的代用法);样品中铁含量很低时,可采用邻菲罗啉分光光度法或磺基水杨酸钠分光光度法等。

在较强的酸度条件下,EDTA 与 Fe^{3+} 具有很强的配位能力,生成稳定的配合物。使用磺基水杨酸钠作为指示剂,EDTA 能够直接快速滴定 Fe^{3+}。在 pH 为 1.8～2.0 的溶液中,以磺基水杨酸钠为指示剂,用 EDTA 标准溶液直接滴定溶液中的 Fe^{3+},反应如下:

$$Fe^{3+} + Sal^{2-}(\text{磺基水杨酸根离子}) = FeSal^{+}(\text{紫红色})$$

$$FeSal^{+} + H_2Y^{2-} = FeY^{-}(\text{黄色}) + Sal^{2-}(\text{无色}) + 2H^{+}$$

终点时溶液由紫红色变为亮黄色。试样中 Fe_2O_3 含量越高,黄色越深;Fe_2O_3 含量低时呈浅黄色,甚至近于无色。溶液中含有大量 Cl^- 时,FeY^- 与 Cl^- 生成黄色更深的配合物,所以在盐酸介质中滴定比在硝酸介质中滴定可以得到更明显的终点。

三、仪器和试剂

1. 仪器

马弗炉、银坩埚(20～30 mL)、电子天平、容量瓶、滴定管等。

2. 试剂

硝酸、氨水(1∶1)、盐酸(1∶1、1∶5)、NaOH(s) 100 g·L^{-1}磺基水杨酸钠指示剂溶液、0.015 mol·L^{-1} EDTA 标准溶液。

四、基本操作

称量、灼烧、定容、移取、滴定。

五、实验步骤

1. 试样的处理

称取 0.5 g 试样于银坩埚中,加入 6～7 g NaOH,盖上坩埚盖(留有缝隙),放入马弗炉中，从低温升起，在 650 ℃～700 ℃的高温下熔融 20 min，其间取出摇动一次。然后取出冷却，将坩埚放入已盛有约 100 mL 沸水的烧杯中，盖上表面皿，在电炉上适当加热，待熔块完全浸出后，取出坩埚，用水冲洗坩埚和盖，在搅拌下加入 25～30 mL HCl 溶液(1∶1)，再加入 1 mL HNO_3溶液，用 30 mL 热 HCl 溶液(1∶5)洗涤坩埚和盖。将溶液加热煮沸，冷却至室温后，移入 250 mL 容量瓶中，用水稀释至刻度，摇匀。此溶液可供测定 SiO_2、Fe_2O_3、Al_2O_3、CaO、MgO、TiO_2用。

2. 铁含量的测定

从上述试液中吸取 25.00 mL 溶液放入 250 mL 锥形瓶中，加水稀释至约 100 mL，用氨水(1∶1)和盐酸(1∶1)溶液调节溶液 pH 在 1.8～2.0 之间(用精密 pH 试纸或酸度计检验)。将溶液加热至 70 ℃，加入 10 滴磺基水杨酸钠指示剂溶液，用 0.015 $mol \cdot L^{-1}$的 EDTA 标准溶液缓慢滴定至溶液呈现亮黄色(终点时溶液温度应不低于 60 ℃)，记下消耗的 EDTA 标准溶液体积。平行测定 3 次，计算 Fe_2O_3含量。

六、数据记录及处理

将实验数据填入表 6-9。

表 6-9　数据记录表

记录项目	实验序号		
	1	2	3
$m_{试样}$/g			
$c_{EDTA}/(mol \cdot L^{-1})$			
$V_{试液}$/mL			
$V_{EDTA,终}$/mL			
$V_{EDTA,初}$/mL			
V_{EDTA}/mL			
$w_{Fe_2O_3}$/%			
$\overline{w}_{Fe_2O_3}$/%			
$\overline{d}_r$/%			

Fe_2O_3的百分含量按下式计算，结果精确至小数点后两位：

$$w_{Fe_2O_3} = \frac{T_{Fe_2O_3} \times V_{EDTA} \times \frac{25.00}{250.00}}{m_{试样}} \times 100\%$$

其中，$T_{Fe_2O_3}$为每毫升 EDTA 标准滴定溶液相当于 Fe_2O_3 的毫克数，$mg \cdot mL^{-1}$。

七、注意事项

(1) 试样的分解。进行系统分析时，多采用氢氧化钠作熔剂，在银坩埚中熔融。对于高铝试样，最好改用氢氧化钾或碳酸钾熔样。

(2) 银坩埚如有污染，可以用稀盐酸洗涤除去。

(3) 严格控制溶液的 pH 为 1.8～2.0。调节溶液 pH 的有效方法是：在试验溶液中先加入磺基水杨酸钠指示剂，用氨水(1∶1)调至溶液出现橘红色(pH>4)，然后滴加盐酸(1∶1)至溶液刚刚变成紫红色，再继续滴加 8～9 滴，此时溶液 pH 一般均在 1.8～2.0 范围内。

(4) 温度的控制：60 ℃～70 ℃。pH 在 1.8～2.0 之间时，Fe^{3+} 与 EDTA 标准滴定溶液的配位反应速率较慢。为了加快 Fe^{3+} 与 EDTA 的配位速度，需要加热溶液。如果加热温度过高，试验溶液中有 Al^{3+} 共存，Al^{3+} 亦和 EDTA 配位，从而导致三氧化二铁的测定结果偏高。一般滴定时，溶液的起始温度宜在 70 ℃左右，滴定结束时，溶液的温度不宜低于 60 ℃。

(5) 滴定近终点时，应缓慢滴定，并充分摇动锥形瓶，否则 Fe^{3+} 与 EDTA 配位反应不完全，易使结果偏高；但也不能太慢而使试液温度下降，影响结果。

八、实验讨论

(1) 如何分解水泥熟料试样？分解时的化学反应是什么？

(2) 本实验测定 Fe_2O_3 含量的方法原理是什么？

(3) 在 Fe^{3+}、Al^{3+}、Ca^{2+}、Mg^{2+} 等离子共存的溶液中，以 EDTA 标准溶液分别滴定 Fe^{3+}、Al^{3+}、Ca^{2+} 等离子以及 Ca^{2+}、Mg^{2+} 的合量时，是怎样消除其他共存离子的干扰的？

(4) 在滴定 Fe^{3+} 时，溶液酸度应控制在什么范围？为什么？

九、知识链接

在硅酸盐分析中，试样的处理和分析溶液的制备十分重要，常用的试样分解方法一般有溶解法和熔融法两类。溶解法包括：酸溶法，常用 HCl、HNO_3、H_2SO_4、H_3PO_4、HF 等作溶剂；水溶法，直接溶于水，以水作溶剂；其他溶解法，如以甲醚、乙醇等作溶剂。熔融法包括：酸熔法，如用焦硫酸钾($K_2S_2O_7$)作熔剂；碱熔法，常用 NaOH、KOH、Na_2CO_3、K_2CO_3等作熔剂；半熔法，主要用于较易熔的样品，如水泥、石灰石、水泥生料、白云石等，常用 Na_2CO_3、K_2CO_3作熔剂。在系统分析中，除碱性矿渣、水泥熟料、SiO_2含量不高的石灰石和大理石等样品可采用溶解法分解试样外，其他大多数样品都用熔融法分解。

可用于分解硅酸盐试样的熔(溶)剂较多，应根据分析样品的组分和对分析的不同要求进行选择。

1. 酸溶法

(1) HCl 是系统分析中很好的溶剂，可以分解正硅酸盐矿物、品质较好的水泥和熟料，以及碱性矿渣。

(2) HNO_3是具有强氧化性的酸，溶解能力强且速度快，一般用于单项测定中溶样。

(3) H_2SO_4可用来分解萤石(CaF_2)和破坏试样中的有机物，缺点是易形成碱土金属硫酸盐，在系统分析中干扰组分测定。

(4) H_3PO_4能溶解一些难溶于 HCl、H_2SO_4的样品(如铁矿石、钛铁矿)，但只适用于单项测定，如水泥生料中 Fe_2O_3的测定、水泥中全硫的测定，而不适用于系统分析。

(5) HF 能分解大多数硅酸盐样品，但又有干扰，须与 $HClO_4$搭配使用。使用 HF 必须在铂金器皿或塑料器皿中进行。

硅酸盐的酸溶法操作简单，以 H_2SO_4、HNO_3和 H_3PO_4等溶样，除少数样品外，大多数在单项成分测定中被广泛运用。

2. 熔融法

(1) Na_2CO_3是一种碱性熔剂，适用于熔融酸性矿物，是分析硅酸盐样品及其他矿物最常用的重要熔剂之一。

(2) K_2CO_3(熔点 891 ℃)常用作 K_2SiF_6容量法测硅时的熔剂。以 K_2CO_3作熔剂，其熔融物比 Na_2CO_3作熔剂时易于熔块，易于熔解，好提取。但因其吸湿性较强，同时钾盐被沉淀吸附的倾向比钠盐大，沉淀不易洗净，所以在重量法的系统分析中不用 K_2CO_3作熔剂。

(3) 当 Na_2CO_3和 K_2CO_3混合使用时，可降低熔点，常用于测硅酸盐中某些易挥发性成分(如氟、氯等)，系统分析中不用。

(4) NaOH 可以使样品中的两性氧化物转变为易熔的钠盐，适应性强，效果好，配以银坩埚，可以在普通实验室进行主要成分的测定，适用于硅含量高的样品，如水泥生料、黏土，但铝含量高的样品往往分解不完全。

(5) $K_2S_2O_7$是酸熔法中主要使用的熔剂，主要用来分解在分析过程中所得到的已氧化过的物质或已灼烧过的混合氧化物，适用于磷铁矿、刚玉、钛渣等，一般硅酸盐样品很少用它，测某些组分时才用。

十、参考文献

[1] GB/T 176—2008，水泥化学分析方法[S]. 北京：中国标准出版社，2008.

[2] 李广超. 工业分析[M]. 2 版. 北京：化学工业出版社，2014.

[3] 徐家宁，门瑞芝，张寒琦. 基础化学实验(上册)：无机化学和化学分析实验[M]. 北京：高等教育出版社，2006.

实验11　水果罐头中氯化钠的检测

一、实验目的

(1) 了解食品中氯化钠的测定方法。

(2) 掌握电位滴定法测定氯化钠的操作技能。

二、实验原理

在《食品安全国家标准 食品中氯化物的测定》(GB 5009.44—2016)中,根据氯化物测定原理规定了食品中氯化物含量的测定方法,包括电位滴定法和沉淀滴定法。沉淀滴定法需要滴加 K_2CrO_4 或铁铵矾等指示剂来指示滴定终点,不适用于深颜色食品中氯化物的测定。相比之下,电位滴定法是通过电位的突跃确定滴定终点,因此适用于各类食品中氯化物的测定。

电位滴定法中,试样经过酸化处理后,在丙酮介质中,以银电极为指示电极,用 $AgNO_3$ 标准溶液滴定试液中的氯化物,并计算氯化物的含量。

电位滴定终点确定方法中,$E-V$ 曲线法较简单,但准确性稍差;$\Delta E/\Delta V-V$ 曲线法是通过电位改变量与滴定剂体积增量之比进行计算,$\Delta E/\Delta V-V$ 曲线上存在着极值点,该点对应着 $E-V$ 曲线中的拐点;第三种是 $\Delta^2 E/\Delta V^2-V$ 曲线法,即二阶微商法,其中 $\Delta^2 E/\Delta V^2$ 表示 $E-V$ 曲线的二阶微商,其值由下式计算:

$$\frac{\Delta^2 E}{\Delta V^2}=\frac{\left(\frac{\Delta E}{\Delta V}\right)_2-\left(\frac{\Delta E}{\Delta V}\right)_1}{\Delta V}$$

本实验采用二阶微商法确定滴定终点。

三、仪器和试剂

1. 仪器

组织捣碎机、粉碎机、研钵、涡旋振荡器、超声波清洗器、恒温水浴锅、离心机(转速≥3 000 $r\cdot min^{-1}$)、pH 计(精度±0.1)、玻璃电极、银电极或复合电极、电磁搅拌器、电位滴定仪、电子天平、容量瓶。

2. 试剂

基准试剂 NaCl、$AgNO_3$(分析纯)、HNO_3 溶液(1∶3)、水果罐头样品、亚铁氰化钾、乙酸锌、冰乙酸、硝酸、丙酮。

四、基本操作

称量、定容、移取、超声处理、电位滴定。

五、实验步骤

1. 标准溶液的配制及标定

(1) 0.01 mol·L^{-1} NaCl 标准溶液的配制：用电子天平准确称取 0.14～0.15 g 基准试剂 NaCl 于小烧杯中，用少量水溶解完全，定量转移至 250 mL 容量瓶中，稀释至刻度，摇匀备用。

(2) 0.02 mol·L^{-1} $AgNO_3$滴定溶液的配制：称取 0.85 g $AgNO_3$ 于小烧杯中，用少量 HNO_3溶液溶解，转移到 250 mL 棕色容量瓶中，用水定容至刻度，摇匀，避光贮存。

(3) 0.02 mol·L^{-1} $AgNO_3$滴定溶液的标定(二阶微商法)：准确移取 10.00 mL 0.01 mol·L^{-1} NaCl 标准溶液于小烧杯中，加入 0.2 mL HNO_3溶液(1∶3)及 25 mL 丙酮。将玻璃电极和银电极(或复合电极)浸入溶液中，搅拌，从滴定管滴入理论所需量 90% 的 0.02 mol·L^{-1} $AgNO_3$ 溶液，测量并记录溶液的电位值。继续滴入 $AgNO_3$溶液，每滴入 1 mL 滴定液立即测量电位值。临近终点和到达终点后，改为每滴入 0.1 mL $AgNO_3$溶液立即测量电位值。继续用 $AgNO_3$溶液滴定至溶液电位值不再明显改变，记录每次滴入 $AgNO_3$溶液的体积 V'(mL)和电位值 E。

(4) 滴定终点的确定：以 $AgNO_3$ 标准滴定溶液的体积(V')和电位值(E)，用列表的方式计算 ΔE、ΔV、一阶微商和二阶微商；或用电位滴定仪自动滴定，记录 $AgNO_3$ 标准滴定溶液的体积和电位值。当一阶微商最大、二阶微商等于零时，即为滴定终点。

2. 试样分析

(1) 试样溶液的制备。取 200 g 以上水果罐头样品，用组织捣碎机捣碎，置于密闭的玻璃容器内。准确称取约 10 g 捣碎后的水果罐头样品，于 100 mL 具塞比色管中，加入 50 mL 热水(70 ℃)，用涡旋振荡器振荡 5 min，再超声处理 20 min，冷却至室温，用水稀释至刻度，摇匀，用滤纸过滤，弃去最初滤液，取部分滤液测定。

(2) 测定。准确移取 10.00 mL 上述试液于 100 mL 烧杯中，加入 5 mL HNO_3 溶液(1∶3)和 25 mL 丙酮。从酸式滴定管滴入所需量的 90%的 $AgNO_3$ 标准溶液(0.02 mol·L^{-1})，以玻璃电极作为参比电极，银电极作为工作电极，边搅拌边测量溶液的电位值 E。开始滴定时每滴入 1 mL $AgNO_3$ 标准溶液立即测量电位值 E；接近终点和终点后，改为每滴入 0.1 mL $AgNO_3$溶液立即测量电位值。继续用 $AgNO_3$标准溶液滴定至溶液电位值不再明显改变，记录每次滴入 $AgNO_3$ 标准溶液的体积 V' 和电位值 E，并通过列表法计算 ΔE、ΔV、一阶微商和二阶微商，按式(6-1)计算滴定终点时消耗 $AgNO_3$ 标准溶液的体积 V_2；或通过电位滴定仪自动滴定、记录 $AgNO_3$ 标准滴定溶液的体积和电位值。做空白试验，记录消耗硝酸银标准溶液的体积(V_0)。

六、数据记录与处理

1. 滴定终点时硝酸银标准滴定溶液的体积计算

$$V_1 = V_a + \left(\frac{a}{a+b} \times \Delta V\right)$$

其中，V_a为在 a 时消耗硝酸银标准溶液的体积（mL）；a 为二阶微商为零前的二阶微商值；b 为二阶微商为零后的二阶微商值；ΔV 为 a 与 b 之间的体积差（mL）。

2. 试样中氯含量的计算

$$w_{Cl} = \frac{c_{AgNO_3} \times (V_2 - V_0) \times 10^{-3} \times M_{Cl} \times 100.0}{m_s \times 10.00} \times 100\% \quad (6\text{-}1)$$

其中，V_2 为滴定试液时消耗的硝酸银标准溶液的体积（mL）；V_0 为进行空白试验时消耗硝酸银标准溶液的体积（mL）；M_{Cl}为氯的相对原子质量，35.5；m_s 为试样质量（g）。

七、注意事项

(1) 注意爱护仪器，切勿让试剂和水侵入仪器中，仪器不用时插上接续器，仪器不应长期放在有腐蚀性等有害气体的房间内。

(2) 应在读数相对稳定后再读取，若数据一直变化，可考虑读数时降低转子的转数。

八、实验讨论

(1) 如何计算滴定反应的理论电位值？

(2) 滴定氯离子混合液中 Cl^-、Br^-、I^- 时，能否用指示剂法确定三个化学计量点？

(3) 终点滴定剂体积的确定方法有哪几种？

九、知识链接

氯化钠是食品加工中最常用的辅助材料，也是人体生理过程中不可缺少的物质。《本草纲目·石部第十一卷·食盐》记载："气味：甘、咸，寒，无毒。主治：解毒，凉血润燥，定痛止痒，吐一切时气风热、痰饮关格诸病。"但是氯化钠摄入过多会导致胃癌、危害心脏，引起水肿、高血压等。目前氯化钠的主要检测方法有滴定法、电位滴定法、离子色谱法、分光光度法、原子吸收法等。

十、参考文献

[1] GB 5009.44—2016，食品安全国家标准 食品中氯化物的测定[S]. 北京：中国标准出版社，2016.

[2] 蔡明招. 实用工业分析[M]. 广州：华南理工大学出版社，1999.

[3] 高旭东，郝宝成，梁剑平，等. 氯化钠检测方法的比较及研究进展[J]. 中兽医学杂志，2014(7)：36-38.

实验 12 大豆中钙、镁含量的测定

一、实验目的

(1) 掌握并熟练运用大豆中钙、镁含量的测定方法。

(2) 了解大豆样品分解处理方法。

(3) 掌握测定方法中的干扰排除技术。

二、实验原理

大豆是所有豆类中钙、镁含量最高的品种之一，每 100 g 黄豆含 Ca 367 mg、Mg 173 mg、P 571 mg、Fe 11 mg。本实验主要测定大豆中 Ca^{2+}、Mg^{2+} 的含量。

大豆样品测定前，首先将待测样品粉碎、灼烧并用盐酸提取，然后用 EDTA 配位滴定法测定其中 Ca^{2+}、Mg^{2+} 的总量。可在 pH＝10 的缓冲溶液中，以 EBT 为指示剂，用三乙醇胺掩蔽溶液中的 Fe^{3+}，再用 EDTA 标准溶液直接滴定溶液中的 Ca^{2+}、Mg^{2+} 总量。

在测定 Ca^{2+} 时，先用 NaOH 溶液调节溶液的 pH 为 12～13，使 Mg^{2+} 转化为 $Mg(OH)_2$ 沉淀。加入钙指示剂，用 EDTA 标准溶液滴定至体系由红色变为蓝色，即为终点，根据使用的 EDTA 标准溶液量计算样品中 Ca^{2+} 的浓度。从相同溶液中 Ca^{2+}、Mg^{2+} 总量中减去 Ca^{2+} 的量，即得 Mg^{2+} 分量。

三、仪器和试剂

1. 仪器

电子天平、分光光度计、粉碎机、马弗炉、电炉、坩埚、烧杯、表面皿、量筒、移液管、容量瓶、锥形瓶、滴定管。

2. 试剂

大豆试样、EDTA(分析纯)、20% NaOH 溶液、NH_3－NH_4Cl 缓冲溶液(pH＝10)、三乙醇胺(1∶3)、HCl 溶液(1∶1)、钙指示剂(按 1∶100 与固体氯化钠混合研磨成粉末)、$CaCO_3$ 基准物质、EBT(按 1∶100 与固体氯化钠混合研磨成粉末)。

四、基本操作

称量、溶解、移液、定容、滴定。

五、实验步骤

1. 大豆样品的预处理

用粉碎机将大豆样品粉碎后，准确称取 14～17 g 于蒸发皿中，在电炉上灼烧至灰化、炭化完全，然后于 650 ℃下在马弗炉中灼烧 1 h。取出晾至室温，加入 1∶1 HCl 溶液 10 mL，搅拌 20 min。待沉淀沉降后，抽滤，滤饼和蒸发皿用蒸馏水洗涤数次，所得液体一并转入 250 mL 容量瓶中定容。

2. 0.005 mol · L^{-1} EDTA 溶液的配制与标定

见第五章实验 6。

3. 大豆试样中 Ca^{2+}、Mg^{2+} 含量的测定

(1) 大豆试样中 Ca^{2+}、Mg^{2+} 总量的测定。用移液管准确移取样品溶液 25.00 mL 于锥形瓶中，加入 1∶3 三乙醇胺溶液 5 mL，加水稀释至 100 mL，然后加入 pH=10 的 NH_3-NH_4Cl 缓冲溶液 15 mL，滴加 EBT 指示剂 3～4 滴，用 EDTA 标准溶液滴定至溶液颜色由紫红色突变为蓝色即为终点。平行测定 3 次，计算试样中 Ca^{2+}、Mg^{2+} 总量。

(2) 大豆试样中 Ca^{2+} 含量的测定。用移液管准确移取样品溶液 25.00 mL 于锥形瓶中，加入 1∶3 三乙醇胺溶液 5 mL，加水稀释至 100 mL，然后加入 20% NaOH 溶液 7～8 mL，加适量钙指示剂，用 EDTA 标准溶液滴定至样品溶液由红色突变为蓝色。平行测定 3 次，计算得出样品中 Ca^{2+} 含量，Ca^{2+}、Mg^{2+} 总量减去 Ca^{2+} 含量得到 Mg^{2+} 的含量。

六、数据记录与处理

(1) 0.005 mol · L^{-1} EDTA 溶液的配制与标定(见第五章实验 6)。

(2) Ca^{2+}、Mg^{2+} 总量的测定。将实验数据填入表 6-10。

表 6-10　数据记录表

记录项目	实验序号		
	1	2	3
$m_{试样}$/g			
$V_{试液}$/mL			
c_{EDTA}/(mol · L^{-1})			
$V_{EDTA,初}$/mL			
$V_{EDTA,终}$/mL			
V_{EDTA}/mL			
$w_{Ca^{2+}、Mg^{2+}}$/%			
$\overline{w}_{Ca^{2+}、Mg^{2+}}$/%			
$\overline{d}_r$/%			

(3) Ca^{2+} 含量的测定(见第五章实验 7)。

七、注意事项

(1) 测定前应将大豆样品粉碎完全。

(2) 测定样品中钙、镁总量和钙的含量时应准确控制溶液的 pH。

八、实验讨论

(1) 测定前大豆样品为什么要彻底粉碎完全?

(2) 测定样品中钙、镁总量和钙的含量时应如何精准控制 pH?

(3) 标定 EDTA 标准溶液,除 $CaCO_3$ 外还有哪些可作为基准物质?

(4) 列举其他测定钙含量的方法。

(5) 影响实验终点判断的因素有哪些?

(6) 测定钙、镁总量时,滴定终点不明显的原因是什么?

(7) 不同样品预处理方法有何区别? 怎样减少样品处理过程中的损失?

八、知识链接

钙是地球上分布最广泛的元素之一,仅次于铁、铝、硅和氧,约占地壳的 4.15%。自然界中的钙主要以化合物形式存在,如石灰石、白云石、石膏等。钙也是构成人体组织的重要组分,它是人体内含量最高的无机盐组成元素,约占人体总重的1.5%~2.0%,其中 99%的钙以骨盐形式存在于骨骼和牙齿之中,另外 1%的钙以离子形态广泛分布于软组织、细胞外液和血液中,与骨钙保持着动态平衡。钙能促进生物体的骨架、牙齿发育,还能提高细胞的通透性,以离子形态存在的钙是血液中常用的电解质。成年人缺钙会出现骨质疏松、腿抽筋等症状,儿童缺钙则会引发佝偻病、罗圈腿病症。

自然界中豆类的钙含量丰富,其所含的钙可以被人体充分吸收,对维持人体健康机能有重要作用。大豆是我们生活中常见的作物,其价廉易得,可以转化为多种形式的食物被人体食用,是生活中常见美食之一。

豆类无机成分中的钙含量差异最大,目前测得的最低值为 163 mg/100 g,最高值为 470 mg/100 g,所以研究不同豆类中钙含量的多少可以科学地指导人们的膳食,为人类科学营养搭配提供依据,具有一定的社会意义。

九、参考文献

[1] 武汉大学. 分析化学实验(上册)[M]. 5 版. 北京：高等教育出版社,2011.

[2] 武汉大学. 分析化学(上册)[M]. 6 版. 北京：高等教育出版社,2016.

[3] 徐家宁,门瑞芝,张寒琦. 基础化学实验(上册):无机化学和化学分析实验[M]. 北京：高等教育出版社,2006.

实验 13　水产品中无机砷的测定

一、实验目的

(1) 掌握用原子荧光光度计测定水产品中无机砷的原理和技术。

(2) 掌握水产品样品的前处理操作和原子荧光光度计的使用方法。

二、实验原理

原子荧光是原子蒸气受到具有特征波长的光源辐射后，其中一些基态原子被激发跃迁到较高能态，然后去活化回到某一较低能态(通常是基态)而发射出特征光谱的现象。各种元素都有其特定的原子荧光光谱，根据原子荧光的波长和荧光强度的高低可以定性定量测定样品中待测元素的含量。在低浓度情况下，当实验条件固定且原子化效率固定时，原子荧光强度与样品中待测元素浓度成正比：

$$I_f = \alpha c$$

其中，I_f为原子荧光强度，c 为样品中待测元素浓度，α 为常数。

无机砷是水产品质量检验中主要的安全卫生指标，在各种砷化物中，无机砷比多数有机砷的急性毒性大，目前国际上均用无机砷的限量标准来评价食品的质量。砷(Ⅲ)进入人体后能与蛋白质中的巯基(—SH)结合，从而抑制酶的活性，引起细胞代谢障碍、神经系统病变，损害毛细血管，使肾小管上皮细胞坏死。原子荧光分析中，人们使用氢化物发生法，砷离子与合适的还原剂反应生成气态氢化砷，借助载气流将这些气态物质集体分离并导入原子光谱分析系统进行定量测定。本实验中，利用原子荧光光度计对水产品中无机砷进行定量测定，原理如下：在盐酸介质中，无机砷以氯化物形式被提取，实现无机砷和有机砷的分离，用抗坏血酸-硫脲混合溶液将As(Ⅴ)还原为 As(Ⅲ)，还原剂硼氢化钾将 As(Ⅲ)还原成 AsH_3。以氩气作为载气将AsH_3导入原子化器中进行原子化，以氘灯作为激发光源，使砷原子发出荧光。

三、仪器和试剂

1. 仪器

珀金埃尔默 LS-55 荧光分光光度计、电子天平、干燥器、容量瓶、筛子(40 目)、具塞刻度试管、移液管、恒温水浴锅。

2. 试剂

As_2O_3(分析纯)、盐酸(浓、5%、1∶1)、0.05 mol·L^{-1}氢氧化钾溶液、14 g·L^{-1}硼氢化钾溶液、抗坏血酸(50 g·L^{-1})-硫脲混合液(50 g·L^{-1})、海鲜样品、正辛醇。

四、基本操作

原子荧光光度计的使用、溶液的配制。

五、实验步骤

1. 砷标准储备液的配制

准确称取在硫酸干燥器中干燥过的或在 100 ℃下干燥2 h的 As_2O_3 0.132 0 g，加 20 mL 0.05 mol·L^{-1} KOH 溶液和少许新煮沸冷却水溶解，定量转入 100 mL 容量瓶中稀释至刻度，避光贮存。此标准溶液含 As^{3+} 1.0 g·L^{-1}。

2. 砷标准使用液的配制

将砷标准储备液用 5%的盐酸稀释 10 000 倍，得到 As^{3+} 为 0.1 mg·L^{-1}的砷标准使用液。

3. 砷标准使用液系列的配制

在 50 mL 容量瓶中，按表 6-11 中的用量配制砷标准使用液系列。

表 6-11　砷标准使用液系列配制用量

编号	砷标准使用液/mL	浓盐酸/mL	抗坏血酸-硫脲混合液/mL	得到的砷标准使用液浓度/(μg·L^{-1})
0	0	2.5	10	0
1	0.50			1.00
2	1.00			2.00
3	2.00			4.00
4	4.00			8.00
5	5.00			10.00

4. 样品处理

准确称取经粉碎过 40 目筛的海鲜样品(干样)0.3 g 左右(可视其试样含量高低而称量)，于 50 mL 具塞刻度试管中，加盐酸(1∶1)溶液 20 mL，混匀；或准确称取海鲜样品 2.5 g(捣成匀浆)于 50 mL 具塞刻度试管中，先加 5 mL 浓盐酸，并用盐酸(1∶1)溶液稀释至 25 mL，混匀。将样品置于 80 ℃水浴锅中加热 4 h，其间多次振摇，使试样充分浸提。取出冷却，用脱脂棉过滤，取 4 mL 滤液于 10 mL 容量瓶中，加抗坏血酸-硫脲混合溶液 1 mL、正辛醇 8 滴，加水定容。放置 10 min 后，如浑浊，则再次过滤。平行配制 3 份，同时做空白样品。

5. 标准溶液及试样的测定

(1) 荧光光度计操作条件，见表 6-12。

表 6-12 荧光光度计操作条件

项　目	参数	项　目	参数
光电倍增管负高压/V	270	屏蔽气流量/(mL·min^{-1})	800
原子化器温度/℃	200	读数时间/s	10
原子化器高度/mm	8	重复次数	1
灯电流/mA	50	硼氢化钾加液时间/s	20
载气流量/(mL·min^{-1})	300	注入量/mL	0.5

(2) 标准溶液和试样的测定。向样品管依次加入之前配制的 6 种浓度的砷标准溶液及处理后的样品溶液,样品加入量以样品管总体积的 3/4 为宜。上机测定。

六、数据记录与处理

将实验数据填入表 6-13 和表 6-14。

表 6-13 砷标准使用液系列测量数据

砷标准使用液浓度/(μg·L^{-1})	荧光强度 I
0	
1.00	
2.00	
4.00	
8.00	
10.00	

注:该数据可作出 I(荧光强度)-c(浓度)工作曲线,以方便计算待测样品浓度。

表 6-14 试样测量数据

试样编号	荧光强度 I	As 浓度/(μg·L^{-1})	平均值
空白			
1			
2			
3			

七、实验讨论

(1) 翻阅资料,查找其他测定水产品中无机砷含量的方法,并比较各方法的优缺点。

(2) 砷的测定中加入抗坏血酸-硫脲混合溶液的作用是什么?

八、知识链接

1. 砷的检测技术

水产品中砷存在形态复杂多样，主要有二甲基砷酸盐（DMA）、甲基砷酸盐（MMA）、无机砷[包括 As(Ⅲ)和 As(Ⅴ)]等，其中致毒性和致癌作用主要取决于无机砷。水生生物对砷的富集能力比较强，在水产生物体内，砷主要以无毒或低毒的有机砷形式存在，毒性较大的无机砷含量较低。对水产品进行砷含量检测对保障消费者的健康和安全有重要意义。

近几十年发展起来的无机砷的检测方法有光谱法、电分析法（EA）、质谱法（MS）、中子活化分析（NAA）、色谱法等。样品检测需要进行前处理、分离富集处理，或形态转化、衍生化后再进入检测器。目前使用的许多方法是先对样品进行去离子水或一定浓度酸浸提、蒸馏或减压蒸馏、有机溶剂萃取及反萃取等前处理，再利用氢化物发生法（HG）、选择性衍生法等方法与原子吸收光谱（AAS）、原子荧光光谱（AFS）、原子发射光谱（AES）、电感耦合等离子发射光谱（ICP-OES）、电感耦合等离子体质谱（ICP-MS）、电喷射串联质谱（ES-MS-MS）等检测器联用进行定量分析。随着样品处理手段的丰富和发展，检测仪器和测定方法的改进和优化，水产品中无机砷的测定准确度、精密度和检出限都不断得到改善。特别是分析技术或分析仪器的联用，使得样品中各种形态的砷得到更准确的分离和测定。

2. 水产品中砷含量的控制

分子水平上，砷等重金属可以阻止磷酸化作用，与巯基反应打乱细胞新陈代谢，直接破坏 DNA 并抑制 DNA 的修复，对人体危害较大。由于冶金、玻璃、颜料、制药、化学等工业排放含砷三废，以及含砷化肥和农药的使用，砷污染物经过雨水冲刷地表径流等各种途径进入水环境中，通过食物链在水产生物体内富集。水产品中的无机砷进入人体后会引起急性或慢性中毒，是一种致癌物质。

国内对水产品中重金属含量研究集中在汞、镉、铅等金属上，对水产品中砷污染现状进行系统研究的较少。随着水环境质量的下降，对水产品中砷进行研究测定和含量控制越来越重要。我国国标 GB 2762—2005《食品中污染物限量》中对各种水产品中无机砷含量限定如下：鱼（鲜重）$\leqslant 0.1\ mg \cdot kg^{-1}$，藻类（干重）$\leqslant 1.5\ mg \cdot kg^{-1}$，贝类及虾蟹类（鲜重）$\leqslant 0.5\ mg \cdot kg^{-1}$，贝类及虾蟹类（干重）$\leqslant 1.0\ mg \cdot kg^{-1}$，其他水产食品（鲜重）$\leqslant 0.5\ mg \cdot kg^{-1}$。

符合要求的水产环境质量是保证水产质量的基本条件。水产品中砷及其他重金属的脱除首先要从保证水域环境开始。要保证养殖区安全的水质环境，应采取的措施有：减少污水的排放；对已经污染的水域进行修复，消减水底沉积物、水中砷及其他重金属，避免其通过生物浓缩和生物放大作用，从环境进入人体，对人体健康造成危害;捕捞等渔业活动应避开已经受到较严重污染的水域。另外,对于需要进行加工或运输的水产品,尤其要防止加工或运输过程中引入污染。水产品加工用的淡水和海水必须分别符合国家要求,砷及其他污染物应严格要求不得超标;在加工过程中应严格执行操作规范,对水产品进行质量管理;接触水产品及其加工产品的工具、容器、设备和管道必须由无毒无味、不含砷等有毒元素的耐腐蚀材料制作,以避免清洗剂和盐水等的腐蚀和砷等有毒元素的溶出,造成污染。

九、参考文献

[1] 尚德荣,翟毓秀,宁劲松. 水产品中无机砷的测定方法研究[J]. 海洋水产研究,2007,28(1):33-37.

[2] 陈国松,陈昌云. 仪器分析实验[M]. 2 版. 南京:南京大学出版社,2015.

[3] 戴文津,杨小满,陈华,等. 水产品中砷的质量控制研究进展[J]. 广东农业科学,2010,37(11):263-266,275.

实验 14　聚碱式氯化铝的制备及净水性能研究

一、实验目的

(1) 了解聚碱式氯化铝的制备原理。

(2) 掌握聚碱式氯化铝的制备方法,理解聚碱式氯化铝的净水作用机理。

二、实验原理

改善水质恶化和污染并净化水质,是水处理技术领域面临的重要问题。絮凝剂是絮凝法水处理技术的核心,它使溶液中的溶质、胶体或悬浮物颗粒产生絮状沉淀物质,在固液分离和水处理中可提高微细固体物的沉降和过滤效果。

聚碱式氯化铝是一种重要的无机高分子絮凝剂,为黄色或无色树脂状固体,是介于 $AlCl_3$ 和 $Al(OH)_3$ 之间的一系列中间水解产物聚合而成的高分子化合物,易溶于水,化学通式可表示为 $[Al_2(OH)_nCl_{6-n}]_m$($n=1\sim5$,$m<10$)。由于它是一种通过羟基架桥聚合而成的多羟基多核配合物,相对分子质量较一般絮凝剂(如硫酸铝、明矾等)大得多,且具有桥式结构,所以它有很强的吸附能力。净水剂的净水机理是:水中的浊物多是负胶体,水处理过程中,净水剂能够迅速水解成带正电荷的阳离子,如聚碱式氯化铝可水解成正离子 $Al_{13}(OH)_{54}^{5+}$,中和水中悬浮的负胶体颗粒,能显著降低水中泥土胶粒上的负电荷,因此在水中凝聚效果显著,沉降快速,既能除去水中的悬浮颗粒和胶状杂物,又能有效地除去水中的微生物、细菌、藻类以及高毒性重金属离子(如铬、铅等)。因此,聚碱式氯化铝是应用广泛的高效净水剂之一。

合成聚碱式氯化铝的反应式如下:

$$AlCl_3 + Al(OH)_3 \longrightarrow [Al_2(OH)_nCl_{6-n}]_m (n=1\sim5, m<10)$$

向产物中引进 OH^- 基团是合成这一类无机高分子净水材料的关键。OH^- 的桥联作用促使简单的无机盐形成具有一定分子量的高分子化合物。

聚碱式氯化铝的合成是通过氯化铝和氢氧化铝的反应以引进 OH^- 基团的，而氢氧化铝通过逐渐溶解在氯化铝溶液中的方式使得简单的无机盐逐渐聚合成具有一定分子量的无机高分子。

三、仪器和试剂

1. 仪器

浊度计、pH 计、循环水真空泵、烘箱等。

2. 试剂

α-Al_2O_3、6 mol·L^{-1} HCl 溶液、氨水溶液(1∶1)、0.1 mol·L^{-1} NaOH 溶液、黏土、0 浊度的水、pH 试纸。

3. 材料

pH 试纸。

四、实验步骤

1. 聚碱式氯化铝的制备

(1) 取 10 g α-Al_2O_3 于三口烧瓶中，加入 25mL 6 mol·L^{-1} HCl 溶液，装上冷凝装置，于搅拌器上在 90 ℃～95 ℃下反应 1 h，冷却后过滤即得 $AlCl_3$ 溶液。

(2) 取一半 $AlCl_3$ 溶液，边搅拌边滴加入氨水溶液(1∶1)，待不再有沉淀生成后，过滤。

(3) 在另一半 $AlCl_3$ 溶液中边滴加 0.1 mol·L^{-1} NaOH 溶液边搅拌至刚有沉淀生成。

(4) 将以上两份溶液混合，于 80 ℃下搅拌至混合物溶解透明，所得的溶液即为聚碱式氯化铝溶液。

(5) 将透明液倒入蒸发皿中，搅拌下蒸去部分水分，直至变成黏稠度适中的糊状物，室温下冷却并放置即可获得固态聚碱式氯化铝。然后将它转移到瓷盘或蒸发皿中，铺开，送入烘箱于 90 ℃下干燥。固体产品呈淡黄色，易吸潮，称重后放入样品袋或干燥器内保存。

2. 聚碱式氯化铝的净水性能研究

(1) 聚碱式氯化铝加入量对浊度去除率的影响。在盛满水的烧杯中加入一些黏土，搅拌数分钟后静置数分钟，让黏土中的粗颗粒沉降。

取上层的浊水各 10 mL 分别转移至 4 个烧杯中，分别加入 0.1 g、0.25 g、0.5 g 和 1.0 g 聚碱式氯化铝固体后，立即搅拌 5 min，并静置 5 min，与未加净水剂的浊水对比，记录净水剂的絮凝情况。以 0 浊度的水为相对零值，以未加净水剂的水为相对值 100，使用浊度计测量加了不同量净水剂的浊水的浊度，比较它们的净水效果。

(2) pH 对浊度去除率的影响。将上述浊水分别通过盐酸和氢氧化钠溶液调制成 pH 分别为 5、6、7 和 8 的溶液（pH 用 pH 计测量）各 10 mL，然后分别加入一定量聚碱式氯化铝[达到最佳净水效果，从实验(1)中获取]，立即搅拌 5 min，静置 5 min 后，与未加净水剂的浊水对比，记录净水剂的絮凝情况和实验现象，比较它们的净水效果。

(3) 搅拌时间对浊度去除率的影响。各取 10 mL 上述浊水[pH 一定，从实验(2)中获取]分别装在 4 个小烧杯中，然后加入一定量聚碱式氯化铝[达到最佳净水效果，从实验(1)中获取]，分别搅拌 5 min、10 min、30 min、60 min，比较它们的净水效果。

五、数据记录与处理

将实验数据填入表 6-15、表 6-16、表 6-17。

表 6-15　聚碱式氯化铝加入量对浊度去除率的影响

记录项目	加入量			
	0.1 g	0.25 g	0.5 g	1.0 g
现象				
浊度				
净水效果比较				

表 6-16　pH 对浊度去除率的影响

记录项目	pH			
	5	6	7	8
现象				
浊度				
净水效果比较				

表 6-17　搅拌时间对浊度去除率的影响

记录项目	搅拌时间			
	5 min	10 min	30 min	60 min
现象				
浊度				
净水效果比较				

六、注意事项

(1) 如果 $Al(OH)_3$ 沉淀过滤困难，可选择加入少量聚丙烯酰胺溶液絮凝，或者采用离心分离。

(2) $Al(OH)_3$ 和 $AlCl_3$ 溶液反应较慢，需不断加热搅拌，直至混合物溶解透明。

七、实验讨论

(1) 将制得的聚铝溶液陈化数天或保温数小时，往往可进一步提高其净水能力，试解释原因。

(2) 试说明浊水的酸碱度和搅拌时间对净水效果的影响。

八、知识链接

絮凝沉降法是目前国内外常用的现代用水和废水处理中的一种简便的水质处理方法。常见的絮凝剂分为有机高分子絮凝剂、无机高分子絮凝剂、生物高分子絮凝剂等。有机高分子絮凝剂虽用量少、浮渣产量少、絮凝能力强、絮体易分离、除油及除悬浮物效果好，但这类高聚物的残余单体具有“三致”效应(致畸形、致癌变、致突变)，因而其应用范围受到一定的限制。

微生物絮凝剂因不存在二次污染，使用方便，应用前景诱人，是未来发展的主要方向，但在过高或过低环境温度下性能很差甚至会失活。

无机高分子絮凝剂不仅具有低分子絮凝剂的特征，而且具有多核配离子结构，电中和能力强，吸附作用明显，沉降快，用量少，抗腐蚀及在低温和广泛 pH 范围内具有高效的絮凝性，且成本低，因此被广泛应用于饮用水、工业硬水软化、工业废水处理、环保等领域的水处理。

目前，常用的无机高分子絮凝剂包括聚合硫酸铁(PFS)、聚合氯化铁(PFC)、聚合磷酸铁(PFP)、聚合硫酸铝(PAS)、聚合氯化铝(PAC)、聚合磷酸铝(PAP)、聚合硅酸盐等。

由于处理效果好，生产工艺简单，且生产成本和价格相对较低，无机高分子絮凝剂在水处理中已逐渐成为主流絮凝剂。近年来出现的无机高分子絮凝剂品种很多，就其主要化学成分而言，一般都是铝盐和铁盐在水解过程的中间产物与不同阴离子和负电溶胶的聚合体，即各种类型的羟基多核配合物或无机高分子化合物。其产生过程为铝盐和铁盐在水溶液中，主要发生水解—配合—聚合—胶凝—沉淀等系列反应过程。实质上，就是利用这种羟基化的有更高聚合度的聚铝、聚铁、聚硅及其复合聚合体的絮凝作用而达到废水处理的效果。无机高分子絮凝剂(如聚铝和聚铁絮凝剂)在含油污水、有机废水、印染废水、造纸废水、毛纺染料废水及污染河水的混凝处理过程中都具有较好的效果。

九、参考文献

[1] 包新华，徐甲强. 无机化学实验[M]. 上海：上海大学出版社. 2010.

[2] 吴永娟，杜书轩，连泽宇，等. 聚碱式氯化铝制备实验探索[J]. 化学教育，2014

(10):29-31.

[3] 燕翔.利用废铝箔制备聚碱式氯化铝的实验研究[J].实验室研究与探索，2011(30):207-211.

[4] 万婕，倪筱玲，王静秋.由铝土矿制备聚碱式氯化铝[J].大学化学，1998，13(3):40-41，45.

[5] 王万林.我国复合型无机高分子絮凝剂的研究及应用进展[J].工业水处理，2008，28(4):1-5，9.

[6] 万鹰昕，程鸿德.无机高分子絮凝剂絮凝机制的研究进展[J].矿物岩石地球化学通报，2001，20(1):62-65.

实验15 阿司匹林肠溶片中总羧酸和阿司匹林的含量测定

一、实验目的

(1) 掌握阿司匹林含量测试方法的原理并熟练运用该方法。

(2) 通过实验引导学生树立“量”的概念，熟练掌握容量分析实验基本操作。

二、实验原理

阿司匹林肠溶片中除了含有少量稳定剂酒石酸或枸橼酸外，在制剂过程中还可能有其他水解产物产生，如水杨酸、醋酸等，从而导致实测结果偏高，因此在实际生产中不能采用简单的直接滴定方法，而是采用先中和供试品中的游离酸，然后在碱性条件下充分水解再测定其有效含量的两步滴定法。

第一步为中和游离酸。将阿司匹林溶解于中性乙醇(对酚酞指示剂显中性)中，以酚酞为指示剂，用氢氧化钠标准溶液滴定至溶液显微红色。此时，溶液呈弱碱性，即中和了存在的游离酸(水杨酸、酒石酸、枸橼酸、醋酸)，阿司匹林成为钠盐。

$$C_6H_4(COOH)(OCOCH_3) + NaOH \longrightarrow C_6H_4(COONa)(OCOCH_3) + H_2O$$

第二步为阿司匹林的水解与含量测定。将过量的氢氧化钠标准溶液加入经中和处理后的供试品溶液中，水浴加热使阿司匹林结构中的酯键水解完全，生成水杨酸钠和醋酸钠，迅速放冷至室温，用硫酸滴定液滴定剩余的氢氧化钠。由于氢氧化钠在受热时易吸收空气中的二氧化碳，用酸回滴时会影响测定结果，所以在测定时需同时做空白试验，以对结果进行校正。

$$\text{C}_6\text{H}_4(\text{COONa})(\text{OCOCH}_3) + \text{NaOH} \longrightarrow \text{C}_6\text{H}_4(\text{COONa})(\text{OH}) + \text{CH}_3\text{COONa}$$

$$2NaOH + H_2SO_4 = Na_2SO_4 + H_2O$$

三、仪器和试剂

1. 仪器

研钵、电子天平、容量瓶、锥形瓶等。

2. 试剂

市售阿司匹林肠溶片、酚酞指示剂、无水乙醇、0.10 $mol \cdot L^{-1}$氢氧化钠标准溶液、0.05 $mol \cdot L^{-1}$硫酸滴定液。

四、基本操作

称量、定容、移液、滴定。

五、实验步骤

1. 供试品溶液的制备

准确称取标示量为 0.3 g 的阿司匹林肠溶片 10 片，以研钵研细，用 70 mL 中性乙醇(对酚酞指示剂显中性)分数次溶解，定量移入 100 mL 容量瓶中，充分振摇，用蒸馏水洗涤研钵数次，洗液合并于 100 mL 容量瓶中，再用蒸馏水稀释至刻度，摇匀，过滤，留滤液备用。

2. 供试品溶液的中和

准确量取滤液 10.00 mL(约相当于阿司匹林 0.3 g)，置锥形瓶中，加 20 mL 中性乙醇，滴入 3 滴酚酞指示液，用氢氧化钠标准溶液滴定至溶液显微红色。

3. 供试品溶液的测定

向上述中和后的溶液中准确加入氢氧化钠滴定液(0.10 $mol \cdot L^{-1}$)40.00 mL，70 ℃水浴条件下保温 15 min，间断振摇，水解完成后迅速降至室温，用硫酸标准溶液(0.05 $mol \cdot L^{-1}$)滴定至体系红色消失，记录结果。平行测定三次，并将测试结果用空白试验校正。

每毫升氢氧化钠标准溶液(0.10 $mol \cdot L^{-1}$)相当于 18.02 mg 的 $C_9H_8O_4$。

本品含阿司匹林($C_9H_8O_4$)应为标示量的 95.0%～105.0%。

六、数据记录与处理

将实验数据填入表 6-18。

表 6-18 数据记录表

记录项目	实验序号			
	1	2	3	空白
$m_{试样}$/g				—
$V_{试液}$/mL				
$c_{NaOH}/(mol \cdot L^{-1})$				
V_{NaOH}/mL				
$c_{H_2SO_4}/(mol \cdot L^{-1})$				
$V_{H_2SO_4,初}$/mL				
$V_{H_2SO_4,终}$/mL				
$V_{H_2SO_4}$/mL				
阿司匹林含量/%				—
阿司匹林含量平均值/%				
$\overline{d}_r$/%				

片剂按标示量计算的百分含量定义是：

$$标示量\%=\frac{每片含量}{标示量}\times 100\%$$

$$标示量\%=\frac{(V_0-V)\times 18.02\times F\times 平均片重}{\dfrac{总片重\times 25.00}{100.00\times 标示量}}\times 100\%$$

式中，V_0为空白试验消耗硫酸标准溶液体积；V 为测定样品消耗硫酸标准溶液体积；F 为浓度校正因数，该实验指硫酸标准溶液的浓度校正因数。

本实验中 1 mL NaOH 标准溶液($0.10\ mol \cdot L^{-1}$)相当于 18.02 mg 的乙酰水杨酸。阿司匹林规格(标示量)：100 mg/片。

七、注意事项

(1) 阿司匹林片要全部研细，转移。

(2) 将液体从研钵转移到容量瓶时，用漏斗和玻璃棒进行引流，防止损失。

(3) 片剂的溶液过滤较慢，因此先做称量—研磨—转移—定容—过滤，折叠菊形滤纸，加快过滤。过滤过程中做空白试验。

(4) 注意滴定管、移液管的使用方法，避免气泡产生和污染溶液。

八、实验讨论

(1) 测定阿司匹林肠溶片时应如何制供试品溶液？

(2) 为什么阿司匹林制剂不可以用直接滴定法来测定其含量？

(3) 测定过程中加入中性乙醇的目的何在?

(4) 测定阿司匹林肠溶片第一次用氢氧化钠滴定液滴定至体系呈微红色时,有哪些基团被中和? 再加入氢氧化钠标准溶液(0.10 mol·L^{-1})40 mL,并加热 15 min 的作用是什么? 加热 15 min 后,为什么要求迅速放冷至室温?

(5) 测定阿司匹林肠溶片的含量时为什么要做空白试验? 氢氧化钠滴定液浓度可否是未知? 可否不是 0.10 mol·L^{-1}?

九、知识链接

阿司匹林(aspirin,乙酰水杨酸)经过近百年的临床运用,证明其对缓解轻度或中度疼痛,如牙痛、头痛、神经痛、肌肉酸痛及痛经效果较好,亦用于感冒、流感等发热疾病的退热,治疗风湿痛等。近年来发现阿司匹林对血小板聚集有抑制作用,能阻止血栓形成,临床上用于预防短暂脑缺血发作、心肌梗死、人工心脏瓣膜和静脉瘘或其他手术后血栓的形成。

早在 1853 年,夏尔·弗雷德里克·热拉尔(Gerhardt)就用水杨酸与乙酸酐合成了乙酰水杨酸,但没能引起人们的重视。1897 年,德国化学家费利克斯·霍夫曼又进行了合成,并为他父亲治疗风湿性关节炎,疗效极好;1899 年由德莱塞介绍到临床,并取名为阿司匹林(aspirin)。

科学家们发现阿司匹林除了对风湿性关节炎具有很好的疗效外,还具有抗血小板凝聚的作用,于是重新引起了人们极大的兴趣。将阿司匹林及其他水杨酸衍生物与聚乙烯醇、醋酸纤维素等含羟基聚合物进行熔融酯化,使其高分子化,所得产物的抗炎性和解热镇痛性比游离的阿司匹林更为长效。

阿司匹林至今已应用百余年,成为医药史上三大经典药物之一,是世界上应用最广泛的解热、镇痛和抗炎药,也是比较和评价其他药物的标准制剂。它在体内具有抗血栓的作用,能抑制血小板的释放反应,抑制血小板的聚集,这与 TXA2 生成的减少有关,临床上可用于预防心脑血管疾病的发作。

十、参考文献

[1] 杨孝容,向清祥,涂婷,等. 自动电位滴定法测定阿司匹林肠溶片中总羧酸和阿司匹林的含量[J]. 化学研究与应用. 2015,27(12):1 891-1 895.

实验 16　胃舒平药片中铝、镁的测定

一、实验目的

(1) 掌握配位滴定中的返滴定法原理。

(2) 掌握胃舒平药片中铝、镁含量的测定方法。

(3) 能够熟练操作分离沉淀。

(4) 了解成品药有效组分含量测定的前处理方法。

二、实验原理

胃舒平药片的主要成分为氢氧化铝、三硅酸镁($Mg_2Si_3O_8 \cdot 5H_2O$)及少量中药颠茄浸膏,此外药片成型时还加入了糊精等辅料。药片中的铝、镁含量可用配位滴定法测定,其他成分不干扰测定。

但由于 Al^{3+} 对指示剂二甲酚橙具有封闭作用,且 Al^{3+} 与 EDTA 的配位反应速率较慢,通常采用返滴定法测定。先加入过量且已知准确量的 EDTA 溶液,在一定条件下使之与 Al^{3+} 充分反应完全,然后用锌标准溶液来返滴定过量的 EDTA,从而测出铝含量。

1. 铝的测定(返滴定法)

首先溶解样品,分离除去水不溶性物质,然后分取试液加入过量的 EDTA 溶液,调节 pH 至 3～4 左右,煮沸使 EDTA 与 Al^{3+} 配位完全,再以二甲酚橙为指示剂,调节 pH 至 5～6,用 Zn^{2+} 标准溶液返滴定过量的 EDTA,测出铝含量。滴定过程可表示如下:

$$Al^{3+} + Y^{4-} \xrightarrow[\text{加热}]{\text{调 pH}=3\sim4} \begin{cases} AlY\text{(过量已知)} \\ Y^{4-}\text{(剩余)} \xrightarrow[\text{调 pH}=5\sim6]{\text{加 }Zn^{2+}\text{标液}} ZnY \end{cases}$$

从而求出Al^{3+}

2. 镁的测定

另取试液,调节 pH＝5～6 左右,使 Al^{3+} 生成 $Al(OH)_3$ 沉淀,将 $Al(OH)_3$ 沉淀分离后,在 pH＝10 的条件下以铬黑 T 作指示剂,用 EDTA 标准溶液滴定滤液中的 Mg^{2+}。

$$Al^{3+}、Mg^{2+} \xrightarrow[\text{加热(80℃)}]{\text{调pH}=5\sim6} \begin{cases} Al(OH)_3\downarrow \\ Mg^{2+} \xrightarrow[\text{调pH=10, EBT}]{\text{加EDTA标液}} MgY \end{cases}$$

三、仪器和试剂

1. 仪器

电子天平(0.1 g、0.1 mg)、滴定管、研钵、容量瓶、移液管、吸量管等。

2. 试剂

乙二胺四乙酸二钠(分析纯)、ZnO 或 $ZnSO_4 \cdot 7H_2O$(基准试剂)、20%六亚甲基四胺溶液、HCl溶液(1∶1,1∶3)、氨水(1∶1)、铬黑T指示剂、0.2%二甲酚橙指示剂、甲基红指示剂、三乙醇胺(1∶2)、NH_3-NH_4Cl缓冲溶液、胃舒平样品、$NH_4Cl(s)$。

四、基本操作

称量、定容、移液、沉淀、过滤、滴定。

五、实验步骤

1. 标准溶液的配制与标定

(1) 0.02 mol·L^{-1} EDTA标准溶液的配制。称取配制500 mL 0.02 mol·L^{-1} EDTA溶液所需的乙二胺四乙酸二钠(3.8 g)于烧杯中,加水,温热溶解,冷却后转入聚乙烯试剂瓶中,稀释至500 mL,贴上标签,摇匀备用。

(2) 0.02 mol·L^{-1} Zn^{2+}标准溶液的配制。以ZnO为基准物:精确称量ZnO基准物0.35～0.50 g于100 mL烧杯中,用数滴水润湿后,盖上表面皿,从烧杯嘴处滴加3 mL HCl溶液(1∶1),待完全溶解后冲洗表面皿和烧杯壁,定量转移至250 mL容量瓶中,加水至刻度,摇匀。

以$ZnSO_4·7H_2O$为基准物:精确称量$ZnSO_4·7H_2O$ 1.2～1.5 g于100 mL烧杯中,溶解并定容于250 mL容量瓶中,摇匀。

(3) 0.02 mol·L^{-1} EDTA溶液的标定。移取25.00 mL Zn^{2+}试液于250 mL锥形瓶中,加2滴二甲酚橙指示剂,摇匀,滴加20%六亚甲基四胺溶液至溶液呈现紫红色再过量5 mL,然后用0.02 mol·L^{-1} EDTA溶液滴定至溶液由紫红色突变为亮黄色即为终点。平行测定三次,计算EDTA溶液的准确浓度。

2. 样品处理

取胃舒平药片10片,研细,准确称取药粉0.70～0.80 g于100 mL烧杯中,加入HCl溶液(1∶1)8 mL,加水至50 mL,煮沸,滴加0.5 mL HCl溶液(1∶1),若沉淀增加则继续滴加,不增加则冷却后过滤,并用水洗涤沉淀。收集滤液及洗涤液于100 mL容量瓶中,用水稀释至标线,摇匀。

3. 铝的测定

准确移取上述试液5.00 mL于250 mL锥形瓶中,加水至25 mL左右。准确加入0.02 mol·L^{-1} EDTA标准溶液25.00 mL,摇匀。加入二甲酚橙指示剂2滴,滴加氨水(1∶1)至溶液恰呈红色,然后滴加2滴HCl溶液(1∶3)。将溶液煮沸3 min左右,冷却,再加入六亚甲基四胺溶液10 mL,使溶液pH为5～6。再加入二甲酚橙指示剂2滴,用0.02 mol·L^{-1} Zn^{2+}标准溶液滴定至溶液由黄色突变为红色,即为终点,重复测定三次。根据EDTA加入量与Zn^{2+}标准溶液滴定体积,计算每片药片中铝的含量。

4. 镁的测定

吸取试液 25.00 mL，滴加氨水(1∶1)至刚出现沉淀，再加 HCl 溶液(1∶1)至沉淀恰好溶解，加入 2 g 固体 NH_4Cl，滴加六亚甲基四胺溶液至沉淀出现并过量 15 mL，加热至 80 ℃，维持 10～15 min，冷却后过滤，以少量蒸馏水洗涤沉淀数次，收集滤液与洗涤液于 250 mL 锥形瓶中，加入三乙醇胺溶液 10 mL、NH_3-NH_4Cl 缓冲溶液 10 mL 及甲基红指示剂 1 滴、铬黑 T 指示剂 1～2 滴，用 EDTA 标准溶液滴定至试液由暗红色转变为蓝绿色，即为终点。平行测定三次，计算每片药片中镁的质量分数(以 MgO 表示)。

六、数据记录与处理

(1) 0.02 $mol \cdot L^{-1}$ EDTA 溶液的标定(见第五章实验 6)。

(2) 铝含量的测定。将实验数据填入表 6-19。

表 6-19　数据记录表

记录项目	实验序号		
	1	2	3
药片质量 m_s/g			
$c_{EDTA}/(mol \cdot L^{-1})$			
$V_{试}$/mL			
V_{EDTA}/mL	25.00		
$V_{Zn^{2+},初}$/mL			
$V_{Zn^{2+},终}$/mL			
$V_{Zn^{2+}}$/mL			
$w_{Al_2O_3}$/%			
$\overline{w}_{Al_2O_3}$/%			
$\overline{d}_r$/%			

(3) 镁含量的测定(见第五章实验 7)。

七、注意事项

(1) 为使测定结果具有代表性，应取较多样品，研细后再取部分进行分析。

(2) 测定镁含量时加入 1 滴甲基红指示剂可使终点更为敏锐。

(3) 样品处理时，应等溶液冷至室温再定容，配制的溶液一定要摇匀。

(4) 铝含量测定时滴加氨水是为了中和溶解药片时过量的酸，应使溶液恰好呈红色。

八、实验讨论

(1) 测定镁含量时为什么加入 1 滴甲基红指示剂可使终点更为敏锐?

(2) 边加 HCl 溶液(1∶1)边搅拌至沉淀恰好完全溶解为止,为什么酸不可过多?

(3) 铝含量测定时滴加氨水的作用是什么?

九、知识链接

铝对人体的神经系统有一定的毒害作用,因此过多摄入会导致神经系统慢性病变。胃舒平别名复方氢氧化铝,主要成分为氢氧化铝及三硅酸镁等材料。在胃舒平中,铝是该药的有效组分,因此建立该药物中铝含量的有效测定方法具有重要的社会意义。

铝在人体内是慢慢蓄积起来的,其引起的毒性缓慢且不易察觉,然而一旦发生代谢紊乱的毒性反应,后果非常严重,因此必须引起我们的重视,在日常生活中要防止铝的吸收,减少铝制品的使用。铝及其化合物对人类的危害与其贡献相比是无法相提并论的,只要人们切实注意,扬长避短,它将在人类社会中发挥出更为重要的作用。

十、参考文献

[1] 崔学桂,张晓丽,胡清萍. 基础化学实验(Ⅰ):无机及分析化学实验[M]. 2 版. 北京:化学工业出版社,2007.

[2] 华中师范大学,东北师范大学,陕西师范大学,等. 分析化学实验[M]. 3 版. 北京:高等教育出版,2001.

[3] 中华人民共和国卫生部药典委员会. 中华人民共和国药典[M]. 北京:化学工业出版社,1995.

附　录

附录1　常见化合物的相对分子质量

分子式	相对分子质量	分子式	相对分子质量
AgBr	187.77	HCl	36.461
AgCl	143.32	$HClO_4$	100.46
AgI	234.77	HNO_3	63.013
$AgNO_3$	169.87	H_2O	18.015
Al_2O_3	101.96	H_2O_2	34.015
As_2O_3	197.84	H_3PO_4	97.995
$BaCl_2 \cdot 2H_2O$	244.26	H_2SO_4	98.080
BaO	153.33	I_2	253.81
$Ba(OH)_2 \cdot 8H_2O$	315.47	$KAl(SO_4)_2 \cdot 7H_2O$	474.39
$BaSO_4$	233.39	KBr	119.00
$CaCO_3$	100.09	$KBrO_3$	167.00
CaO	56.077	KCl	74.551
$Ca(OH)_2$	74.093	$KClO_4$	138.55
CO_2	44.010	K_2CO_3	138.21
CuO	79.545	K_2CrO_4	194.19
Cu_2O	143.09	$K_2Cr_2O_7$	294.19
$CuSO_4 \cdot 5H_2O$	249.69	KH_2PO_4	136.09
FeO	71.844	$KHSO_4$	136.17
Fe_2O_3	159.69	KI	166.00
$FeSO_4 \cdot 7H_2O$	278.02	KIO_3	214.00
$FeSO_4 \cdot (NH_4)_2SO_4 \cdot 6H_2O$	392.14	$KIO_3 \cdot HIO_3$	389.91
H_3BO_3	61.833	$KMnO_4$	158.03

续表

分子式	相对分子质量	分子式	相对分子质量
KNO_2	85.100	NH_4Cl	53.491
KOH	56.106	NH_4OH	35.046
K_2PtCl_6	486.00	$(NH_4)_3PO_4 \cdot 12MoO_3$	1 876.4
$KSCN$	97.182	$(NH_4)_2SO_4$	132.14
$MgCO_3$	84.314	$PbCrO_4$	321.19
$MgCl_2$	95.211	PbO_2	239.20
$MgSO_4 \cdot 7H_2O$	246.48	$PbSO_4$	303.26
$MgNH_4PO_4 \cdot 6H_2O$	245.41	P_2O_5	141.94
MgO	43.304	SiO_2	60.085
$Mg(OH)_2$	58.320	SO_2	64.065
$Mg_2P_2O_7$	222.55	SO_3	80.064
$Na_2B_4O_7 \cdot 10H_2O$	381.37	ZnO	81.408
$NaBr$	102.89	CH_3COOH(醋酸)	60.052
$NaCl$	58.489	$H_2C_2O_4 \cdot 2H_2O$	126.07
Na_2CO_3	105.99	$KHC_4H_4O_6$(酒石酸氢钾)	188.18
$NaHCO_3$	84.007	$KHC_8H_4O_4$(邻苯二甲酸氢钾)	204.22
$Na_2HPO_4 \cdot 10H_2O$	358.14	$K(SbO)C_4H_4O_6 \cdot 1/2H_2O$(酒石酸锑钾)	333.93
$NaNO_2$	69.000		
Na_2O	61.979	$Na_2C_2O_4$(草酸钠)	134
$NaOH$	39.997	$NaC_7H_5O_2$(苯甲酸钠)	144.11
$Na_2S_2O_3$	158.11	$Na_3C_6H_5O_7 \cdot 2H_2O$(柠檬酸钠)	294.12
$Na_2S_2O_3 \cdot 5H_2O$	248.19	$Na_2H_2C_{10}H_{12}O_8N_2 \cdot 2H_2O$(EDTA 二钠盐)	372.24
NH_3	17.031		

附录 2　常用酸碱试剂的密度、质量分数、物质的量浓度和配制方法

1. 酸

化学式	名称	密度(20 ℃)/(g·mL^{-1})	质量分数/%	物质的量浓度/(mol·L^{-1})	配制方法
H_2SO_4	浓硫酸	1.84	98	18	
	稀硫酸	1.18	25	3	将 167 mL 浓硫酸稀释至 1 L
	稀硫酸	1.06	9	1	将 55 mL 浓硫酸稀释至 1 L

续表

化学式	名称	密度(20 ℃)/(g·mL^{-1})	质量分数/%	物质的量浓度/(mol·L^{-1})	配制方法
HNO_3	浓硝酸	1.42	69	16	
	稀硝酸	1.20	32	6	将 375 mL 浓硝酸稀释至 1 L
	稀硝酸	1.07	12	2	将 125 mL 浓硝酸稀释至 1 L
HCl	浓盐酸	1.19	36～38	11.7～12.5	
	稀盐酸	1.10	20	6	将 498 mL 浓盐酸稀释至 1 L
	稀盐酸	1.03	7	2	将 165 mL 浓盐酸稀释至 1 L
H_3PO_4	浓磷酸	1.69	85	14.6	
	稀磷酸	1.15	26	3	将 205 mL 浓磷酸稀释至 1 L
$HClO_4$	高氯酸	1.68	70	11.6	
CH_3COOH	冰醋酸	1.05	99	17.5	
	稀醋酸	1.02	12	2	将 116 mL 冰醋酸稀释至 1 L
HF	氢氟酸	1.13	40	23	
H_2S	氢硫酸			0.1	H_2S 气体饱和水溶液(新制)

2. 碱

化学式	名称	密度(20 ℃)/(g·mL^{-1})	质量分数/%	物质的量浓度/(mol·L^{-1})	配制方法
$NH_3 \cdot H_2O$	浓氨水	0.88	25～28	12.9～14.8	
	稀氨水	0.96	11	6	将 400 mL 浓氨水稀释至 1 L
	稀氨水	0.98	4	2	将 133 mL 浓氨水稀释至 1 L
NaOH	浓氢氧化钠	1.43	40	14	将 572 g NaOH 溶解并稀释至 1 L
	稀氢氧化钠	1.22	20	6	将 240 g NaOH 溶解并稀释至 1 L
	稀氢氧化钠	1.09	8	2	将 80 g NaOH 溶解并稀释至 1 L
$Ba(OH)_2$	饱和氢氧化钡	—	2	0.1	将 16.7 g $Ba(OH)_2$ 溶解并稀释至 1 L
$Ca(OH)_2$	饱和氢氧化钙	—	0.025	—	将 1.9 g $Ca(OH)_2$ 溶解并稀释至 1 L

附录3　酸、碱的解离常数

(离子强度近于零的稀溶液,298.15 K)

1. 弱酸的解离常数

(1) 无机酸:

名称	化学式	解离常数 K_a	pK_a
偏铝酸	$HAlO_2$	6.3×10^{-13}	12.2
砷酸	H_3AsO_4	$5.5\times10^{-2}(K_{a1})$	2.26
		$1.7\times10^{-7}(K_{a2})$	6.76
		$5.1\times10^{-12}(K_{a3})$	11.29
亚砷酸	H_3AsO_3	5.1×10^{-10}	9.29
硼酸	H_3BO_3	$5.8\times10^{-10}(K_{a1})$	9.24
		$1.8\times10^{-13}(K_{a2})$	12.74
		$1.6\times10^{-14}(K_{a3})$	13.8
次溴酸	HBrO	2.06×10^{-9}	8.69
次氯酸	HClO	2.95×10^{-8}	7.53
氢氰酸	HCN	6.2×10^{-10}	9.21
碳酸	H_2CO_3	$4.30\times10^{-7}(K_{a1})$	6.37
		$5.61\times10^{-11}(K_{a2})$	10.25
铬酸	H_2CrO_4	$1.8\times10^{-1}(K_{a1})$	0.74
		$3.2\times10^{-7}(K_{a2})$	6.49
氢氟酸	HF	6.3×10^{-4}	3.20
锗酸	H_2GeO_3	$1.7\times10^{-9}(K_{a1})$	8.78
		$1.9\times10^{-13}(K_{a2})$	12.72
次碘酸	HIO	3×10^{-11}	10.5
碘酸	HIO_3	1.7×10^{-1}	0.78
高碘酸	HIO_4	2.3×10^{-2}	1.64
亚硝酸	HNO_2	5.6×10^{-4}	3.25
次磷酸	H_3PO_2	5.9×10^{-2}	1.23
亚磷酸	H_3PO_3	$5\times10^{-2}(K_{a1})$(20 ℃)	1.3
		$2\times10^{-7}(K_{a2})$(20 ℃)	6.70
磷酸	H_3PO_4	$7.52\times10^{-3}(K_{a1})$	2.12
		$6.23\times10^{-8}(K_{a2})$	7.21
		$4.8\times10^{-13}(K_{a3})$	12.32

续表

名称	化学式	解离常数 K_a	pK_a
焦磷酸	$H_4P_2O_7$	$1.2\times10^{-1}(K_{a1})$	0.91
		$7.9\times10^{-3}(K_{a2})$	2.10
		$2.0\times10^{-7}(K_{a3})$	6.70
		$4.8\times10^{-10}(K_{a4})$	9.32
过氧化氢	H_2O_2	2.4×10^{-12}	11.62
硫化氢	H_2S	$8.9\times10^{-8}(K_{a1})$	7.05
		$1\times10^{-19}(K_{a2})$	19
氢硒酸	H_2Se	$1.3\times10^{-4}(K_{a1})$	3.89
		$1.0\times10^{-11}(K_{a2})$	11
亚硒酸	H_2SeO_3	$2.4\times10^{-3}(K_{a1})$	2.62
		$4.8\times10^{-9}(K_{a2})$	8.32
硒酸	H_2SeO_4	2×10^{-2}	1.7
硅酸	H_2SiO_3	$1\times10^{-10}(K_{a1})$(30 ℃)	9.9
		$2\times10^{-12}(K_{a2})$(30 ℃)	11.8
亚硫酸	H_2SO_3	$1.40\times10^{-2}(K_{a1})$	1.85
		$6.00\times10^{-8}(K_{a2})$	7.2
硫酸	H_2SO_4	1.20×10^{-2}	1.92
硫代硫酸	$H_2S_2O_3$	$2.52\times10^{-1}(K_{a1})$	0.6
		$1.9\times10^{-2}(K_{a2})$	1.72
亚碲酸	H_2TeO_3	$2.7\times10^{-3}(K_{a1})$	2.57
		$1.8\times10^{-8}(K_{a2})$	7.74

（2）有机酸：

名称	化学式	解离常数 K_a	pK_a
甲酸	HCOOH	1.7×10^{-4}(20 ℃)	3.75
乙酸	CH_3COOH	1.76×10^{-5}	4.75
乙醇酸	$CH_2(OH)COOH$	1.48×10^{-4}	3.83
草酸	$H_2C_2O_4$	$5.90\times10^{-2}(K_{a1})$	1.23
		$6.40\times10^{-5}(K_{a2})$	4.19
甘氨酸	$CH_2(NH_2)COOH$	1.7×10^{-10}	9.78

续表

名称	化学式	解离常数 K_a	pK_a
丙酸	CH_3CH_2COOH	1.35×10^{-5}	4.87
乳酸	$CH_3CHOHCOOH$	1.4×10^{-4}	3.86
丙二酸	$HOOCCH_2COOH$	$1.4\times10^{-3}(K_{a1})$	2.85
		$2.2\times10^{-6}(K_{a2})$	5.66
甘油酸	$HOCH_2CHOHCOOH$	2.29×10^{-4}	3.64
正丁酸	$CH_3(CH_2)_2COOH$	1.52×10^{-5}	4.82
异丁酸	$(CH_3)_2CHCOOH$	1.41×10^{-5}	4.85
正戊酸	$CH_3(CH_2)_3COOH$	1.4×10^{-5}	4.86
异戊酸	$(CH_3)_2CHCH_2COOH$	1.67×10^{-5}	4.78
正己酸	$CH_3(CH_2)_4COOH$	1.39×10^{-5}	4.86
异己酸	$(CH_3)_2CH(CH_2)_2COOH$	1.43×10^{-5}	4.85
苯酚	C_6H_5OH	1.1×10^{-10}	9.96
邻苯二酚	$(o)C_6H_4(OH)_2$	3.6×10^{-10}	9.45
		1.6×10^{-13}	12.8
间苯二酚	$(m)C_6H_4(OH)_2$	$3.6\times10^{-10}(K_{a1})$	9.3
		$8.71\times10^{-12}(K_{a2})$	11.06
对苯二酚	$(p)C_6H_4(OH)_2$	1.1×10^{-10}	9.96
2,4,6-三硝基苯酚	$2,4,6\text{-}(NO_2)_3C_6H_2OH$	5.1×10^{-1}	0.29
水杨酸	$C_6H_4(OH)COOH$	$1.05\times10^{-3}(K_{a1})$	2.98
		$4.17\times10^{-13}(K_{a2})$	12.38
乙二胺四乙酸(EDTA)	$[CH_2—N(CH_2COOH)_2]_2$	$1.0\times10^{-2}(K_{a1})$	2
		$2.14\times10^{-3}(K_{a2})$	2.67
		$6.92\times10^{-7}(K_{a3})$	6.16
		$5.5\times10^{-11}(K_{a4})$	10.26

2. 弱碱的解离常数

(1) 无机碱:

名称	化学式	解离常数 K_b	pK_b
氢氧化银	$AgOH$	1.1×10^{-4}	3.96
氢氧化铍	$Be(OH)_2$	5×10^{-11}	10.30

续表

名称	化学式	解离常数 K_b	pK_b
氢氧化钙	$Ca(OH)_2$	$3.74\times10^{-3}(K_{b1})$	2.43
		$4\times10^{-2}(K_{b2})$(30 ℃)	1.4
氨水	$NH_3\cdot H_2O$	1.79×10^{-5}	4.75
联氨	NH_2NH_2	1.2×10^{-6}(20 ℃)	5.9
羟胺	NH_2OH	8.71×10^{-9}	8.06
氢氧化铅	$Pb(OH)_2$	9.6×10^{-4}	3.02
氢氧化锌	$Zn(OH)_2$	9.6×10^{-4}	3.02

(2) 有机碱:

名称	化学式	解离常数 K_b	pK_b
甲胺	CH_3NH_2	4.17×10^{-4}	3.38
尿素	$CO(NH_2)_2$	1.5×10^{-14}	13.82
乙胺	$CH_3CH_2NH_2$	4.27×10^{-4}	3.37
乙醇胺	$H_2N(CH_2)_2OH$	3.16×10^{-5}	4.5
乙二胺	$H_2N(CH_2)_2NH_2$	$8.51\times10^{-5}(K_{b1})$	4.07
		$7.08\times10^{-8}(K_{b2})$	7.15
苯胺	$C_6H_5NH_2$	3.98×10^{-10}	9.4
环己胺	$C_6H_{11}NH_2$	4.37×10^{-4}	3.36
吡啶	C_5H_5N	1.48×10^{-9}	8.83
六亚甲基四胺	$(CH_2)_6N_4$	1.35×10^{-9}	8.87

附录 4 常用缓冲溶液的配制

缓冲溶液组成	pK_{a1}	缓冲液 pH	缓冲溶液配制方法
一氯乙酸-NH_4Ac		2.0	取 100 mL 0.1 mol·L^{-1} 一氯乙酸,加 10 mL 0.1 mol·L^{-1} NH_4Ac,混匀
氨基乙酸-HCl	2.35	2.3	取 150g 氨基乙酸溶于 500 mL 水中,加 80 mL 浓盐酸,稀释至 1 L
H_3PO_4-柠檬酸盐		2.5	取 113g $Na_2HPO_4\cdot12H_2O$ 溶于 200 mL 水中,加 387 g 柠檬酸,溶解,过滤后稀释至 1 L
一氯乙酸-NaOH	2.86	2.8	取 200 g 一氯乙酸溶于 200 mL 水中,加 40 g NaOH,溶解,稀释至 1 L
邻苯二甲酸氢钾-HCl	2.95	2.9	取 500 g 邻苯二甲酸氢钾溶于 500 mL 水中,加 80 mL 浓盐酸,稀释至 1 L

续表

缓冲溶液组成	pK_{a1}	缓冲液 pH	缓冲溶液配制方法
一氯乙酸-NaAc		3.5	取 250 mL 2.0 mol·L^{-1}一氯乙酸，加 500 mL 1.0 mol·L^{-1} NaAc，混匀
甲酸-NaOH	3.76	3.7	取 95 g 甲酸和 40 g NaOH 溶于 500 mL 水中，稀释至 1 L
NaAc-HAc	4.74	4.7	取 83 g 无水 NaAc 溶于水中，加 60 mL 冰醋酸，稀释至 1 L
NH_4Ac-HAc		5.0	取 250 g NH_4Ac 溶于水中，加 25 mL 冰醋酸，稀释至 1 L
六亚甲基四胺-HCl	5.15	5.4	取六亚甲基四胺 40 g 溶于 200 mL 水中，加 10 mL浓盐酸，稀释至 1 L
NH_4Ac-HAc		6.0	取 600 g NH_4Ac 溶于水中，加 20 mL 冰醋酸，稀释至 1 L
Tris-HCl [Tris 为三羟甲基氨基甲烷 $CNH_2(HOCH_2)_3$]	8.21	8.2	取 25 g Tris 试剂溶于水中，加 8 mL 浓盐酸，稀释至 1 L
NH_3-NH_4Cl	9.26	9.2	取 54 g NH_4Cl 溶于水中，加 63 mL 浓氨水，稀释至 1 L
NH_3-NH_4Cl	9.26	9.5	取 54 g NH_4Cl 溶于水中，加 126 mL 浓氨水，稀释至 1 L
NH_3-NH_4Cl	9.26	10.0	取 54 g NH_4Cl 溶于水中，加 350 mL 浓氨水，稀释至 1 L

附录 5　常用指示剂

名　称	配制方法
$Na_3[Co(NO_2)_6]$	溶解 230 g $NaNO_2$ 于 500 mL 水中，加入 165 mL 6 mol·L^{-1} HAc 和30 g $Co(NO_3)_2\cdot 6H_2O$，放置 24 h，取其清液，稀释至 1 L，并保存在棕色瓶中。此溶液应呈橙色，若变成红色，表示已分解，应重新配制
铬黑 T	将铬黑 T 和烘干的 NaCl 按 1∶100 的比例研细，混合均匀，贮于棕色瓶中
镁试剂	溶解 0.01 g 镁试剂于 1 L 1 mol·L^{-1} NaOH 溶液中
钙指示剂(0.2%)	0.2 g 钙指示剂溶于 100 mL 水中
铝试剂(0.1%)	1 g 铝试剂溶于 1 L 水中
二苯硫腙(0.01%)	0.01 g 二苯硫腙溶于 100 mL CCl_4 中
丁二酮肟(1%)	1 g 丁二酮肟溶于 100 mL 95%乙醇中
β-萘酚溶液	取 8.6 g 研细的 $CuSO_4$ 溶于 50 mL 热水中，冷却后用水稀释至 80 mL。另取 86 g 柠檬酸钠及 50 g 无水碳酸钠溶于 300 mL 水中，加热溶解，待溶液冷却后，再加入上面所配的 $CuSO_4$ 溶液，加水稀释至 500 mL。将试剂贮于试剂瓶中，用橡皮塞塞紧瓶口

续表

名 称	配制方法
本尼迪试剂	0.1 g 百里酚蓝溶于 20 mL 乙醇中，加水至 100 mL
卢卡斯试剂	在冷却下，将 136 g 无水氯化锌溶于 90 mL 浓盐酸中。此试剂一般在用前配制

附录 6 常用酸碱指示剂

名 称	变色范围(pH)	颜色变化	配制方法
0.1%百里酚蓝	1.2～2.8	红～黄	0.1 g 百里酚蓝溶于 20 mL 乙醇中，加水至 100 mL
0.1%甲基橙	3.1～4.4	红～黄	0.1 g 甲基橙溶于 100 mL 热水中
0.1%溴酚蓝	3.0～1.6	黄～紫蓝	0.1 g 溴酚蓝溶于 20 mL 乙醇中，加水至 100 mL
0.1%溴甲酚绿	4.0～5.4	黄～蓝	0.1 g 溴甲酚绿溶于 20 mL 乙醇中，加水至 100 mL
0.1%甲基红	4.8～6.2	红～黄	0.1 g 甲基红溶于 60 mL 乙醇中，加水至 100 mL
0.1%溴百里酚蓝	6.0～7.6	黄～蓝	0.1 g 溴百里酚蓝溶于 20 mL 乙醇中，加水至 100 mL
0.1%中性红	6.8～8.0	红～黄橙	0.1 g 中性红溶于 60 mL 乙醇中，加水至 100 mL
0.2%酚酞	8.0～9.6	无～红	0.2 g 酚酞溶于 90 mL 乙醇中，加水至 100 mL
0.1%百里酚蓝	8.0～9.6	黄～蓝	0.1 g 百里酚蓝溶于 20 mL 乙醇中，加水至 100 mL
0.1%百里酚酞	9.4～10.6	无～蓝	0.1 g 百里酚酞溶于 90 mL 乙醇中，加水至 100 mL
0.1%茜素黄	10.1～12.1	黄～紫	0.1 g 茜素黄溶于 100 mL 水中

附录 7 化合物的溶度积常数表(298.15 K)

化合物	溶度积	化合物	溶度积	化合物	溶度积
AgAc	1.94×10^{-3}	$PbBr_2$	6.60×10^{-6}	$MgCO_3$	6.82×10^{-6}
AgBr	5.0×10^{-13}	$PbCl_2$	1.6×10^{-5}	$MnCO_3$	2.24×10^{-11}
AgCl	1.8×10^{-10}	PbF_2	3.3×10^{-8}	$NiCO_3$	1.42×10^{-7}
AgI	8.3×10^{-17}	PbI_2	7.1×10^{-9}	$PbCO_3$	7.4×10^{-14}
BaF_2	1.84×10^{-7}	SrF_2	4.33×10^{-9}	$SrCO_3$	5.6×10^{-10}
CaF_2	5.3×10^{-9}	Ag_2CO_3	8.45×10^{-12}	$ZnCO_3$	1.46×10^{-10}
CuBr	5.3×10^{-9}	$BaCO_3$	5.1×10^{-9}	Ag_2CrO_4	1.12×10^{-12}
CuCl	1.2×10^{-6}	$CaCO_3$	3.36×10^{-9}	$Ag_2Cr_2O_7$	2.0×10^{-7}
CuI	1.1×10^{-12}	$CdCO_3$	1.0×10^{-12}	$BaCrO_4$	1.2×10^{-10}
Hg_2Cl_2	1.3×10^{-18}	$CuCO_3$	1.4×10^{-10}	$CaCrO_4$	7.1×10^{-4}
Hg_2I_2	4.5×10^{-29}	$FeCO_3$	3.13×10^{-11}	$CuCrO_4$	3.6×10^{-6}
HgI_2	2.9×10^{-29}	Hg_2CO_3	3.6×10^{-17}	Hg_2CrO_4	2.0×10^{-9}

续表

化合物	溶度积	化合物	溶度积	化合物	溶度积
$PbCrO_4$	2.8×10^{-13}	$Hg_2C_2O_4$	1.75×10^{-13}	$AlPO_4$	6.3×10^{-19}
$SrCrO_4$	2.2×10^{-5}	$MgC_2O_4\cdot2H_2O$	4.83×10^{-6}	$CaHPO_4$	1×10^{-7}
AgOH	2.0×10^{-8}	$MnC_2O_4\cdot2H_2O$	1.70×10^{-7}	$Ca_3(PO_4)_2$	2.0×10^{-29}
$Al(OH)_3$(无定形)	1.3×10^{-33}	PbC_2O_4	8.51×10^{-10}	$Cd_3(PO_4)_2$	2.53×10^{-33}
$Be(OH)_2$(无定形)	1.6×10^{-22}	$SrC_2O_4\cdot H_2O$	1.6×10^{-7}	$Cu_3(PO_4)_2$	1.40×10^{-37}
$Ca(OH)_2$	5.5×10^{-6}	$ZnC_2O_4\cdot2H_2O$	1.38×10^{-9}	$FePO_4\cdot2H_2O$	9.91×10^{-16}
$Cd(OH)_2$	5.27×10^{-15}	Ag_2SO_4	1.4×10^{-5}	$MgNH_4PO_4$	2.5×10^{-13}
$Co(OH)_2$(粉红色)	1.09×10^{-15}	$BaSO_4$	1.1×10^{-10}	$Mg_3(PO_4)_2$	1.04×10^{-24}
$Co(OH)_2$(蓝色)	5.92×10^{-15}	$CaSO_4$	9.1×10^{-6}	$Pb_3(PO_4)_2$	8.0×10^{-43}
$Co(OH)_3$	1.6×10^{-44}	Hg_2SO_4	6.5×10^{-7}	$Zn_3(PO_4)_2$	9.0×10^{-33}
$Cr(OH)_2$	2×10^{-16}	$PbSO_4$	1.6×10^{-8}	$[Ag^+][Ag(CN)_2^-]$	7.2×10^{-11}
$Cr(OH)_3$	6.3×10^{-31}	$SrSO_4$	3.2×10^{-7}	$Ag_4[Fe(CN)_6]$	1.6×10^{-41}
$Cu(OH)_2$	2.2×10^{-20}	Ag_2S	6.3×10^{-50}	$Cu_2[Fe(CN)_6]$	1.3×10^{-16}
$Fe(OH)_2$	8.0×10^{-16}	CdS	8.0×10^{-27}	AgSCN	1.03×10^{-12}
$Fe(OH)_3$	4×10^{-38}	CoS(α 型)	4.0×10^{-21}	CuSCN	4.8×10^{-15}
$Mg(OH)_2$	1.8×10^{-11}	CoS(β 型)	2.0×10^{-25}	$AgBrO_3$	5.3×10^{-5}
$Mn(OH)_2$	1.9×10^{-13}	CuS	6.3×10^{-36}	$AgIO_3$	3.0×10^{-8}
$Ni(OH)_2$(新制备)	2.0×10^{-15}	FeS	6.3×10^{-18}	$Cu(IO_3)_2\cdot H_2O$	7.4×10^{-8}
$Pb(OH)_2$	1.2×10^{-15}	HgS(黑色)	1.6×10^{-52}	$KHC_4H_4O_6$ (酒石酸氢钾)	3×10^{-4}
$Sn(OH)_2$	1.4×10^{-28}	HgS(红色)	4×10^{-53}	Al(8-羟基喹啉)$_3$	5×10^{-33}
$Sr(OH)_2$	9×10^{-4}	MnS(晶形)	2.5×10^{-13}	$K_2Na[Co(NO_2)_6]\cdot$ H_2O	2.2×10^{-11}
$Zn(OH)_2$	1.2×10^{-17}	NiS	1.07×10^{-21}		
$Ag_2C_2O_4$	5.4×10^{-12}	PbS	8.0×10^{-28}	$Na(NH_4)_2$ $[Co(NO_2)_6]$	4×10^{-12}
BaC_2O_4	1.6×10^{-7}	SnS	1×10^{-25}		
$CaC_2O_4\cdot H_2O$	4×10^{-9}	SnS_2	2×10^{-27}	Ni(丁二酮肟)$_2$	4×10^{-24}
CuC_2O_4	4.43×10^{-10}	ZnS	2.93×10^{-25}	Mg(8-羟基喹啉)$_2$	4×10^{-16}
$FeC_2O_4\cdot2H_2O$	3.2×10^{-7}	Ag_3PO_4	1.4×10^{-16}	Zn(8-羟基喹啉)$_2$	5×10^{-25}

附录8 常见配离子的标准稳定常数(298.15K)

配离子	$K_f^\ominus$	配离子	$K_f^\ominus$	配离子	$K_f^\ominus$
$AgCl_2^-$	1.84×10^5	$Co(EDTA)^-$	1.0×10^{36}	$Hg(EDTA)^{2-}$	6.3×10^{21}
$AgBr_2^-$	1.93×10^7	$CuCl_2^-$	6.91×10^4	$Ni(NH_3)_6^{2+}$	8.97×10^8
AgI_2^-	4.80×10^{10}	$CuCl_3^{2-}$	4.55×10^5	$Ni(CN)_4^{2-}$	1.31×10^{30}
$Ag(NH_3)^+$	2.07×10^3	$Cu(CN)_2^-$	9.98×10^{23}	$Ni(N_2H_4)_6^{2+}$	1.04×10^{12}
$Ag(NH_3)_2^+$	1.67×10^7	$Cu(CN)_3^{2-}$	4.21×10^{28}	$Ni(EDTA)^{2-}$	3.6×10^{18}
$Ag(CN)_2^-$	2.48×10^{20}	$Cu(CN)_4^{3-}$	2.03×10^{30}	$PbCl_3^-$	2.72×10
$Ag(SCN)_2^-$	2.04×10^8	$Cu(SCN)_4^{3-}$	8.66×10^9	$PbBr_3^-$	1.55×10
$Ag(S_2O_3)_2^{3-}$	2.9×10^{13}	$Cu(SO_3)_2^{3-}$	4.13×10^8	PbI_3^-	2.67×10^3
$Ag(en)_2^+$	5.0×10^7	$Cu(NH_3)_4^{2+}$	2.30×10^{12}	PbI_4^{2-}	1.66×10^4
$Ag(EDTA)^{3-}$	2.1×10^7	$Cu(P_2O_7)_2^{6-}$	8.24×10^8	$Pb(CH_3COO)^+$	1.52×10^2
$Al(OH)_4^-$	3.31×10^{33}	$Cu(C_2O_4)_2^{2-}$	2.35×10^9	$Pb(CH_3COO)_2$	8.26×10^2
AlF_6^{3-}	6.9×10^{19}	$Cu(EDTA)^{2-}$	5.0×10^{18}	$Pb(EDTA)^{2-}$	2.0×10^{18}
$Al(EDTA)^-$	1.3×10^{16}	FeF^{2+}	7.1×10^6	$PdCl_3^-$	2.10×10^{10}
$Ba(EDTA)^{2-}$	6.0×10^7	FeF_2^+	3.8×10^{11}	$PdBr_4^-$	6.05×10^{13}
$Be(EDTA)^{2-}$	2.0×10^9	$Fe(CN)_6^{3-}$	4.1×10^{52}	PdI_4^{2-}	4.36×10^{22}
$BiCl_4^-$	7.96×10^6	$Fe(CN)_6^{4-}$	4.2×10^{45}	$Pd(NH_3)_4^{2+}$	3.10×10^{25}
$BiCl_6^{3-}$	2.45×10^7	$Fe(SCN)^{2+}$	9.1×10^2	$Pd(CN)_4^{2-}$	5.20×10^{41}
$BiBr_4^-$	5.92×10^7	$FeCl_2^+$	4.9	$Pd(SCN)_4^{2-}$	9.43×10^{23}
BiI_4^-	8.88×10^{14}	$Fe(EDTA)^{2-}$	2.1×10^{14}	$Pd(EDTA)^{2-}$	3.2×10^{18}
$Bi(EDTA)^-$	6.3×10^{22}	$Fe(EDTA)^-$	1.7×10^{24}	$PtCl_4^{2-}$	9.86×10^{15}
$Ca(EDTA)^{2-}$	1.0×10^{11}	$HgCl^-$	5.73×10^6	$PtBr_4^{2-}$	6.47×10^{17}
$Cd(NH_3)_4^{2+}$	2.78×10^7	$HgCl_2$	1.46×10^{13}	$Pt(NH_3)_4^{2+}$	2.18×10^{35}
$Cd(CN)_4^{2-}$	1.95×10^{18}	$HgCl_3^-$	9.6×10^{13}	$Zn(OH)_3^-$	1.64×10^{13}
$Cd(OH)_4^{2-}$	1.20×10^9	$HgCl_4^{2-}$	1.31×10^{15}	$Zn(OH)_4^-$	2.83×10^{14}
CdI_4^{2-}	4.05×10^5	$HgBr_4^{2-}$	9.22×10^{20}	$Zn(NH_3)_4^{2+}$	3.60×10^8
$Cd(en)_3^{2+}$	1.2×10^{12}	HgI_4^{2-}	5.66×10^{29}	$Zn(CN)_4^{2-}$	5.71×10^{16}
$Cd(EDTA)^{2-}$	2.5×10^{16}	HgS_2^{2-}	3.36×10^{51}	$Zn(CNS)_4^{2-}$	1.96×10
$Co(NH_3)_6^{2+}$	1.3×10^5	$Hg(NH_3)_4^{2+}$	1.95×10^{19}	$Zn(C_2O_4)_2^{2-}$	2.96×10^7
$Co(NH_3)_6^{3+}$	1.6×10^{35}	$Hg(CN)_4^{2-}$	1.82×10^{41}	$Zn(EDTA)^{2-}$	2.5×10^{16}
$Co(EDTA)^{2-}$	2.0×10^{16}	$Hg(CNS)_4^{2-}$	4.98×10^{21}		

附录9 标准电极电势(298.15K)

序号	电极反应式	$E^{\ominus}/V$
1	$Ag^{+}+e^{-}=Ag$	0.799 6
2	$Ag^{2+}+e^{-}=Ag^{+}$	1.980
3	$AgBr+e^{-}=Ag+Br^{-}$	0.071 33
4	$AgBrO_3+e^{-}=Ag+BrO_3^{-}$	0.546
5	$AgCl+e^{-}=Ag+Cl^{-}$	0.222 33
6	$AgCN+e^{-}=Ag+CN^{-}$	−0.017
7	$Ag_2CO_3+2e^{-}=2Ag+CO_3^{2-}$	0.47
8	$Ag_2C_2O_4+2e^{-}=2Ag+C_2O_4^{2-}$	0.464 7
9	$Ag_2CrO_4+2e^{-}=2Ag+CrO_4^{2-}$	0.447 0
10	$AgF+e^{-}=Ag+F^{-}$	0.779
11	$Ag_4[Fe(CN)_6]+4e^{-}=4Ag+[Fe(CN)_6]^{4-}$	0.147 8
12	$AgI+e^{-}=Ag+I^{-}$	−0.152 24
13	$AgIO_3+e^{-}=Ag+IO_3^{-}$	0.354
14	$Ag_2MoO_4+2e^{-}=2Ag+MoO_4^{2-}$	0.457 3
15	$[Ag(NH_3)_2]^{+}+e^{-}=Ag+2NH_3$	0.373
16	$AgNO_2+e^{-}=Ag+NO_2^{-}$	0.564
17	$Ag_2O+H_2O+2e^{-}=2Ag+2OH^{-}$	0.342
18	$2AgO+H_2O+2e^{-}=Ag_2O+2OH^{-}$	0.607
19	$Ag_2S+2e^{-}=2Ag+S^{2-}$	−0.691
20	$Ag_2S+2H^{+}+2e^{-}=2Ag+H_2S$	−0.036 6
21	$AgSCN+e^{-}=Ag+SCN^{-}$	0.089 51
22	$Ag_2SeO_4+2e^{-}=2Ag+SeO_4^{2-}$	0.362 9
23	$Ag_2SO_4+2e^{-}=2Ag+SO_4^{2-}$	0.654
24	$Ag_2WO_4+2e^{-}=2Ag+WO_4^{2-}$	0.466
25	$Al^{3+}+3e^{-}=Al$	−1.676
26	$AlF_6^{3-}+3e^{-}=Al+6F^{-}$	−2.069
27	$Al(OH)_3+3e^{-}=Al+3OH^{-}$	−2.30
28	$AlO_2^{-}+2H_2O+3e^{-}=Al+4OH^{-}$	−2.35
29	$Am^{3+}+3e^{-}=Am$	−2.048
30	$Am^{4+}+e^{-}=Am^{3+}$	2.60
31	$AmO_2^{2+}+4H^{+}+3e^{-}=Am^{3+}+2H_2O$	1.75
32	$As+3H^{+}+3e^{-}=AsH_3$	−0.608
33	$As+3H_2O+3e^{-}=AsH_3+3OH^{-}$	−1.37
34	$As_2O_3+6H^{+}+6e^{-}=2As+3H_2O$	0.234

续表

序号	电极反应式	$E^{\ominus}/V$
35	$HAsO_2+3H^++3e^-$ ══ $As+2H_2O$	0.248
36	$AsO_2^-+2H_2O+3e^-$ ══ $As+4OH^-$	−0.68
37	$H_3AsO_4+2H^++2e^-$ ══ $HAsO_2+2H_2O$	0.56
38	$AsO_4^{3-}+2H_2O+2e^-$ ══ $AsO_2^-+4OH^-$	−0.71
39	$AsS_2^-+3e^-$ ══ $As+2S^{2-}$	−0.75
40	$AsS_4^{3-}+2e^-$ ══ $AsS_2^-+2S^{2-}$	−0.6
41	Au^++e^- ══ Au	1.692
42	$Au^{3+}+3e^-$ ══ Au	1.498
43	$Au^{3+}+2e^-$ ══ Au^+	1.401
44	$AuBr_2^-+e^-$ ══ $Au+2Br^-$	0.959
45	$AuBr_4^-+3e^-$ ══ $Au+4Br^-$	0.854
46	$AuCl_2^-+e^-$ ══ $Au+2Cl^-$	1.15
47	$AuCl_4^-+3e^-$ ══ $Au+4Cl^-$	1.002
48	$AuI+e^-$ ══ $Au+I^-$	0.5
49	$Au(SCN)_4^-+3e^-$ ══ $Au+4SCN^-$	0.66
50	$Au(OH)_3+3H^++3e^-$ ══ $Au+3H_2O$	1.45
51	$BF_4^-+3e^-$ ══ $B+4F^-$	−1.04
52	$H_2BO_3^-+H_2O+3e^-$ ══ $B+4OH^-$	−1.79
53	$B(OH)_3+7H^++8e^-$ ══ $BH_4^-+3H_2O$	−0.048 1
54	$Ba^{2+}+2e^-$ ══ Ba	−2.912
55	$Ba(OH)_2+2e^-$ ══ $Ba+2OH^-$	−2.99
56	$Be^{2+}+2e^-$ ══ Be	−1.847
57	$Be_2O_3^{2-}+3H_2O+4e^-$ ══ $2Be+6OH^-$	−2.63
58	Bi^++e^- ══ Bi	0.5
59	$Bi^{3+}+3e^-$ ══ Bi	0.308
60	$BiCl_4^-+3e^-$ ══ $Bi+4Cl^-$	0.16
61	$BiOCl+2H^++3e^-$ ══ $Bi+Cl^-+H_2O$	0.16
62	$Bi_2O_3+3H_2O+6e^-$ ══ $2Bi+6OH^-$	−0.46
63	$Bi_2O_4+4H^++2e^-$ ══ $2BiO^++2H_2O$	1.593
64	$Bi_2O_4+H_2O+2e^-$ ══ $Bi_2O_3+2OH^-$	0.56
65	Br_2(水溶液,aq)$+2e^-$ ══ $2Br^-$	1.087
66	Br_2(液体)$+2e^-$ ══ $2Br^-$	1.066
67	$BrO^-+H_2O+2e^-$ ══ Br^-+2OH^-	0.761
68	$BrO_3^-+6H^++6e^-$ ══ Br^-+3H_2O	1.423

续表

序号	电极反应式	$E^{\ominus}$/V
69	$BrO_3^- + 3H_2O + 6e^- = Br^- + 6OH^-$	0.61
70	$2BrO_3^- + 12H^+ + 10e^- = Br_2 + 6H_2O$	1.482
71	$HBrO + H^+ + 2e^- = Br^- + H_2O$	1.331
72	$2HBrO + 2H^+ + 2e^- = Br_2$(水溶液,aq)$ + 2H_2O$	1.574
73	$CH_3OH + 2H^+ + 2e^- = CH_4 + H_2O$	0.59
74	$HCHO + 2H^+ + 2e^- = CH_3OH$	0.19
75	$CH_3COOH + 2H^+ + 2e^- = CH_3CHO + H_2O$	−0.12
76	$(CN)_2 + 2H^+ + 2e^- = 2HCN$	0.373
77	$(SCN)_2 + 2e^- = 2SCN^-$	0.77
78	$CO_2 + 2H^+ + 2e^- = CO + H_2O$	−0.12
79	$CO_2 + 2H^+ + 2e^- = HCOOH$	−0.199
80	$Ca^{2+} + 2e^- = Ca$	−2.868
81	$Ca(OH)_2 + 2e^- = Ca + 2OH^-$	−3.02
82	$Cd^{2+} + 2e^- = Cd$	−0.403
83	$Cd^{2+} + 2e^- = Cd(Hg)$	−0.352
84	$Cd(CN)_4^{2-} + 2e^- = Cd + 4CN^-$	−1.09
85	$CdO + H_2O + 2e^- = Cd + 2OH^-$	−0.783
86	$CdS + 2e^- = Cd + S^{2-}$	−1.17
87	$CdSO_4 + 2e^- = Cd + SO_4^{2-}$	−0.246
88	$Ce^{3+} + 3e^- = Ce$	−2.336
89	$Ce^{3+} + 3e^- = Ce(Hg)$	−1.437
90	$CeO_2 + 4H^+ + e^- = Ce^{3+} + 2H_2O$	1.4
91	$Cl_2(g) + 2e^- = 2Cl^-$	1.358
92	$ClO^- + H_2O + 2e^- = Cl^- + 2OH^-$	0.89
93	$HClO + H^+ + 2e^- = Cl^- + H_2O$	1.482
94	$2HClO + 2H^+ + 2e^- = Cl_2 + 2H_2O$	1.611
95	$ClO_2^- + 2H_2O + 4e^- = Cl^- + 4OH^-$	0.76
96	$2ClO_3^- + 12H^+ + 10e^- = Cl_2 + 6H_2O$	1.47
97	$ClO_3^- + 6H^+ + 6e^- = Cl^- + 3H_2O$	1.451
98	$ClO_3^- + 3H_2O + 6e^- = Cl^- + 6OH^-$	0.62
99	$ClO_4^- + 8H^+ + 8e^- = Cl^- + 4H_2O$	1.38
100	$2ClO_4^- + 16H^+ + 14e^- = Cl_2 + 8H_2O$	1.39
101	$Cm^{3+} + 3e^- = Cm$	−2.04
102	$Co^{2+} + 2e^- = Co$	−0.28

续表

序号	电极反应式	$E^{\ominus}/V$
103	$[Co(NH_3)_6]^{3+}+e^- = [Co(NH_3)_6]^{2+}$	0.108
104	$[Co(NH_3)_6]^{2+}+2e^- = Co+6NH_3$	−0.43
105	$Co(OH)_2+2e^- = Co+2OH^-$	−0.73
106	$Co(OH)_3+e^- = Co(OH)_2+OH^-$	0.17
107	$Cr^{2+}+2e^- = Cr$	−0.913
108	$Cr^{3+}+e^- = Cr^{2+}$	−0.407
109	$Cr^{3+}+3e^- = Cr$	−0.744
110	$[Cr(CN)_6]^{3-}+e^- = [Cr(CN)_6]^{4-}$	−1.28
111	$Cr(OH)_3+3e^- = Cr+3OH^-$	−1.48
112	$Cr_2O_7^{2-}+14H^++6e^- = 2Cr^{3+}+7H_2O$	1.232
113	$CrO_2^-+2H_2O+3e^- = Cr+4OH^-$	−1.2
114	$HCrO_4^-+7H^++3e^- = Cr^{3+}+4H_2O$	1.35
115	$CrO_4^{2-}+4H_2O+3e^- = Cr(OH)_3+5OH^-$	−0.13
116	$Cs^++e^- = Cs$	−2.92
117	$Cu^++e^- = Cu$	0.521
118	$Cu^{2+}+2e^- = Cu$	0.342
119	$Cu^{2+}+2e^- = Cu(Hg)$	0.345
120	$Cu^{2+}+Br^-+e^- = CuBr$	0.66
121	$Cu^{2+}+Cl^-+e^- = CuCl$	0.57
122	$Cu^{2+}+I^-+e^- = CuI$	0.86
123	$Cu^{2+}+2CN^-+e^- = [Cu(CN)_2]^-$	1.103
124	$CuBr_2^-+e^- = Cu+2Br^-$	0.05
125	$CuCl_2^-+e^- = Cu+2Cl^-$	0.19
126	$CuI_2^-+e^- = Cu+2I^-$	0
127	$Cu_2O+H_2O+2e^- = 2Cu+2OH^-$	−0.36
128	$Cu(OH)_2+2e^- = Cu+2OH^-$	−0.222
129	$2Cu(OH)_2+2e^- = Cu_2O+2OH^-+H_2O$	−0.08
130	$CuS+2e^- = Cu+S^{2-}$	−0.7
131	$CuSCN+e^- = Cu+SCN^-$	−0.27
132	$Dy^{2+}+2e^- = Dy$	−2.2
133	$Dy^{3+}+3e^- = Dy$	−2.295
134	$Er^{2+}+2e^- = Er$	−2
135	$Er^{3+}+3e^- = Er$	−2.331
136	$Es^{2+}+2e^- = Es$	−2.23

续表

序号	电极反应式	$E^{\ominus}/V$
137	$Es^{3+}+3e^-$ ══ Es	−1.91
138	$Eu^{2+}+2e^-$ ══ Eu	−2.812
139	$Eu^{3+}+3e^-$ ══ Eu	−1.991
140	$F_2+2H^++2e^-$ ══ $2HF$	3.053
141	$F_2O+2H^++4e^-$ ══ H_2O+2F^-	2.153
142	$Fe^{2+}+2e^-$ ══ Fe	−0.447
143	$Fe^{3+}+3e^-$ ══ Fe	−0.037
144	$[Fe(CN)_6]^{3-}+e^-$ ══ $[Fe(CN)_6]^{4-}$	0.358
145	$[Fe(CN)_6]^{4-}+2e^-$ ══ $Fe+6CN^-$	−1.5
146	$FeF_6^{3-}+e^-$ ══ $Fe^{2+}+6F^-$	0.4
147	$Fe(OH)_2+2e^-$ ══ $Fe+2OH^-$	−0.877
148	$Fe(OH)_3+e^-$ ══ $Fe(OH)_2+OH^-$	−0.56
149	$Fe_3O_4+8H^++2e^-$ ══ $3Fe^{2+}+4H_2O$	1.23
150	$Fm^{3+}+3e^-$ ══ Fm	−1.89
151	Fr^++e^- ══ Fr	−2.9
152	$Ga^{3+}+3e^-$ ══ Ga	−0.549
153	$H_2GaO_3^-+H_2O+3e^-$ ══ $Ga+4OH^-$	−1.29
154	$Gd^{3+}+3e^-$ ══ Gd	−2.279
155	$Ge^{2+}+2e^-$ ══ Ge	0.24
156	$Ge^{4+}+2e^-$ ══ Ge^{2+}	0
157	$GeO_2+2H^++2e^-$ ══ GeO(棕色)$+H_2O$	−0.118
158	$GeO_2+2H^++2e^-$ ══ GeO(黄色)$+H_2O$	−0.273
159	$H_2GeO_3+4H^++4e^-$ ══ $Ge+3H_2O$	−0.182
160	$2H^++2e^-$ ══ H_2	0
161	H_2+2e^- ══ $2H^-$	−2.25
162	$2H_2O+2e^-$ ══ H_2+2OH^-	−0.827 7
163	$Hf^{4+}+4e^-$ ══ Hf	−1.55
164	$Hg^{2+}+2e^-$ ══ Hg	0.851
165	$Hg_2^{2+}+2e^-$ ══ $2Hg$	0.797
166	$2Hg^{2+}+2e^-$ ══ Hg_2^{2+}	0.92
167	$Hg_2Br_2+2e^-$ ══ $2Hg+2Br^-$	0.139 2
168	$HgBr_4^{2-}+2e^-$ ══ $Hg+4Br^-$	0.21
169	$Hg_2Cl_2+2e^-$ ══ $2Hg+2Cl^-$	0.268 1
170	$2HgCl_2+2e^-$ ══ $Hg_2Cl_2+2Cl^-$	0.63

续表

序号	电极反应式	$E^{\ominus}/V$
171	$Hg_2CrO_4+2e^-=\!=\!=2Hg+CrO_4^{2-}$	0.54
172	$Hg_2I_2+2e^-=\!=\!=2Hg+2I^-$	−0.040 5
173	$Hg_2O+H_2O+2e^-=\!=\!=2Hg+2OH^-$	0.123
174	$HgO+H_2O+2e^-=\!=\!=Hg+2OH^-$	0.097 7
175	HgS(红色)$+2e^-=\!=\!=Hg+S^{2-}$	−0.7
176	HgS(黑色)$+2e^-=\!=\!=Hg+S^{2-}$	−0.67
177	$Hg_2(SCN)_2+2e^-=\!=\!=2Hg+2SCN^-$	0.22
178	$Hg_2SO_4+2e^-=\!=\!=2Hg+SO_4^{2-}$	0.613
179	$Ho^{2+}+2e^-=\!=\!=Ho$	−2.1
180	$Ho^{3+}+3e^-=\!=\!=Ho$	−2.33
181	$I_2+2e^-=\!=\!=2I^-$	0.535 5
182	$I_3^-+2e^-=\!=\!=3I^-$	0.536
183	$2IBr+2e^-=\!=\!=I_2+2Br^-$	1.02
184	$ICN+2e^-=\!=\!=I^-+CN^-$	0.3
185	$2HIO+2H^++2e^-=\!=\!=I_2+2H_2O$	1.439
186	$HIO+H^++2e^-=\!=\!=I^-+H_2O$	0.987
187	$IO^-+H_2O+2e^-=\!=\!=I^-+2OH^-$	0.485
188	$2IO_3^-+12H^++10e^-=\!=\!=I_2+6H_2O$	1.195
189	$IO_3^-+6H^++6e^-=\!=\!=I^-+3H_2O$	1.085
190	$IO_3^-+2H_2O+4e^-=\!=\!=IO^-+4OH^-$	0.15
191	$IO_3^-+3H_2O+6e^-=\!=\!=I^-+6OH^-$	0.26
192	$2IO_3^-+6H_2O+10e^-=\!=\!=I_2+12OH^-$	0.21
193	$H_5IO_6+H^++2e^-=\!=\!=IO_3^-+3H_2O$	1.601
194	$In^++e^-=\!=\!=In$	−0.14
195	$In^{3+}+3e^-=\!=\!=In$	−0.338
196	$In(OH)_3+3e^-=\!=\!=In+3OH^-$	−0.99
197	$Ir^{3+}+3e^-=\!=\!=Ir$	1.156
198	$IrBr_6^{2-}+e^-=\!=\!=IrBr_6^{3-}$	0.99
199	$IrCl_6^{2-}+e^-=\!=\!=IrCl_6^{3-}$	0.867
200	$K^++e^-=\!=\!=K$	−2.931
201	$La^{3+}+3e^-=\!=\!=La$	−2.379
202	$La(OH)_3+3e^-=\!=\!=La+3OH^-$	−2.9
203	$Li^++e^-=\!=\!=Li$	−3.04
204	$Lr^{3+}+3e^-=\!=\!=Lr$	−1.96

续表

序号	电极反应式	$E^{\ominus}/V$
205	$Lu^{3+}+3e^{-}$ ══ Lu	−2.28
206	$Md^{2+}+2e^{-}$ ══ Md	−2.4
207	$Md^{3+}+3e^{-}$ ══ Md	−1.65
208	$Mg^{2+}+2e^{-}$ ══ Mg	−2.372
209	$Mg(OH)_2+2e^{-}$ ══ $Mg+2OH^{-}$	−2.69
210	$Mn^{2+}+2e^{-}$ ══ Mn	−1.185
211	$Mn^{3+}+3e^{-}$ ══ Mn	1.542
212	$MnO_2+4H^{+}+2e^{-}$ ══ $Mn^{2+}+2H_2O$	1.224
213	$MnO_4^{-}+4H^{+}+3e^{-}$ ══ MnO_2+2H_2O	1.679
214	$MnO_4^{-}+8H^{+}+5e^{-}$ ══ $Mn^{2+}+4H_2O$	1.507
215	$MnO_4^{-}+2H_2O+3e^{-}$ ══ MnO_2+4OH^{-}	0.595
216	$Mn(OH)_2+2e^{-}$ ══ $Mn+2OH^{-}$	−1.56
217	$Mo^{3+}+3e^{-}$ ══ Mo	−0.2
218	$MoO_4^{2-}+4H_2O+6e^{-}$ ══ $Mo+8OH^{-}$	−1.05
219	$N_2+2H_2O+6H^{+}+6e^{-}$ ══ $2NH_4OH$	0.092
220	$2NH_3OH^{+}+H^{+}+2e^{-}$ ══ $N_2H_5^{+}+2H_2O$	1.42
221	$2NO+H_2O+2e^{-}$ ══ N_2O+2OH^{-}	0.76
222	$2HNO_2+4H^{+}+4e^{-}$ ══ N_2O+3H_2O	1.297
223	$NO_3^{-}+3H^{+}+2e^{-}$ ══ HNO_2+H_2O	0.934
224	$NO_3^{-}+H_2O+2e^{-}$ ══ $NO_2^{-}+2OH^{-}$	0.01
225	$2NO_3^{-}+2H_2O+2e^{-}$ ══ $N_2O_4+4OH^{-}$	−0.85
226	$Na^{+}+e^{-}$ ══ Na	−2.713
227	$Nb^{3+}+3e^{-}$ ══ Nb	−1.099
228	$NbO_2+4H^{+}+4e^{-}$ ══ $Nb+2H_2O$	−0.69
229	$Nb_2O_5+10H^{+}+10e^{-}$ ══ $2Nb+5H_2O$	−0.644
230	$Nd^{2+}+2e^{-}$ ══ Nd	−2.1
231	$Nd^{3+}+3e^{-}$ ══ Nd	−2.323
232	$Ni^{2+}+2e^{-}$ ══ Ni	−0.257
233	$NiCO_3+2e^{-}$ ══ $Ni+CO_3^{2-}$	−0.45
234	$Ni(OH)_2+2e^{-}$ ══ $Ni+2OH^{-}$	−0.72
235	$NiO_2+4H^{+}+2e^{-}$ ══ $Ni^{2+}+2H_2O$	1.678
236	$No^{2+}+2e^{-}$ ══ No	−2.5
237	$No^{3+}+3e^{-}$ ══ No	−1.2
238	$Np^{3+}+3e^{-}$ ══ Np	−1.856

续表

序号	电极反应式	$E^{\ominus}$/V
239	$NpO_2+H_2O+H^++e^-$ ══ $Np(OH)_3$	−0.962
240	$O_2+4H^++4e^-$ ══ $2H_2O$	1.229
241	$O_2+2H_2O+4e^-$ ══ $4OH^-$	0.401
242	$O_3+H_2O+2e^-$ ══ O_2+2OH^-	1.24
243	$Os^{2+}+2e^-$ ══ Os	0.85
244	$OsCl_6^{3-}+e^-$ ══ $Os^{2+}+6Cl^-$	0.4
245	$OsO_2+2H_2O+4e^-$ ══ $Os+4OH^-$	−0.15
246	$OsO_4+8H^++8e^-$ ══ $Os+4H_2O$	0.838
247	$OsO_4+4H^++4e^-$ ══ OsO_2+2H_2O	1.02
248	$P+3H_2O+3e^-$ ══ $PH_3(g)+3OH^-$	−0.87
249	$H_2PO_2^-+e^-$ ══ $P+2OH^-$	−1.82
250	$H_3PO_3+2H^++2e^-$ ══ $H_3PO_2+H_2O$	−0.499
251	$H_3PO_3+3H^++3e^-$ ══ $P+3H_2O$	−0.454
252	$H_3PO_4+2H^++2e^-$ ══ $H_3PO_3+H_2O$	−0.276
253	$PO_4^{3-}+2H_2O+2e^-$ ══ $HPO_3^{2-}+3OH^-$	−1.05
254	$Pa^{3+}+3e^-$ ══ Pa	−1.34
255	$Pa^{4+}+4e^-$ ══ Pa	−1.49
256	$Pb^{2+}+2e^-$ ══ Pb	−0.126
257	$Pb^{2+}+2e^-$ ══ $Pb(Hg)$	−0.121
258	$PbBr_2+2e^-$ ══ $Pb+2Br^-$	−0.284
259	$PbCl_2+2e^-$ ══ $Pb+2Cl^-$	−0.268
260	$PbCO_3+2e^-$ ══ $Pb+CO_3^{2-}$	−0.506
261	PbF_2+2e^- ══ $Pb+2F^-$	−0.344
262	PbI_2+2e^- ══ $Pb+2I^-$	−0.365
263	$PbO+H_2O+2e^-$ ══ $Pb+2OH^-$	−0.58
264	$PbO+2H^++2e^-$ ══ $Pb+H_2O$	0.25
265	$PbO_2+4H^++2e^-$ ══ $Pb^{2+}+2H_2O$	1.455
266	$HPbO_2^-+H_2O+2e^-$ ══ $Pb+3OH^-$	−0.537
267	$PbO_2+SO_4^{2-}+4H^++2e^-$ ══ $PbSO_4+2H_2O$	1.691
268	$PbSO_4+2e^-$ ══ $Pb+SO_4^{2-}$	−0.359
269	$Pd^{2+}+2e^-$ ══ Pd	0.915
270	$PdBr_4^{2-}+2e^-$ ══ $Pd+4Br^-$	0.6
271	$PdO_2+H_2O+2e^-$ ══ $PdO+2OH^-$	0.73
272	$Pd(OH)_2+2e^-$ ══ $Pd+2OH^-$	0.07

续表

序号	电极反应式	$E^{\ominus}$/V
273	$Pm^{2+}+2e^{-}=\!=\!=Pm$	−2.2
274	$Pm^{3+}+3e^{-}=\!=\!=Pm$	−2.3
275	$Po^{4+}+4e^{-}=\!=\!=Po$	0.76
276	$Pr^{2+}+2e^{-}=\!=\!=Pr$	−2
277	$Pr^{3+}+3e^{-}=\!=\!=Pr$	−2.353
278	$Pt^{2+}+2e^{-}=\!=\!=Pt$	1.18
279	$[PtCl_6]^{2-}+2e^{-}=\!=\!=[PtCl_4]^{2-}+2Cl^{-}$	0.68
280	$Pt(OH)_2+2e^{-}=\!=\!=Pt+2OH^{-}$	0.14
281	$PtO_2+4H^{+}+4e^{-}=\!=\!=Pt+2H_2O$	1
282	$PtS+2e^{-}=\!=\!=Pt+S^{2-}$	−0.83
283	$Pu^{3+}+3e^{-}=\!=\!=Pu$	−2.031
284	$Pu^{5+}+e^{-}=\!=\!=Pu^{4+}$	1.099
285	$Ra^{2+}+2e^{-}=\!=\!=Ra$	−2.8
286	$Rb^{+}+e^{-}=\!=\!=Rb$	−2.98
287	$Re^{3+}+3e^{-}=\!=\!=Re$	0.3
288	$ReO_2+4H^{+}+4e^{-}=\!=\!=Re+2H_2O$	0.251
289	$ReO_4^{-}+4H^{+}+3e^{-}=\!=\!=ReO_2+2H_2O$	0.51
290	$ReO_4^{-}+4H_2O+7e^{-}=\!=\!=Re+8OH^{-}$	−0.584
291	$Rh^{2+}+2e^{-}=\!=\!=Rh$	0.6
292	$Rh^{3+}+3e^{-}=\!=\!=Rh$	0.758
293	$Ru^{2+}+2e^{-}=\!=\!=Ru$	0.455
294	$RuO_2+4H^{+}+2e^{-}=\!=\!=Ru^{2+}+2H_2O$	1.12
295	$RuO_4+6H^{+}+4e^{-}=\!=\!=Ru(OH)_2^{2+}+2H_2O$	1.4
296	$S+2e^{-}=\!=\!=S^{2-}$	−0.476
297	$S+2H^{+}+2e^{-}=\!=\!=H_2S$(水溶液,aq)	0.142
298	$S_2O_6^{2-}+4H^{+}+2e^{-}=\!=\!=2H_2SO_3$	0.564
299	$2SO_3^{2-}+3H_2O+4e^{-}=\!=\!=S_2O_3^{2-}+6OH^{-}$	−0.571
300	$2SO_3^{2-}+2H_2O+2e^{-}=\!=\!=S_2O_4^{2-}+4OH^{-}$	−1.12
301	$SO_4^{2-}+H_2O+2e^{-}=\!=\!=SO_3^{2-}+2OH^{-}$	−0.93
302	$Sb+3H^{+}+3e^{-}=\!=\!=SbH_3$	−0.51
303	$Sb_2O_3+6H^{+}+6e^{-}=\!=\!=2Sb+3H_2O$	0.152
304	$Sb_2O_5+6H^{+}+4e^{-}=\!=\!=2SbO^{+}+3H_2O$	0.581
305	$SbO_3^{-}+H_2O+2e^{-}=\!=\!=SbO_2^{-}+2OH^{-}$	−0.59
306	$Sc^{3+}+3e^{-}=\!=\!=Sc$	−2.077

续表

序号	电极反应式	$E^{\ominus}/V$
307	$Sc(OH)_3+3e^-=Sc+3OH^-$	−2.6
308	$Se+2e^-=Se^{2-}$	−0.924
309	$Se+2H^++2e^-=H_2Se$(水溶液,aq)	−0.399
310	$H_2SeO_3+4H^++4e^-=Se+3H_2O$	−0.74
311	$SeO_3^{2-}+3H_2O+4e^-=Se+6OH^-$	−0.366
312	$SeO_4^{2-}+H_2O+2e^-=SeO_3^{2-}+2OH^-$	0.05
313	$Si+4H^++4e^-=SiH_4(g)$	0.102
314	$Si+4H_2O+4e^-=SiH_4+4OH^-$	−0.73
315	$SiF_6^{2-}+4e^-=Si+6F^-$	−1.24
316	$SiO_2+4H^++4e^-=Si+2H_2O$	−0.857
317	$SiO_3^{2-}+3H_2O+4e^-=Si+6OH^-$	−1.697
318	$Sm^{2+}+2e^-=Sm$	−2.68
319	$Sm^{3+}+3e^-=Sm$	−2.304
320	$Sn^{2+}+2e^-=Sn$	−0.138
321	$Sn^{4+}+2e^-=Sn^{2+}$	0.151
322	$SnCl_4^{2-}+2e^-=Sn+4Cl^-$ (1 mol·L^{-1} HCl)	−0.19
323	$SnF_6^{2-}+4e^-=Sn+6F^-$	−0.25
324	$Sn(OH)_3^-+3H^++2e^-=Sn+3H_2O$	0.142
325	$SnO_2+4H^++4e^-=Sn+2H_2O$	−0.117
326	$Sn(OH)_6^{2-}+2e^-=HSnO_2^-+3OH^-+H_2O$	−0.93
327	$Sr^{2+}+2e^-=Sr$	−2.899
328	$Sr^{2+}+2e^-=Sr(Hg)$	−1.793
329	$Sr(OH)_2+2e^-=Sr+2OH^-$	−2.88
330	$Ta^{3+}+3e^-=Ta$	−0.6
331	$Tb^{3+}+3e^-=Tb$	−2.28
332	$Tc^{2+}+2e^-=Tc$	0.4
333	$TcO_4^-+8H^++7e^-=Tc+4H_2O$	0.472
334	$TcO_4^-+2H_2O+3e^-=TcO_2+4OH^-$	−0.311
335	$Te+2e^-=Te^{2-}$	−1.143
336	$Te^{4+}+4e^-=Te$	0.568
337	$Th^{4+}+4e^-=Th$	−1.899
338	$Ti^{2+}+2e^-=Ti$	−1.63
339	$Ti^{3+}+3e^-=Ti$	−1.37
340	$TiO_2+4H^++2e^-=Ti^{2+}+2H_2O$	−0.502

续表

序号	电极反应式	$E^{\ominus}$/V
341	$TiO^{2+}+2H^{+}+e^{-}$ ══ $Ti^{3+}+H_2O$	0.1
342	$Tl^{+}+e^{-}$ ══ Tl	−0.336
343	$Tl^{3+}+3e^{-}$ ══ Tl	0.741
344	$Tl^{3+}+Cl^{-}+2e^{-}$ ══ $TlCl$	1.36
345	$TlBr+e^{-}$ ══ $Tl+Br^{-}$	−0.658
346	$TlCl+e^{-}$ ══ $Tl+Cl^{-}$	−0.557
347	$TlI+e^{-}$ ══ $Tl+I^{-}$	−0.752
348	$Tl_2O_3+3H_2O+4e^{-}$ ══ $2Tl^{+}+6OH^{-}$	0.02
349	$TlOH+e^{-}$ ══ $Tl+OH^{-}$	−0.34
350	$Tl_2SO_4+2e^{-}$ ══ $2Tl+SO_4^{2-}$	−0.436
351	$Tm^{2+}+2e^{-}$ ══ Tm	−2.4
352	$Tm^{3+}+3e^{-}$ ══ Tm	−2.319
353	$U^{3+}+3e^{-}$ ══ U	−1.798
354	$UO_2+4H^{+}+4e^{-}$ ══ $U+2H_2O$	−1.4
355	$UO_2^{+}+4H^{+}+e^{-}$ ══ $U^{4+}+2H_2O$	0.612
356	$UO_2^{2+}+4H^{+}+6e^{-}$ ══ $U+2H_2O$	−1.444
357	$V^{2+}+2e^{-}$ ══ V	−1.175
358	$VO^{2+}+2H^{+}+e^{-}$ ══ $V^{3+}+H_2O$	0.337
359	$VO_2^{+}+2H^{+}+e^{-}$ ══ $VO^{2+}+H_2O$	0.991
360	$VO_2^{+}+4H^{+}+2e^{-}$ ══ $V^{3+}+2H_2O$	0.668
361	$V_2O_5+10H^{+}+10e^{-}$ ══ $2V+5H_2O$	−0.242
362	$W^{3+}+3e^{-}$ ══ W	0.1
363	$WO_3+6H^{+}+6e^{-}$ ══ $W+3H_2O$	−0.09
364	$W_2O_5+2H^{+}+2e^{-}$ ══ $2WO_2+H_2O$	−0.031
365	$Y^{3+}+3e^{-}$ ══ Y	−2.372
366	$Yb^{2+}+2e^{-}$ ══ Yb	−2.76
367	$Yb^{3+}+3e^{-}$ ══ Yb	−2.19
368	$Zn^{2+}+2e^{-}$ ══ Zn	−0.761 8
369	$Zn^{2+}+2e^{-}$ ══ $Zn(Hg)$	−0.762 8
370	$Zn(OH)_2+2e^{-}$ ══ $Zn+2OH^{-}$	−1.249
371	$ZnS+2e^{-}$ ══ $Zn+S^{2-}$	−1.4
372	$ZnSO_4+2e^{-}$ ══ $Zn(Hg)+SO_4^{2-}$	−0.799

注：表中所列的标准电极电势(25.0 ℃,101.325 kPa)是相对于标准氢电极电势的值。标准氢电极电势被规定为 0.0 V。

附录 10 常用的基准物质

标准溶液	基准物质	优缺点
HCl	Na_2CO_3	便宜,易得纯品,易吸湿
	$Na_2B_4O_7 \cdot 10H_2O$	易吸湿,摩尔质量大,湿度小时会失去结晶水
NaOH	$C_6H_4(COOH)COOK$	易得纯品,不吸湿,摩尔质量大
	$H_2C_2O_4 \cdot 2H_2O$	便宜,结晶水不稳定,纯度不理想
EDTA	金属 Zn 或 ZnO	纯度高,稳定,可在 pH=5~6,也可在 pH=9~10 时使用
$KMnO_4$	$Na_2C_2O_4$	易得纯品,稳定,无显著吸湿
K_2CrO_7	K_2CrO_7	易得纯品,非常稳定,可直接配制标准溶液
$Na_2S_2O_3$	K_2CrO_7	易得纯品,非常稳定,可直接配制标准溶液
I_2	升华碘	纯度高,易挥发,水中溶解度很小
	As_2O_3	能得纯品,产品不吸湿,剧毒
$KBrO_3$	$KBrO_3$	易得纯品,稳定
$KBrO_3$+过量 KBr	$KBrO_3$	—
$AgNO_3$	$AgNO_3$	易得纯品,防止光照及有机物玷污
	NaCl	易得纯品,易吸湿

附录 11 常见物质的颜色

1. 单质

绝大多数单质:银白色。

主要例外:镧系、锕系;Cu 紫红色;O_2 无色;Au 黄色;S 黄色;B 黄色或黑色;F_2 淡黄绿色;C 石墨黑色;Cl_2 黄绿色;C(金刚石)无色;Br_2 红棕色;Si 灰黑色;I_2 紫黑色;H_2 无色;稀有气体无色;P 白色、黄色、红棕色。

2. 氢化物

LiH 等金属氢化物:白色;NH_3 等非金属氢化物:无色。

3. 氧化物

大多数非金属氧化物:无色。

主要例外:NO_2 棕红色;N_2O_5 和 P_2O_5 白色;N_2O_3 暗蓝色;ClO_2 黄色。

大多数主族金属的氧化物:白色。

主要例外:Na_2O_2 浅黄色;PbO 黄色;K_2O 黄色;Pb_3O_4 红色;K_2O_2 橙色;Rb_2O 亮黄色;Rb_2O_2 棕色;Cs_2O 橙红色;Cs_2O_2 黄色;MnO 绿色;CuO 黑色;MnO_2 黑色;Ag_2O 棕黑色;FeO 黑色;ZnO 白色;Fe_3O_4 黑色;Hg_2O 黑色;Fe_2O_3

红棕色；HgO 红色或黄色；Cu_2O 红色；V_2O_5 橙色。

4. 氧化物的水化物

大多数氧化物的水化物：白色或无色。其中，酸以无色为主，碱以白色为主。

主要例外：CsOH 亮黄色；$Fe(OH)_3$ 红褐色；HNO_2 溶液亮蓝色；$Cu(OH)_2$ 蓝色；$Hg(OH)_2$ 橘红色。

5. 盐

K_2S 棕黄色；$CuFeS_2$ 黄色；KHS 黄色；ZnS 白色；Al_2S_3 黄色；Ag_2S 黑色；MnS 浅红色；CdS 黄色；FeS 黑棕色；SnS 棕色；FeS_2 黄色；Sb_2S_3 黑色或橙红色；CoS 黑色；HgS 红色；NiS 黑色；PbS 黑色；CuS、Cu_2S 黑色；Bi_2S_3 黑色；$FeCl_3 \cdot 6H_2O$ 棕黄色；Na_3P 红色；$FeSO_4 \cdot 9H_2O$ 蓝绿色；$NaBiO_3$ 黄色；$Fe_2(SO_4)_3 \cdot 9H_2O$ 棕黄色；$MnCl_2$ 粉红色；Fe_3C 灰色；$MnSO_4$ 淡红色；$FeCO_3$ 灰色；Ag_2CO_3 黄色；$Fe(SCN)_3$ 暗红色；Ag_3PO_4 黄色；$CuCl_2$ 棕黄色；AgF 黄色；$CuCl_2 \cdot 7H_2O$ 蓝绿色；AgCl 白色；$CuSO_4$ 白色；AgBr 浅黄色；$CuSO_4 \cdot 5H_2O$ 蓝色；AgI 黄色；$Cu_2(OH)_2CO_3$ 暗绿色。

盐溶液中离子颜色：Cu^{2+} 或 $[Cu(H_2O)_4]^{2+}$ 蓝色；MnO_4^- 紫红色；$[CuCl_4]^{2-}$ 黄色；MnO_4^{2-} 绿色；$[Cu(NH_3)_4]^{2+}$ 深蓝色；$Cr_2O_7^{2-}$ 橙红色；Fe^{2+} 浅绿色；CrO_4^{2-} 黄色；Fe^{3+} 棕黄色。

非金属互化物：PCl_3 无色；XeF_2、XeF_4、XeF_6 无色；PCl_5 浅黄色；氯水黄绿色；CCl_4 无色；溴水黄色至橙色；CS_2 无色；碘水黄褐色；SiC 无色或黑色；溴的有机溶液橙红色至红棕色；SiF_4 无色；I_2 的有机溶液紫红色。

6. 其他

甲基橙橙色；C_xH_y(烃)、$C_xH_yO_z$ 无色(有些固体白色)；石蕊试液紫色；大多数卤代烃无色(有些固体白色)；石蕊试纸蓝色或红色；果糖无色；石蕊遇酸变红色；石蕊遇碱变蓝色；葡萄糖白色；蔗糖无色；麦芽糖白色；酚酞无色；酚酞遇碱变红色；淀粉白色；蛋白质遇浓硝酸变黄色；纤维素白色；I_2 遇淀粉变蓝色；TNT 淡黄色；苯酚遇 Fe^{3+} 溶液显紫色。

7. 焰色反应

Li 紫红色；Ca 砖红色；Na 黄色；Sr 洋红色；K 浅紫色(透过蓝色钴玻璃)；Ba 黄绿色；Rb 紫色；Cu 绿色。